国家社会科学基金项目（08CGJ005）

Global Negotiations, Domestic Policies:
The Climate Change Politics across the World

王学东 ◎ 著

气候变化问题的国际博弈与各国政策研究

时事出版社

目 录

导论 ……………………………………………………… (1)
　一、研究目的 ………………………………………… (1)
　二、主要内容 ………………………………………… (2)
　三、结构安排 ………………………………………… (3)
　四、几点说明 ………………………………………… (4)

第一章　气候变化问题的科学论争 ……………………… (7)
　第一节　气候变化问题研究综述 ……………………… (8)
　第二节　气候变化问题论争的科学依据 …………… (16)
　第三节　气候变化问题论争的实质 ………………… (28)
　第四节　结语 ………………………………………… (37)

第二章　气候变化问题的国际博弈 …………………… (39)
　第一节　气候变化问题的政治化与气候机制的演进 …… (40)
　第二节　主要国家或集团的温室气体排放与
　　　　　履约情况 ………………………………… (53)
　第三节　气候变化问题政治困境的本质探究 ……… (59)
　第四节　国际话语主导权的争夺与国际声誉的建构 …… (66)

· 1 ·

第三章 欧盟的气候变化政策：以英国与德国为例 …………（74）
第一节 欧盟的气候变化政策及其动力分析 …………（75）
第二节 英国的气候变化政策 …………………………（79）
第三节 德国的气候变化政策 …………………………（104）
第四节 结语 ……………………………………………（122）

第四章 美国的气候变化政策 ……………………………（124）
第一节 美国温室气体排放概况 ………………………（125）
第二节 美国气候变化政策的演变 ……………………（128）
第三节 美国气候变化政策的动力与影响因素 ………（143）
第四节 结语 ……………………………………………（148）

第五章 加拿大的气候变化政策 …………………………（150）
第一节 加拿大温室气体排放概况 ……………………（151）
第二节 加拿大气候变化政策的演变 …………………（154）
第三节 加拿大气候变化政策的动力与阻碍因素 ……（173）
第四节 结语 ……………………………………………（178）

第六章 日本的气候变化政策 ……………………………（180）
第一节 日本温室气体的排放概况 ……………………（181）
第二节 日本气候变化政策的演变 ……………………（183）
第三节 日本气候变化政策的动力与阻碍因素 ………（194）
第四节 结语 ……………………………………………（213）

第七章 俄罗斯的气候变化政策 …………………………（216）
第一节 俄罗斯的国情与温室气体排放概况 …………（217）
第二节 俄罗斯气候变化政策的演变 …………………（225）

目　　录

　　第三节　俄罗斯气候变化政策的动力与阻碍因素 …… （231）
　　第四节　结语 …………………………………………… （240）

第八章　澳大利亚的气候变化政策 …………………… （242）
　　第一节　澳大利亚温室气体排放概况 ………………… （243）
　　第二节　澳大利亚气候变化政策的演变 ……………… （245）
　　第三节　澳大利亚气候变化政策的动力与阻碍因素 … （257）
　　第四节　结语 …………………………………………… （267）

第九章　新西兰的气候变化政策 ……………………… （269）
　　第一节　新西兰温室气体的排放概况 ………………… （270）
　　第二节　新西兰气候变化政策的演变 ………………… （274）
　　第三节　新西兰气候变化政策的动力与阻碍因素 …… （280）
　　第四节　结语 …………………………………………… （285）

第十章　小岛国家联盟的气候变化政策 ……………… （287）
　　第一节　小岛国家联盟概况 …………………………… （288）
　　第二节　案例研究：塞舌尔、马尔代夫与毛里求斯 … （292）
　　第三节　小岛国家联盟在国际气候谈判中的立场 …… （305）
　　第四节　结语 …………………………………………… （307）

第十一章　国际气候谈判中的"基础四国"——巴西、
　　　　　　南非及印度的气候变化政策 ……………… （309）
　　第一节　国际气候谈判中的"基础四国" …………… （310）
　　第二节　巴西的气候变化政策 ………………………… （316）
　　第三节　南非的气候变化政策 ………………………… （320）
　　第四节　印度的气候变化政策 ………………………… （322）

第十二章 中国的气候变化政策 …………………………… (339)
- 第一节 中国温室气体排放概况 ………………………… (340)
- 第二节 中国气候变化政策的演变 ……………………… (344)
- 第三节 中国气候变化政策演变的动因 ………………… (369)
- 第四节 结语 ……………………………………………… (378)

第十三章 国际机制与气候谈判的通路 …………………… (381)
- 第一节 巴黎气候会议：2020新协议的通路 …………… (381)
- 第二节 理论模型：国际机制中的"软法" …………… (388)
- 第三节 国际气候机制的"软法"性质 ………………… (398)
- 第四节 "软硬兼施"——国际气候机制的未来 …… (406)
- 第五节 结语 ……………………………………………… (415)

参考文献 ……………………………………………………… (418)

致谢 …………………………………………………………… (429)

导 论

一、研究目的

本书尝试从国际政治学的视角来分析气候领域中国际博弈所导致的"合而不作、斗而不破"现象。气候领域的"合而不作",就是世界各国围绕气候变化问题基本达成了共识但并没有展开有效行动:大家都认识到气候变化问题的真实性与紧迫性,也认识到温室气体减排的必要性,并在此基础上设计、建立了国际机制,其中《联合国气候框架公约》以及《京都议定书》、"巴厘岛路线图"、"德班平台"等等的出台与生效就是国际共识的客观反映;但是,无论是发达国家还是发展中国家,大都没有能够有效地、自觉地履行承诺。究其原因,经济发展需求、生产与生活方式的转型成本恐怕是最为根本的。国际谈判中的"斗而不破"集中体现在历次气候谈判的失败并没有导致框架机制的破裂,也没有挫伤缔约方参与谈判的积极性:从1992年联合国会议开始到2013年华沙气候会议,围绕"历史责任、减排义务、补偿资金、技术转移、执行监督"等话题,尽管参会各方互相攻击、纷争不休,但是依然尝试探讨合作的可能性,力图寻找共同治理的道路。如果说国家之间出于"相对收益"的考虑而导致"囚徒困境"、"搭便车"等"合而不作"的问题是国际政治中普遍现象的话,那么,"斗而不破"问题背后的原因又是什么?即:在明知自己无法完成,或者不情愿履约的情况下,国家承诺温室气体减排的动力究竟是什么?

二、主要内容

从《联合国气候变化框架公约》的出台到《京都议定书》的危机,从巴厘岛会议的争吵到哥本哈根大会的斗争,从德班会议的抵制到华沙会议的抗议,无时无刻不反映出发达国家、新兴经济体国家以及最不发达国家之间围绕着"共同但有区别的责任"原则而分化组合、互动博弈。本书认为,气候变化问题并不仅仅是一个"是否真实"的科学问题,而是一个"成本多少"的经济问题、一个"如何分配"的政治话题、以及"责任在谁"的道德话题。世界各国围绕气候变化问题展开的斗争与互动,不过是掺杂着"公平、正义"等诉求下的经济成本问题:由于温室气体的减排在当下依然会带来巨大的经济成本,而成本的分配与转移就成为争论的话题。从气候博弈中各方立场和利益分析,可以总结出背后隐藏着的几大矛盾:即经济发展水平不同导致责任不平等,国情不同导致受气候变化影响的脆弱性不平等,历史责任的不平等以及对公正的理解不同,以及国际互信的缺失导致相对收益的追求成为各国的必然选择。本书认为,国际政治领域是实力角逐、利益交换的竞技场,更是彰显国家软实力、争夺国际话语主导权的舞台。在日趋激烈的全球气候博弈进程中,国家声誉因素是一种不可或缺的考量。可以肯定的一点是,坚持强硬立场,寻找不实施减排的法理依据并没有多少实际功效。如果任

导 论

何国家，特别是排放大国拒绝承诺绝对的减排义务，短期内要付出比较大的代价；而面对日益强大的国际社会的呼声，最终还要在"不做出减排承诺"的立场与日益增大的国际压力之间做出权衡。出于国际声誉的考量而非经济收益的获取必然导致各国的气候政策是复杂的、矛盾的混合体。

一个关键的问题是，气候变化问题的出路何在？如何才能消除气候变化问题上的几大困境（即发展模式的争论、减排责任与义务不平等以及国家之间的相对收益问题），如何才能消除国家之间的猜忌心理，引导国家之间的谈判走向真正的合作？建立、推动国际机制是必然路径：发达国家率先大幅度减排并向发展中国家提供资金和技术支持，而发展中国家根据本国国情，在资金和技术转让支持下，尽可能减缓温室气体排放，适应气候变化，这是国际气候谈判的理想图景。问题是，囚徒困境和集体行动逻辑的"搭便车"等不良现象，严重阻碍了国际气候谈判的进程和全球气候问题的合作。当前，是尝试运用所谓的"硬法"促进少数国家大力实行温室气体减排，还是运用"软法"去尽量扩展、吸纳尽量多的国家，以使各国都能在气候变化和减排方面多少做一点贡献，这是各国政治精英、学者以及非政府组织都必须权衡的问题。国际气候机制在未来的某个时刻或许有条件成为"硬法"性的制度，但在当前的现实条件下，"软法"的特性不可避免。维持并完善目前灵活性和开放性较高的"软法"机制，使其逐渐做到"软硬兼施"，恐怕是各国在应对气候变化的合作中的必经之路，也是国际政治现实中的最佳选择。

三、结构安排

全书共分十三章，第一章从科学的角度来提供气候变化问题的背景知识，特别交代了学术界中的"气候变化主流派"与"气候变暖怀疑派"之间在科学观点和理论依据上的分歧，并进一步揭示这种分歧背后的政治因素与经济考虑，为研究气候谈判中各国的博弈做理论的铺垫。第二章主要探讨气候变化问题是如何跨越科学层面转向政治领域的，该章重在分析气候变化问题政治化的历程，介绍1992年以来历次国际气候谈判的进程、焦点以及结果，之后分析国际气候机制"合而不作"的症结所在，并且从国际政治理论中国际声誉的角度来提供国际气候谈判"斗而不破"的原因。为了解主要国家或集团参与国际气候谈判的立场与战略，本书从第三章到第十二章，详细叙述了气候谈判的领跑者欧盟，成为阻碍因素的美国，犹豫不决的加拿大、澳大利亚、新西兰、日本，待价而沽的俄罗斯，气候变化受害者"小岛国家联盟"，以及发展中国家的代表——"基础四国"中的巴西、南非、印度和中国等国家/集团的气候变化政策，并探讨了各个国家气候变化政策背后的动因。最后，本书在第十三章尝试预测了即将到来的巴黎气候会议的前景，以及达成取代《京都议定书》的新协议的可能性，并运用国际制度中的"软法"理论来分析新协议中制度安排的特点。

四、几点说明

首先，气候变化问题所涉及的学科众多，相关的研究结果与数据浩如烟海。本书的社会科学的研究视角就限定了在查找参考文献、引用资料数据方面的学科范围和界限。

其次，本书立足于气候变化的国际博弈研究，对具体的国家政策、法规及措施的阐述与分析始终要围绕着核心主线展开，目的是分析各国政府在国际气候谈判中所持立场的根源。因此，各

导　论

章节中的研究重点都是国际组织与区域组织层面、中央政府（联邦政府）层面的政策与立场，其他问题只做大概介绍而不做深入研究。比如说，欧盟内部的成员国很多，2013年已经有近28位成员国，而且涉及到先后入盟的时间和减排义务的分配问题，为了文章的完整性与突出主题，仅仅以其中的主要国家来代表。还有，由于政治制度的不同，很多国家内部也有不同的声音，地方政府如美国的加利福尼亚州、加拿大的不列颠哥伦比亚省、澳大利亚新南威尔士州、日本的三重县、德国的萨克森—安哈尔特州以及巴西的圣保罗市等等，所采取的气候政策与中央/联邦政府并不完全一样，限于篇幅完整性和主线明确性，就不做深入探讨。

再次，国际气候谈判中，某些严重依赖石油生产、石油出口的国家如卡塔尔、科威特等国家的人均温室气体排放其实非常高，远远超出澳大利亚和美国，但由于人口总数小导致排放总量相对较少，所以学术界经常不做比较。上述国家对待气候变化问题的态度与政策，从第一章中可以窥得一斑。本书没有具体涉及，留待今后进一步研究。

最后，本书并不是一本专门研究气候变化的著作，而是依托于气候变化这个热门话题，以国际政治的视野来分析竞争与合作的现象。本书作者属于社会科学学者，对于气候变化的相关数据与原理的认知并没有达到专业的程度。因此，本书尽量保持平衡观点，对气候变化问题的态度是："了解到气候变化的真实性，认识到人类责任的可能性，承认'不后悔'原则的严肃性，强烈支持低碳生活的必要性，审慎对待灾难预警的紧迫性。"

第一章

气候变化问题的科学论争

气候变化（Climate Change）问题简称气候问题，是当今世界普遍关注的全球性问题，《联合国气候变化框架公约》（UNFCCC）[①] 第一款将其定义为："经过相当一段时间的观察，在自然气候变化之外由人类活动直接或间接地改变全球大气组成所导致的气候改变。"[②] 由于目前在全球范围内气候变化的一个显著特征就是气温不断升高，气候问题通常又被称为"全球变暖"（Global Warming）问题。与之相对应，世界各国减缓、适应气候变化问题的政策统称为气候变化政策（简称气候政策）。

持续的全球气候变暖现象对于人类的生存环境有着潜在的或者直接的威胁，因而引起了全球范围内的广泛关注。经过几十年的研究，国际学术界的主流科学家们取得了一致的意见：全球变暖问题大致是由于人类活动而直接或间接地改变的，控制温室气

[①] 《联合国气候变化框架公约》，United Nations Framework Convention on Climate Change，缩写为 UNFCCC。

[②] UNFCCC, P.4. http://unfccc.int/resource/docs/convkp/convchin.pdf. 1992.12

体排放是一个严肃而急迫的命题。相应地,全球气候问题的国际合作不断发展。以1992年签署的《联合国气候变化框架公约》和1997年签订、2005年生效的《京都议定书》为核心,联合国框架下的国际气候机制已经颇具雏形。以此为依托,国际气候谈判也在持续进行当中。从京都会议到巴厘岛会议,从哥本哈根会议到华沙会议,不同国家、地域和国家集团之间利益冲突和观念的分歧日益凸显。世界各国围绕温室气体减排的权责分配和执行时间表等方面的重重矛盾与斗争日益公开化。正如有学者指出的,"应对气候变化的战略之所以如此复杂和有争议,是因为它直接涉及到一国国家政治和经济结构的核心"。[①] 因此可以说,气候变化问题已经成为涉及政治、经济、技术、法律等多方面综合博弈的国际竞技场,自然是国际政治研究当中值得关注的课题。

第一节　气候变化问题研究综述[②]

地球系统是一个由大气圈、水圈、岩石圈、生物圈等组成的一个巨大的复杂系统,大量研究事实表明,地球气候是变化的,与天气变化不同,地球气候的变化时间尺度较长,可以是一个月、一年、几十年、几百年甚至几亿年。由于受到太阳辐射、大

---

① Lorraine Elliott, *The Global politics of the Environment.* London: Macmillan, 1998, p. 63

② 气候变化问题(或者全球变暖问题)研究的文献浩如烟海,几乎涉及到从自然科学(物理学、化学、气象学、气候学、环境学等等)到社会科学(政治学、经济学、社会学等)、甚至人文科学(哲学、伦理学)所有领域。限于主题和专业角度问题,本书主要评述社会科学(特别是政治学与国际政治领域)或者与社会科学相切的自然科学以及交叉学科中关于气候问题的研究成果文献。

第一章 气候变化问题的科学论争

气环流等不同因素的影响,地球各地的气候变化千差万别,不仅地质时期的地球气候变化巨大,而且现代时期的气候也存在冷暖、干湿的不同变化。

在地球形成以来大约45亿年的时间里,其早期的气候状况人类至今还无法确切了解和掌握,不过,通过对地球气候历史多年的研究,科学家们还是形成了比较一致的共识:地球上的气候从古至今一直都处在变化之中。然而,对最近一两百年来气候变化的原因认识上,目前学界还存在着严重的分歧。因此,科学家希望通过对地球气候变化史的研究来考察昔日地球气候变化的状况,并预测未来地球的气候变化趋势。目前,科学家主要是通过对岩石、泥土、冰层、冰芯、树木年轮等进行考察研究的方式去查寻昔日地球气候变化史的踪迹。地质科学家研究发现,在过去2亿多年的时间里,地球的气候与现在差别巨大,表现在:那时的地球上气候暖和,陆地上没有冰雪覆盖,地球的赤道和南北两极之间的温差也非常小,而且当时的海平面要比今天高出许多。

总的来说,从地球气候的变化史看,地球几十亿年的历史上的气温一直处于不停的变动状态,只是每次变动的幅度和周期在不同的历史时期表现不同,地球的气候表现出的是一个冷暖交替的过程。目前,地球的气候也许除了受地球气候自身的变化规律的影响外,还有来自人类生产活动所产生的温室气体的影响。至于是温室气体的影响大还是自然的因素影响大,不同的学者则有不同的看法,由此也引发了他们在地球气候变化方面的争论。[①]

---

① 关于"气候变化"、"全球变暖"问题的科学解释,可以参见众多的学术研究、科学报告以及国际条约等文献。详细研究可以访问IPCC官方网址、联合国气候框架公约(UNFCCC)官方网址等等。此外,还有许多知识普及性报导、博客等等,如杨新兴:《地球气候变暖的理论依据》,网址:http://blog.sina.com.cn/xxy19411230。

一、国际学术界对于气候变化问题的研究

针对"气候变化"或"全球变暖"这一现象，国际学术界的观点纷呈。依据不同的角度，大致可以分为以下几个派别。

（一）气候变化理论的信奉者与怀疑者

借用格兰兹（Michael H. Glantz）在《地区性气候变化的社会响应——类推式的预测》中的观点来讲，在经历了几十年激烈的争论之后，科学界中主要呈现出三大流派，分别称为"鹰派"、"鸽派"与"猫头鹰派"[1]。其中，"鹰派"认为二氧化碳等温室气体导致全球变暖的证据是具有说服力的，并且变暖现象正在发生；"鸽派"（数量较少）则认为温室气体导致全球变化并带来另一个世界末日的说法是不会实现的，他们常以早期环境世界末日说法的失败来支撑他们的观点，并且趋于重视已经出现的科学不确定性来对待全球变暖问题。"鸽派"还包括那些相信社会创造力（社会对危机的反应与应对能力）的人。在"鹰派"与"鸽派"之间也有不少持中间立场的人，他们认为，已经出现的科学证据的确令人惊讶，但是仍然有一些重要的科学谜团需要解决，譬如说全球变暖的区域影响，或者是云层反馈机制的角色等，这部分人被称为"猫头鹰派"。当前的全球学术界中，"鹰派"的学者不断增多，而且提出了应对全球变暖问题的强硬政策。他们预言了全球变暖给未来社会、人类以及环境所带来的

---

[1] Michael H. Glantz: *Societal Responses to Regional Climate Change——Forecasting by Analogy*, West view Press, Boulder & London, 1988, p.41.

灾难性影响。①

"鹰派"、"鸽派"和"猫头鹰派"不仅存在于科学界，也存在于世界各国的政策制定者当中。比如，欧盟国家的政策制定者当中，赞同和支持"鹰派"的政治人物居多，而在美国和加拿大，持有"鸽派"或者类似观点的政治人士就占主流。当然，所谓"猫头鹰派"的中间立场的政治人物也不在少数。由于每个国家内部都包含了多个派别，或者国家本身就处于不同的派别，关于这个问题的严重程度有不同的意见，与其他问题相比，也许全球变暖并非最迫在眉睫的问题，因此难怪在国家中或者国家间无法在这个问题上订立一个总协定。比如在美国的参议院和众议院之中，有关这个议题的各种各样的小组委员会也举行了数个听证会，但是到今天为止，依然不能形成有效的决议。

（二）气候变化后果积极论者与消极论者

即便是在那些信奉"气候变化"理论的学者当中，依照各自对"全球变暖"所造成后果所持的态度划分，又可以将学术界划分为持"积极态度"和持"消极态度"两个派别。气候变暖积极态度论者认为，全球变暖或许能对地球生物及全人类的生产和生活产生某种积极影响、产生某种积极的环境效果，比如导致农业增产高产、减少野生动物灭绝、生态系统的变化减缓等。在美国、加拿大、俄罗斯等国土面积较大、拥有大面积寒冷地区的国家当中，全球变暖积极论曾经非常流行。中国科学界在20世纪90年代也有类似观点，比如认为全球变暖可以让东北地区的大豆提高产量，甚至可以播种其他经济作物等等。相反，气候变

---

① Michael H. Glantz: *Societal Responses to Regional Climate Change——Forecasting by Analogy*, West view Press, Boulder & London, 1988, p. 43.

化消极论则认为，气候变暖将为人类及地球生物带来一系列灾难，包括极端气候的出现，气候灾害频发、缺水人口增加、疟疾患者增加、珊瑚礁漂白、冰川融化、海平面上升将为地球生态系统带来不可逆转的危害等。对于国土面积狭小、生态环境脆弱等具有气候变化敏感性与脆弱性的国家，如在小岛国家（如马尔代夫、塞舌尔）、低地国家（孟加拉），以及众多非洲国家中间，此类观点受到毫无疑问的支持。即便是日本这样的发达国家，由于容易遭受自然灾害，加上能源短缺，也十分关注全球气候变暖的灾难性后果。日本学者山本良一编写的《2℃改变世界》一书，通过对比分析、图例、模型论证等手段，反映分析了气候变暖的严重危害，认为全球变暖的原因是高速的经济发展，发生时期在后工业化时代，分析了人类对气候变化的意识和抗争过程，并探讨了人们在日常生活中可以采取的减排节能手段。[①]。

二、中国学术界对气候变化问题的研究概况

与西方学界相比，中国对气候变化问题的关注、跟踪较早，但是进入"真正"的研究较晚。中国学术界的主要学术观点基本趋于一致，对于气候变暖的影响及其应对方法等议题上分歧与争议较少。从20世纪80年代开始，中国国内对气候变化的研究主要由政府机构、官方组织以及科研单位主导和执行。气候变化问题研究者们对人类活动和工业生产，如燃烧化石燃料导致大气中二氧化碳等温室气体浓度的上升，从而引起全球变暖的气候变化结论大体上持认同态度。学术研究主要围绕"如何正确应对

---

① 【日】山本良一：《2℃改变世界》（王天民等译），科学出版社，2008年版，第40页。

第一章 气候变化问题的科学论争

气候变化,如何推进温室气体排放,以及探讨中国减缓气候变化的策略和采取的措施"等层面展开。在采取气候变化的国际行动和国际合作的研究方面,由国家气候变化对策协调小组办公室和中国21世纪议程管理中心合作出版了《全球气候变化——人类面临的挑战》一书,通过科学分析气候变化的背景和实质,提出了减缓气候变化的应对行动是采取减排行动,并进一步分析和研究减排的政策、措施、手段和国际合作,书中详尽地记述和梳理了气候变化国际谈判的进程,包括国际气候谈判、减排国际协议和监督机制,最后提出中国应对气候变化的策略。[①]

由《气候变化国家评估报告》编写委员会编写的报告指出,中国在气候变化领域的国家级科学研究已逾15年,研究队伍与研究成果日趋成熟。《气候变化国家评估报告》一书主要包含了对气候变化的科学基础、历史和未来趋势、影响与适应对策、以及社会经济评价的研究。在第三部分的《减缓气候变化的社会经济评价》中,报告对比和分析了世界主要国家和集团以及中国的温室气体排放的历史和现状;并回顾中国已采取的政策和措施对减缓温室气体排放的贡献,例如调整经济结构、推进技术进步、提高能源利用效率和节能、开发优质能源、植树造林和土地利用管理等。此外,报告还讨论了《京都议定书》中与碳汇有关的问题,分析了中国未来的碳汇市场的潜力。[②]

近年来,随着对气候问题研究的升温,国内研究机构和学术界也从不同学科和角度对这一问题进行了研究和探讨,取得了一

[①] 参见:国家气候变化对策协调小组办公室:《全球气候变化——人类面临的挑战》,商务印书馆,2004年版。

[②] 参见:《气候变化国家评估报告》编写委员会:《气候变化国家评估报告》,科学出版社,2007年版。

些研究成果。有些学者主持编写了关于气候变化研究的系列论作,如:中央编译局曹荣湘研究员主编的《全球大变暖——气候经济、政治与伦理》,这本著作是目前国内气候研究领域编译的一本最新的综合性的研究成果,它集中汇整了目前国外政治学、经济学、社会学等不同学科领域关于气候变化研究成果的理论和著作。中国社科院城市发展与环境研究所研究员庄贵阳、陈迎两位学者合著的《国际气候制度与中国》,在借鉴国内外相关研究成果的基础上,从国际政治与经济的视角出发,采用理论联系实际的研究方法,对国际气候谈判过程中气候机制的形成与发展进行了较为详细的论述,并结合中国的现实国情,分析了中国当前面临的气候谈判压力和挑战,并提出了相应的应对建议。研究能源与气候变化领域的学者王子忠的著作《气候变化——政治绑架科学》,把气候问题与国际政治、经济、社会、制度等结合在一起,分析了为什么气候问题会由一个自然科学领域的气象问题转变成了政治家们谈判桌上的议题,探讨了未来"在一个空气都能卖钱的时代"会对世界政治秩序有哪些影响,以及在气候谈判中,各国围绕气候问题所进行的关于清洁技术革命的竞争。上海国际问题研究院杨洁勉教授主编的《世界气候外交和中国的应对》,是目前国内学者写的第一本关于气候外交的著作,该书叙述了全球气候变化的谈判进程,国际气候机制下中日、中美气候合作的比较分析,以及奥巴马上台后对美国气候政策的调整给气候谈判格局带来的影响,此外还谈到了金融危机对气候合作机制造成的影响。最后分析了中国未来碳排放所面临的国际压力和挑战以及国家应该及时转变经济发展方式,调整经济结构,在保障应有发展权和排放权的基础上走"低碳经济"的发展道路。北京大学国际关系学院国际组织研究中心主任张海滨的著作《气候变化与中国国家安全》,首先提出了当前气候变化与国家

第一章 气候变化问题的科学论争

安全研究上的不足,进而把气候变化提升到了影响国家安全的高度,分别从气候变化对国家民生、主权、国防等几大方面进行分析和阐述,最后论述了中国在气候变化问题上所采取的行动、取得的成效以及存在的不足,并提出了自己的应对建议。中国社科院可持续发展研究中心主任潘家华教授在《气候变化:地缘政治的大国博弈》一文中提出,气候变暖问题已经由一个经济、技术问题演变成为了国际地缘政治问题,指出欧盟、美国和中国是气候政治博弈中的三大主角,主导着气候谈判的进程,在气候谈判中欧美双方都希望联合中国制约对方,因此中国的位置在中、美、欧三角之间起到了平衡者的作用,中国应该利用地位优势权衡利弊,力争做出最佳的战略选择。此外,李东燕的《对气候变化问题的若干政治分析》,邵峰的《国际气候谈判中的国家利益与中国的方略》,曾宁的《气候变化:中国的困境、机遇和对策》等文章,也都从不同的研究视角对气候变化对中国的影响展开了论述。除了学术著作之外,很多专家还从其他角度深入浅出地分析了气候变化问题,比如《碳客帝国》就是一部以气候问题和低碳经济为研究切入点的著作,该书通过分析西方国家经济发展的战略,揭示了气候问题背后实质隐藏的是各国对经济利益和国家利益的角逐:发达国家为未来经济竞争设定的一种新的国际政治游戏规则,发展中国家应该采取应对策略才能在这场新的游戏规则下求得生存和发展。

在对气候变暖的质疑方面,中国学者的声音较为微弱,在国内,"怀疑派"算得上是绝对的极少数,虽然人数不多,但是他们还是敢于表达出自己的声音,如:吉林大学地球探测与信息技术学院杨学祥教授就是中国学者当中对气候变暖持怀疑态度的为数不多的学者之一。他写了许多论证性的文章提出了自己观点,这些文章有："全球变暖：从科学到神话"、①"全球变暖权威的可信度：全球变暖加速还是减速？"、②"科学是通过争论接近真理——全球气候变化预测面临新的挑战"、"给全球变暖说泼点冷水"、"全球变暖速度：谁的预测更准确"③ 等等。北京大学地球与空间科学学院教授承继成、李琦也对气候变暖的说法提出了质疑，在接受《科学时报》的采访时认为，联合国政府间气候变化专门委员会（IPCC）的评估报告中的主要结论缺乏足够的科学证据，只考虑近100多年来的气候状况，这是不全面的。地球的历史已长达46亿年，而人类有测量仪器与气温变化数据的记录还不足200年的时间，监测气温的气象站覆盖面积还不到全球陆地面积的20%。中国现代国际关系研究院赵宏图的文章《气候变化"怀疑论"分析及启示》，对气候变暖的怀疑论做出了较为详尽的阐述。④

第二节　气候变化问题论争的科学依据

温室效应理论的提出，促使人们开始关注气候变化与人类活动的关系，也引导了气候变化舆论的大转变，从之前的"变冷

---

① 参看杨学祥："全球变暖：从科学到神话"，国家气候中心，2005年4月12日，网址：http://ncc.cma.gov.cn/Website/index.php?ChannelID=83&NewsID=792。

② 杨学祥："全球变暖加速还是减速？"，光明网，2010年12月1日，网址：http://guancha.gmw.cn/2010-12/01/content_1430115.htm。

③ 同上。

④ 赵宏图："气候变化'怀疑论'分析和对中国产生的启示"，《现代国际关系》，2010年第4期。

第一章 气候变化问题的科学论争

论"转向了"变暖论",20 世纪 80 年代之后,气候变暖逐渐成为了主流。

一、气候变暖"主流派"的观点综述

(一)气候变化研究热点的转变

气候变化,百度百科中的解释是指气候平均状态统计学意义上的巨大改变或者持续较长一段时间(通常为 10 年或更长)的气候变动,它不但包括平均值的变化,而且包括变率的变化。联合国政府间气候变化专门委员会(IPCC)使用的气候变化,是指气候随时间的任何变化,而无论其变化的原因是自然变率还是人类活动的结果。而《联合国气候变化框架公约》中所采用的气候变化一词,是指经过一段时间的观察,在自然气候变化之外由于人类活动直接或间接地改变了全球大气的组成所引起的气候改变。可见,《联合国气候变化框架公约》中所定义的气候变化与 IPCC 所指的气候变化是有区别的。本书所指的气候变化,借用的是 IPCC 所使用的气候变化的概念。当前人们所谈论的全球变暖,主要是指在一段时间内,地球上的大气和海洋温度上升的现象,上升的原因是由于人们焚烧化石矿物已生成能量或砍伐森林并将其焚烧时所产生的二氧化碳等多种温室气体,这些温室气体对于来自太阳辐射的可见光具有高度的透过性,而对由地球反射出来的长波辐射具有高度的吸收性,最终形成"温室效应",导致全球气候变暖。[1]

1827 年,法国科学家让·傅里叶(Jean Fourier)首先提出

---

[1] 《联合国气候框架公约(UNFCCC)》,官方网址:http://unfccc.int.

了著名的"温室效应"（Greenhouse Effect）理论，引发了学者对人类活动与气候变化之间的研究。到了 1908 年，瑞典科学家凡特·阿兰纽斯第一次提出了人类的工业活动会极大影响地球气候的观点。他认为假如大气中的二氧化碳浓度提高一倍，地球的平均气温会上升 5.26℃，而且随着纬度越高，增幅越大。不过他对气候变暖持的态度比较乐观，他认为大气中二氧化碳的实际比重并不大，每年煤炭燃烧所释放的二氧化碳仅占到大气二氧化碳的 1/1700，而海洋可以吸收大约 5/6 人类排放的二氧化碳。此外，他还认为气候变暖可以给寒冷地区带来更加宜人的气候和丰富的物产。[1] 直到 20 世纪 70 年代初的时候，学术界的主流声音还是"气候变冷"说。1972 年欧美的许多著名学者还曾经聚集布朗大学研讨"间冰期何时结束和如何结束"的话题。当时，与"气候变冷"话题有关的图书也十分热销。例如：罗厄尔·庞特（Lowell Ponte）所写的《全球变冷：又一个冰川世纪已经来临？我们能够渡过这一难关吗？》一书就是其中之一。[2] 1975 年《新科学家》（New Scientist）杂志发表文章认为，人类要把新冰川的威胁当成核威胁来看待，因为它可能导致人类的大规模死亡。日本气象厅也预言，地球将于 21 世纪迎来"全球变冷"期。美国威斯康辛大学环境研究所发表研究报告认为，地球正在缓慢地进入下一个冰期。[3] 因为科学家预测和人们担忧的气候变

---

[1] 参见：《关于气候变化的历史争论》，中国天气网，2008 年 5 月 28 日，来源：http://www.weather.com.cn/static/html/article/20080528/6032.shtml。

[2] Lowell Ponte, *The Cooling, Has the next Ice Age already begun? Can WE Survive It?*, 1st Edition, Prentice-Hall, 1976.

[3] "Who sparked the global cooling myth?", *New Scientist*, 21 October 2008, http://www.newscientist.com/blogs/shortsharpscience/2008/10/global-cooling-was-a-myth.html.

冷情况没有出现，所以当时的"变暖说"并不被人们所关注。直到20世纪70年代末80年代初，"气候变暖论"才慢慢进入人们的关注视野。1979年，世界气象组织在瑞士日内瓦召开了第一次世界气候大会，这次大会提出了一个警告：如果大气中的二氧化碳浓度上升，那么将可能导致地球升温，全球变暖问题第一次被提到了国际社会关注的日程中。特别是到了1988年，联合国环境署和世界气象组织共同发起组建了联合国政府间气候变化专门委员会（IPCC），IPCC的主要任务是对全球气候变化的状况及产生的影响做出评估，为各国政府制定气候变化政策提供参考。此后，温室效应理论和气候变暖的论调开始逐渐成为气候变化研究中的主流，而"全球变冷说"被挤到了舆论的后台。

二、气候变暖"怀疑派"的观点综述

严格地讲，"怀疑派"在国际气候研究界并不是一个固定的称谓，出于研究上的方便，此处把凡是与"主流派"观点对立的，或者是质疑气候变暖观点的统称为"怀疑派"。这一派的支持者人数相对较少，发出的声音只获得部分民众和学者的关注，并未获得国际上的主流认同。

（一）气候变暖"怀疑派"的核心观点

"怀疑派"的人员构成庞杂，有来自自然科学界的科学家和学者，也有人文社会科学界的学者，还包括社会活动家和一些政界人士。他们中有质疑气候变暖本身的真实性的，有质疑气候变暖后果的严重性的，还有质疑气候变暖疑与人类活动之间具有相关性的。①

在全球变暖的科学性日益明确的当前,"怀疑派"竭力否认气候变化与人类活动之间的因果联系。他们认为,在地球形成40多亿年的漫长历史中,气候一直处于变动之中,气温不规则地上下波动是一种常态。人类不可能是地球气候的最大影响者。地球气温的变化是自然因素的影响,人类的行为和二氧化碳对气候变暖即使起作用,其所起的作用也很微小。

虽然温室效应理论支撑的"气候变暖人为论"已经成为舆论的主流,但同时,质疑的声音也从未停止过。2007年,英国广播公司播放了一则《全球变暖大骗局》的纪录片,气候变暖的怀疑声引起了人们的关注,同一年,美国学者弗雷德·辛格(Fred Singer)等人针对IPCC,专门组织起了非政府间气候变化委员会(NIPCC),针锋相对地提出了与IPCC评估报告完全相反的观点。②"气候门"事件的发生,以及最近一两年来世界一些地区出现的严寒天气现象,使IPCC的可信度和权威性也开始受到了人们的质疑与思考。

(二)气候变暖"怀疑派"的理论依据

"怀疑派"认为,地球气候变化的历史告诉我们,自然界的因素才是影响气候变暖的首要原因,这些自然界的因素主要是:太阳活动的影响、云团、云体的薄厚、地表海水冰川的影响等等。

1. 太阳的活动与辐射对气候的影响

地球除了自身地核裂变所释放出来的能量外,绝大部分的能

---

① 赵宏图:"气候变化'怀疑论'分析和对中国产生的启示",《现代国际关系》,2010年第4期。

② 详细研究参见NIPCC官方网址:http://www.nipccreport.org/

量要靠太阳供给，因此，太阳是地球能量最主要的来源。而太阳活动周期的变化、太阳辐射的强弱程度会对地球的气候变化和气温的升降产生极大的影响。科学家们在对地球气候变化研究时发现，太阳活动衰弱的时期与地球的小冰河时期的低气温之间有关联。俄罗斯天文学家哈比卜拉·阿卜杜萨马托夫是一位坚持"太阳活动是导致气候变化论"代表人物之一。他认为，太阳是一个变化多端的恒星，其辐射强度经常处于不停的变化之中，它有200年的大活动周期和11年的小活动周期，这些活动周期的变化会对地球的气候产生巨大影响[①]。"怀疑派"认为，在影响地球气候变化的自然因素中，太阳活动对气候的影响最为关键。太阳主要是通过宇宙射线来影响气候的，它通过不断地释放出带电的粒子流——太阳风，来保护地球不受其他宇宙射线的影响。当太阳的活动较弱时，太阳风不强，很多的宇宙射线可以穿越地球的大气层，产生很多的低云，低云会把太阳的辐射反射回去，使得地球变冷。当太阳的活动增强时，太阳风也得到加强，太阳风增强可以保护地球不受其他射线的影响，这样，低云减少地球气温升高。[②]

2. 云体对气候的影响

云团或者云体是影响气候最为复杂的因子。在大气层里，云团的作用是可以增加大气对太阳辐射的反射率从而减少地面对太阳辐射的接受，同时又能吸收地表发出的红外辐射。云在大气中

[①] 参见：百家争鸣：俄"少数派"专家认为太阳才是气候变化原因，国家气候委员会、中国气象局：《气候变化动态》，2010年第3期（总第12期），第46页。

[②] 【美】S. 弗雷德·辛格、丹尼斯·T. 艾沃利：《全球变暖——毫无由来的恐慌》（林文鹏、王臣立译），上海科学技术文献出版社，2008年版，第224—225页。

出现，可以改变大气的热辐射平衡，以此来影响气温的变化。云团或云体的分布、云的特征、云层的厚度和大小都在不断地变化，因此云对气候的影响也会不断地变化。在地球系统中，包括大气，云的反射贡献率约占地球系统总反射率的2/3。高云的反射作用小于温室效应的作用，因此两者的总效果是使地面温度升高；低云的反射作用则大于温室效应的作用，两者的总效果是使地面温度降低。从整体来看，云的作用的最终效果是使地面降温。①

3. 地表海水、冰川对气候的的影响

地球的表面绝大部分被蓝色的海水和雪白的冰川所覆盖着，它们对太阳辐射的吸收能力也不相同，海水吸收了太阳辐射的大部分能量，白色冰川由于对太阳辐射的反照率高，只吸收太阳辐射的一小部分能量。海水和冰雪的面积对气候的变化有着直接的影响。比如：气温降低、海水变冷结冰致使冰川的面积加大，会把更多的太阳辐射反射回去，地球因此变冷；而当气温升高，冰川融化，海水面积扩大，则会吸收更多的太阳光，引起地球气温上升。科学家们通过研究发现，如果地球吸收太阳辐射的能量减少1%，那么地球两极的冰川将向外延伸大约1000公里，最终会导致地球表面的温度下降5℃。而如果进入到地球的太阳辐射能量减少1.6%的话，那么整个地球将是一片冰川覆盖的景象②。可见，地球上的海水、冰川与气候之间有十分密切的关系，它们处于一种不太稳定的状态，正是它们之间的相互关系影响着地球气候的变化。

---

① 参见：杨新兴："地球气候变化影响因素及趋势"，中国城市低碳经济网，2010年11月15日，网址：http://www.cusdn.org.cn/jswz/html/?90986.html?1=1&pages=1。

② "科学考察在北极"，中国科普博览，网址：http://www.kepu.net.cn/gb/earth/arctic/study/std305.html。

除了上述提到的自然因素之外，太阳的公转与地球的自转、太阳与地球之间的距离变化、地震的发生和火山爆发等等，也被认为是引发气候变化的因素。总而言之，在众多复杂的自然因素的影响下，人类的作用对气候的影响微乎其微。

（三）气候变暖"怀疑派"对"主流派"的驳斥

第一，"怀疑派"除了列举出自己的理论依据之外，还对"主流派的"观点和依据进行了批判。他们认为"主流派"过分强调二氧化碳引起的温室效应的作用，忽视了大气中水汽的影响力。中国环境科学研究院研究员杨新兴教授认为，IPCC忽视了大气中水汽的影响力。空气中的二氧化碳含量385ppm，而大气中的水汽含量却高达1000—40000ppm，大气中水汽的含量是二氧化碳含量的26倍。美国能源部的一份报告指出，水汽对温室效率的贡献率占到95%，而二氧化碳的贡献率却很低。另外，根据二氧化碳与水汽之间对光辐射的吸收光谱表明，二氧化碳对光辐射的吸收范围主要在2—25微米之间，水汽对光辐射的吸收范围在0.5—50微米之间，显而易见，水汽的吸收范围和吸收能力要大于二氧化碳的范围和能力，IPCC的评估报告恰恰忽略了最重要的水汽作用。[①] 再者，二氧化碳的温室效应也无法合理地解释地球气温的变化情况。根据最近100年来观测到的气温变化数据显示，地球的平均气温变化是：1890—1924年期间，整体气温表现为低温期；1925—1946年时间段，总体处在高温期；1947—1976年间，又回到低温期；1977—2000年，再次表现为高温期。从1890—2000年大约100多年的时间内，人类活

---

① 杨新兴："'气候变暖'论的误区"，载《前沿科学（季刊）》，2010年4月第4卷。

动产生的二氧化碳一直在增加，但是地球的气温变化并没有随着二氧化碳的增加而一路上升，中间出现了气温下降的情况。温室效应对这种现象无法给出合理的解释。可见，温室效应理论在解释气候变暖上没有绝对的说服力。有的"怀疑派"学者甚至指出，如果是二氧化碳导致了气候变暖，那么如何区分哪些二氧化碳是人类的活动排放的，哪些是自然界中产生的呢？20 世纪 70 年代，中国最为著名的地理学家、气象学家竺可桢在去世前不久发表了一篇文章，题目是《中国近五千年来气候变迁的初步研究》。他从中国近 5000 年的气候变化研究中得出结论，目前人类正处在 17 世纪小冰期的增暖期，地球气温呈现波动式的上升，而上升的趋势早在 1700 年就已经开始了。[①]因此，"怀疑派"认为今天气候的变暖说明我们正处于地球气温的上升阶段。

　　第二，批评"主流派"所采用的计算机气候模拟的模型本身具有极大的不确定性。气候模拟只是预测未来气候变化的一种研究工具，预测不能代替真实情况。况且，复杂多变的气候系统和人类目前的科学认知水平，以及我们对气候系统中的各种物理、化学、生物等参数的认识与理解会有很大的不确定性，模拟出来的结果不能令人信服。中国学者王绍武、葛全胜等人指出，在IPCC 的评估报告里所采用的气候模拟是海气耦合模式，这一模式在关于大气层气温变化的模拟上，对平流层的温度变化模拟情况较为理想，但对对流层的模拟情况则较差。[②] 国外学者 Lean 等

[①] 参见竺可桢："中国近五千年来气候变迁的初步研究"，《考古研究》，1972 年第 1 期；以及黄伟夫："揭穿二氧化碳导致全球变暖的谎言"，载《博览群书》，2010 年第 9 期。

[②] 王绍武、葛全胜等："全球气候变暖争议中的核心问题"，载《地球科学进展》，2010 年 6 月，第 2 卷第 6 期。

第一章 气候变化问题的科学论争

采用统计模式模拟20世纪气温的变化,把火山气溶胶、太阳的辐射度、人类活动的强迫因素都考虑进去的时候,模拟的结果表现得很不理想。因此,他们认为,不管是使用海气耦合模拟模式,还是使用统计模拟模式,都存在模拟上的缺陷。再有,"怀疑派"还指出了计算机模型无法模拟出云体中的一些重要物质的组成和云对气候气温的影响。云对气候的变化有着重大的影响,当计算机模型把云的形状、大小、水平和垂直位置、生命周期等参数考虑进去的时候,模拟得出的结果是相互矛盾的。[1] 可见,计算机气候模拟的本身具有不可靠性,模拟出来的结果也欠缺说服力。

第三,批评"主流派"篡改气候数据,随意夸大气温上升的幅度和气候变暖的危害,气候变暖被"妖魔化"。[2] "怀疑派"认为,IPCC不是一个严格意义上的科研机构,本身并不从事实际的科学研究。IPCC所采用的气候数据不真实,被人为修改过,气候变暖只是个伪命题,是政客和某部分科学家联合炒作的一种

---

[1] 【美】S. 弗雷德·辛格、丹尼斯·T. 艾沃利:《全球变暖——毫无由来的恐慌》(林文鹏、王臣立译),上海科学技术文献出版社,2008年版,第209页。

[2] 例如,就在2010年1月,有报道揭发IPCC 2007年发表的《气候变化第四次评估报告》中存在重大"失误",其中喜马拉雅冰川将在2035年消失的结论严重违背事实。面对质疑,IPCC在声明中表示,有关2035年的预测只是援引自《新科学家》杂志上的一篇有关喜马拉雅冰山的文章。文章的作者、印度科学家赛义德·哈斯奈在媒体追问下承认,自己的文章只是一种"推测",没有任何正式的调查支撑,也不是基于任何研究报告,只是对一个学者进行短暂的电话采访后所得。IPCC随后发表声明,坚持认为报告总体上没有大问题,只是采用了"缺乏实质证据支撑的冰山融化速度和消失期限",不符合IPCC报告必须采用"清晰、有坚实依据之科学证据"的原则。资料来源:新华网:"气候变化造假,联合国遇诚信危机",http://news.xinhuanet.com/photo/2010-02/04/content_12927359.htm;IPCC的声明见:IPCC, "IPCC Statement on the Melting of Himalayan Glaciers"; http://www.ipcc.ch/pdf/presentations/himalaya-statement-20january2010.pdf。

"骗人的把戏"。① "主流派"提供不出科学的和有说服力的证据来证实气候变暖是人为的。气候变暖带来的影响也被夸大了。美国麻省理工学院教授、气象学专家林森（Richard Lindzen）就一直发表文章，否认存在变暖统一看法。他还在一次演说中批评全球变暖已经成为一种宗教，信仰者无法倾听其他不同的意见。②1986 年获得"克拉福德奖"的法国科学家阿莱格尔（Claude JeanAllegre）提出气候变化是个"伪命题"的观点，矛头直指联合国政府间气候变化专门委员会，认为全世界都在为一个缺乏依据的谎言而奔走。③

第四，气象站和气温采集点的设置不科学。"怀疑派"认为，目前在世界各地设置的气象站和气温采集点的设置既不科学，也不合格。由于城市化进程、土地使用的改变等因素，使得散布世界各地的数千个气象站受到影响和干扰，收集到的温度数据出现失真的情况。曾经是 IPCC 的主要作者、美国阿拉巴马大学的大气科学教授约翰·克里斯蒂（John Christy）分别对非洲东部、美国加利福尼亚州和阿拉巴马州的三个气象站进行了研究发现，这些气象站收集到的气温有明显偏高的现象。加拿大经济学教授罗斯·麦克特里克（Ross McKitrick）也对 IPCC 的研究方式提出了质疑，认为相关气候数据被许多因素"污染"了，工业化、城市化、城市热岛效应等等因素的影响，使得最终的结论偏

---

① Patrick J. Michaels and Paul C. Knappenberger, "Climate Data vs. Climate Models", Energy and Environment, CATO Institute, Fall 2013, pp. 32 – 36.

② 参见：Lindzen, R. S, "There is no 'consensus' on global warming", Wall StreetJournal, June 26, 2006; Richard S. Lindzen, "Taking greenhouse warming seriously", Energy &Environment,, Vol. 18, 2007, pp. 937 – 950.

③ 详细研究请参阅：【法】克洛德·阿莱格尔著：《气候骗局》（孙瑛译），中国经济出版社，2011 年版。

向了气候变暖的一边。①

第五，温室效应导致气候变暖的理论受到新的挑战。根据美国新泽西州理工学院物理学家菲利普·古德（Philip R. Goode）教授的研究，他在研究中得出令人惊讶的结论：温室效应可能使地球气温变得越来越冷。他和他的研究小组经过7年时间对地球的亮度与气候变化之间的关系进行研究认为，地球本身不发光，所有的光亮来自于对太阳光的反射，而云层的厚薄会影响地球对太阳光的反射，云层薄，地球的反射少，就会变暗；云层厚，反射增强，亮度就会变高。②古德教授的研究引起了许多科学家的兴趣和关注，有人认为这一研究发现为"怀疑派"提供了巨大的理论支持。

第六，针对"主流派"提出的气候变暖将会导致饥荒、干旱、土地贫瘠、瘟疫蔓延、海平面上升和物种灭绝等气候灾难的问题，"怀疑派"认为，气候变暖并不全是地球和人类的灾难，比如在粮食的生产上，因为气候变暖提供了更多的植物生长所需要的阳光、雨水、更长的生长期等等，因此，在全球气候变暖期间人类的粮食产量都是保持增产的。人类社会在罗马暖期和中世纪暖期出现的繁荣景象也能够说明这一点。人类历史上出现的饥荒更多的原因不在于气温上升，而更多应该归咎于那些"失败的政府"。

---

① 详细研究可以参见约翰·克里斯蒂（John Christy）于2012年9月20日出席美国众议院住房能源委员会（House Energy and Power Subcommittee）听证会上作证的有关材料；也可以参见："全球变暖说越来越不可信：气象站87%不合格"，人民网，网址：http://scitech.people.com.cn/GB/11174903.html。

② Philip R. Goode, The Sun's Role in Climate Change, Biy Bear Sular observatory, March, 22, 2007.

第三节 气候变化问题论争的实质

一、气候变暖"主流派"的支撑力量

（一）欧盟国家的大力推动

对气候变暖"主流派"的观点最为支持的是欧洲国家，尤其以欧盟为代表。从 20 世纪 80 年代起，欧盟就开始被国际社会公认为是主张遏制温室气体排放的积极倡导者、低碳经济的推动者以及气候谈判中的主导者。国际气候谈判多数是在欧盟的主导下开展的，气候议题的设置也都主要由欧盟来安排，气候谈判中产生的分歧和争议也多数是由欧盟来负责协调的。除此之外，欧盟在气候问题的理论研究上也居于领先位置。可以说，国际气候变化的谈判许多领域都离不开欧盟国家的努力。如：美国和澳大利亚等国退出《京都议定书》后，在国际气候合作机制面临崩盘的情况下，欧盟通过自身的努力，运用各种措施从中进行协调说服工作，争取了俄罗斯的加入，使《京都议定书》达到了生效的条件，保证了国际气候合作机制的继续运行。即便是哥本哈根会议失败之后，国际气候谈判接连遭遇困难：德班会议上加拿大的退出，多哈会议上俄罗斯等国家的强烈抵触，甚至在华沙会议上澳大利亚、日本等国家的大幅度退步，欧盟国家还是比较积极坚定地支持温室气体减排，支持多边合作框架机制。因此，在气候问题上欧盟发挥的主导作用是显而易见的。欧盟之所以热衷于扮演气候谈判的主导者，在全球力推温室气体减排，究其原因大致有如下几个方面：

第一章　气候变化问题的科学论争

首先，欧盟国家基本上已经完成了工业化，进入到了后工业化时代和信息化时代，减排压力相对而言小很多，而且欧盟也有这个经济能力和技术能力去承受温室气体减排带来的影响。

其次，随着欧盟国家的国民环保观念和对环境的要求越来越高，加上欧盟国家"绿党政治"发展得相对充分，为"绿色政治"和节能减排打下了民众根基，积极推进节能减排也有利于保持欧盟在气候谈判领域上的领导地位。

第三，欧盟国家力图推进并主导新兴产业和科技链条。希望能够占领未来经济和科技进步的制高点，维持欧盟国家在环保技术上的领先地位。

最后，为欧盟的未来长远利益考虑，力争主导国际话语权，也是促动欧盟积极推行温室气体减排的重要原因。（对于欧盟推动作用的详细研究请参见本书第三章）

（二）国际组织的大力推动

20世纪70年代末，随着国际气候会议的召开，特别是到了90年代地球气温的明显上升，恶劣天气的频繁发生，气候问题领域的舆论风向出现了巨大的转变，认同气候变暖的人数也越来越多，变暖逐渐成为了"主流派"。而联合国政府间气候变化专门委员会（IPCC）对舆论的扭转起到了非常关键的作用，2007年IPCC因为对于世界环境问题的关注而获得诺贝尔和平奖，导致其声誉大涨，所发表的报告也吸引了越来越多的国际信众。

1988年，世界气象组织（WMO）和联合国环境规划署（UNEP）在联合国领导下建立了政府间气候变化专门委员会，目的是就气候变化问题向世界提供科学咨询。IPCC下设有三个工作组和一个专题小组，这三个工作组的任务是：第一工作组负责气候变化科学的自然科学基础研究,第二工作组负责气候变化的影响、适应和脆弱性研究,第三工作组负责减缓气候变化的研究。自1990年以来,IPCC已经组织编辑出版了一系列的评估报告、特别报告、技术报告和指南,被决策者、科学家、高等院校和其他专家广泛使用:1990年IPCC发布了第一次评估报告,确认有关气候变化问题的科学基础,推动1992年联合国气候变化框架的制定;1995年发布了第二次评估报告,在1997年《京都议定书》的谈判中发挥巨大作用;2001年发表的第三次评估报告,推动了世界各国制定气候变化政策;2007年发布的第四次评估报告,直接导致气候变化问题在世界范围内的迅速升温;IPCC第一工作组第五次评估报告于2013年9月27日在瑞典首都斯德哥尔摩通过,这将为国际社会采取进一步应对气候变化的行动,特别是国际应对气候变化体制的建立提供了大量的科学依据和信息。[1]

以2007年的第四份评估报告中的主要观点为例,IPCC认为,近百年来观测的数据结果显示,气候变暖的事实毋庸置疑,1906—2005年地球表面平均气温已经上升了0.74℃,从20世纪中期至今50多年的时间里,观察到的全球气温的上升,很有可能是由于人类排放的二氧化碳等温室气体造成的,这个可能性超过了90%。[2] 并且预测,如果按此趋势发展下去,全球温室气体的排放还会持续增长,到2030年全球温室气体的排放量中2/3—3/4来自于发展中国家。未来100年,地球的表面气温可能上升1.6℃到6.4℃,由此,可能会引发一系列突然事件,或者是不可避免的气候灾害,如极地冰盖融化造成海平面上升、世界低洼地区

---

[1] 详细介绍参见IPCC官网:www.ipcc.ch
[2] 政府间气候变化专门委员会:《IPCC第四次气候变化评估报告提纲》,2007年。详细介绍参见IPCC官网:www.ipcc.ch

受威胁、生命种类遭受灭绝等等。为了避免气温上升有可能带来的气候灾害，人类必须尽早控制、减少温室气体的排放，减少对煤炭、石油、天然气等化石能源的消费和依赖，越早采取减排措施，经济成本越低，效果也越好。因此，"主流派"主张采取激励措施，鼓励采用先进技术把温室气体控制在一定的水平上。

二、气候变暖"怀疑派"的政治动因分析

目前，在国际气候谈判中，欧盟国家集团起着主导作用，广大发展中国家是重要的参与者。表面上看，所有参与气候谈判的国家至少都是认同"主流派"观点的；但事实上，气候变暖"怀疑派"也并非没有支持者。

一方面，从发达国家方面看，多数科学家是认同"主流派"观点的，并且主张限制温室气体的排放。不过，"主流派"的言论并没有成为气候领域里的唯一声音；"怀疑派"人数虽少，但在发达国家中还是获得了部分支持者的，甚至一些有着巨大国际影响力的国家行为体都曾采纳过他们的观点。"怀疑派"的理论其实在某种意义上对希望延缓减排行动的国家或者利益集团提供了一种帮助。其中，最为明显的例子是美国。2007之前，美国一直是世界第一的温室气体排放国。克林顿政府虽然签署了《京都议定书》，但是在小布什政府时期，美国就曾经以气候问题在科学上尚不具有确定性为由退出《京都议定书》，而美国国会的态度更是异常强硬，致使国际气候谈判进程严重受挫。《京都议定书》在2005年的生效让国际社会短暂兴奋了片刻，之后的国际气候谈判进展一直不顺，成效甚微。让世人瞩目的哥本哈根会议失败之后，在坎昆会议、德班会议、多哈会议以及华沙会议中，各国间互相斗争。除了利益问题、公平问题、以及发展问

题之外，另一个重要的原因恐怕就是一些国家或者决策者在潜意识里受到了"怀疑派"理论的影响或干扰。比如：对于对盛产石油的中东国家，以及石油、天然气等矿产资源丰富的俄罗斯等国来说，如果完全执行"主流派"的观点，加大减排力度，势必会影响到国际能源需求量的变化，进而会影响到其国家利益的实现。在哥本哈根气候大会上，沙特阿拉伯石油部长就曾表示，尽管不反对减排，但是哥本哈根会议上的任何决议都应该考虑石油生产国的利益，因为全球经济的发展不能离开能源。2009年12月《华尔街日报》就曾刊载一篇文章《产油国担心达成碳减排条约》。文章认为，沙特阿拉伯估计，如果在哥本哈根峰会上能达成一份有效的减排协议，那么在未来20年内欧佩克国家（OPEC）的石油收入将会减少至少6万亿美元。[1] 因此，"怀疑派"的观点客观上可以阻碍、延缓碳减排行动，完全符合产油国家和石油消费国家的利益。据西方媒体报道，2009年在丹麦首都哥本哈根气候大会召开前夕闹出的"气候门事件"背后似乎有幕后推手，俄罗斯安全部门被怀疑是这个事件的始作俑者。针对这个事件，IPCC认为，黑客行为不是一个孤立的偶然事件，背后一定带有精心设计的政治目的。众所周知，俄罗斯是石油和天然气的出口大国，苏联解体之后，俄罗斯正是希望能够通过其丰富的能源出口换取更多的发展资金。能源出口也是俄罗斯走出经济发展低谷的一条途径。如果按照国际上达成的减排目标去限制二氧化碳的排放，那么俄罗斯的"能源兴国、能源强国"战略则会受到影响。因此，有西方媒体怀疑是俄罗斯希望通过导演

---

[1] Spencer Swartz, "Oil Producer Worry about Carbon Deal", *Wall Street Journal*, Dec. 11, 2009.

第一章　气候变化问题的科学论争

"气候门事件",影响国际气候合作的进程。①

另一方面,从发展中国家方面看,以中国、印度、巴西等国为主要代表的发展中国家,人口众多、国内能源和环境问题较为突出,都处在工业化、城市化快速发展的时期,发展经济、改善民众的生活是国家的首要任务。经济发展模式也都主要是粗放型的增长模式,依靠能源的高投入、高排放来推动经济发展。加上科技基础较差、节能减排技术落后,强制减排会付出巨大的经济成本和代价,经济发展会受影响。在广大发展中国家的目标中,减排并不是一个优先考虑的工作,除了减排,还有更紧迫的贫困、饥荒、疾病蔓延等社会民生问题需要解决。因此,发达国家要求一些发展中国家参与同步减排,使得发展中国家的一些学者和民众产生了质疑,有些学者甚至极端地认为,温室气体减排计划是发达国家发动一场新的"阴谋",目的是打击和限制新兴发展中国家的经济,打压发展中国家的上升空间。中国国内也有部分学者或代表持类似的"阴谋论"观点,认为随着经济全球化发展,有限的资源越来越稀缺,旧有的经济发展方式越来越难以适应未来经济发展的需要,同时,西方一些国家面临着众多新兴发展中国家迎头赶超的境况,为了保持和维护发达国家经济的持续发展,保证发达国家在未来的经济竞争中保持领先的优势地位,发达国家需要采取一些战略或手段实现自己的目标。而气候变暖论调迎合了一些发达国家的需要,因而发达国家顺势推出了"气候变暖威胁论",尽力夸大气候变暖的危机感和危害性,通过新闻媒体和舆论的大肆宣传,在国际上刻意营造一种气候危机来临的紧张氛围,使减排的观念影响人心,进而成为国际社会舆

---

① 参看:"'气候门事件'冲击哥本哈根峰会,俄被疑黑手",中国网,2009年12月8日,网址:http://www.china.com.cn/international/txt/2009-12/08/content_19029842.htm.

论的主流,最后再提出"低碳经济"的概念,并通过"低碳经济"与节能减排要求相结合,向广大发展中国家出口的商品征收"碳关税",要求广大发展中国家购买他们的"碳技术"等等。这样一方面可以延缓新兴发展中国家的经济发展速度,另一方面可以利用发达国家工业化过程中积累起来的资金和技术优势,在未来的"低碳经济"模式下抢占优势地位。①

正如IPCC第一工作组第五次评估报告指出的那样,客观的说,全球气候确实是在变暖,但变暖的原因毕竟是人为与自然的共同作用。当前人类的科技条件和认知水平对气候变化领域的许多问题尚无法做出科学解释。因此,气候变暖"阴谋论"的存在才有一定的市场和生存空间。此外,对"怀疑论"的赞同在某种意义上也是发展中国家对气候问题中那些无法预知因素的反应:面对西方一些发达国家咄咄逼人的减排要求,发展中国家的学者更多的是站在维护本国发展权益的立场上去思考的。毕竟,一些发达国家不主动去反思和检讨自己的历史排放,还把气候问题与其他经济、政治外交谈判问题相捆绑,限制发展中国家经济发展的嫌疑。

三、气候变暖"怀疑派"的经济背景分析

在发达国家中,尤其以美国为代表,国内民众不希望私人生活受到减排政策的太多影响,也不太愿意政府的减排政策影响到他们长期以来形成的生活方式。众多的利益集团尤其是石油、煤炭电力、汽车制造业等传统产业利益集团等,为了本集团的利益,想方设法阻扰节能减排政策的实施。中国学者刘卿在他的研

---

① 白海军:"气候变暖是假,新技术革命是真",载《绿叶》,2010年第6期。

第一章 气候变化问题的科学论争

究中,把美国的利益集团按行业分为三类:传统产业利益集团、新兴产业利益集团、公益性利益集团。[①] 传统产业利益集团,包括石油、天然气、煤等化石燃料及其衍生行业、钢铁、汽车等高能耗制造业以及一些传统的农业部门。这类行业普遍反对温室气体减排,担心行业发展受到限制。新兴产业集团包括新能源利益集团、金融利益集团和信息技术行业等。这一类行业主张转变传统的经济发展方式,较为认同温室气体减排,希望大力发展低碳经济以获得更多的发展空间。公益性利益集团包括绿色环保组织、外交政策思想库以及其他一些如教育机构、宗教团体等组织。这一类行业也比较认同气候变暖的观点,希望政府能采取更多措施以减缓趋势,应对灾难性后果。

在很多情况下,处于明显不利地位的利益集团会通过向相关的气候研究机构和学者提供研究资金,支持"怀疑论"的相关研究,希望在气候问题上能够扭转自己的地位。比如,美国的气候政策向来摇摆不定,其中一个重要原因是政府深受国内利益集团的影响和干扰。众所周知,美国传统上的利益集团主要存在于石油、天然气、钢铁、汽车制造等高能耗产业,同时也是美国经济的支柱。上述产业由于担心减排政策对其未来的发展带来不利影响,因此利用自身影响力去影响政府气候政策的制定,比如通过捐助、游说国会议员等形式影响决策者,以阻挡相关议案的通过。例如,美国主要经营化工、石油冶炼和输油管道等产品的 KOCH 公司曾经运用 517 万美元资助 Americanfor Prosperity 来反对清洁能源和气候立法。此外,KOCH 公司还通过其政治行动委

[①] 刘卿:"论利益集团对美国气候政策制定的影响",载《国际问题研究》,2010 年第 3 期。

员会，共向12名参议员和9名众议员捐助了573万美元。① 更多的情况下，利益集团会给保守的智库提供大笔的研究资金，从而以比较学术的方式来制造舆论，以实现其自身目的。例如，绿色和平组织发表报告《KOCH公司拒绝气候变化的先锋——Mercatus中心》称，从1997—2011年，乔治·梅森大学的智库Mercatus Center一共接受了1亿多美元的资助。该研究机构一直宣传在"全球变暖的结果对人类利大于弊"的观点，持续地发出反对气候变化和全球变暖论调，目的就是阻止美国发展清洁能源，阻止美国通过气候立法。② 1998—2006年间，位于首都华盛顿的卡托研究所（CATO institute）从埃克森美孚石油公司那里总共获得了125万美元的资金赞助。资深研究员麦考尔兹（Patrick Michaels）自己也承认，他们的研究资金中有很大部分是来自于石油公司。③

除了美国之外，日本政府的气候政策也一直深受国内产业集团的主导。在坎昆气候会议、德班会议以及多哈会议上，日本代表多次提出将不会在《京都议定书》的第二个承诺期承担任何减排目标，日本从京都气候谈判的积极主导者，变成了气候谈判的消极代表者，这一巨大转变其实也是有深刻的利益因素影响。

---

① 参看："质疑气候变化理论惹恼主流声音"，新浪财经，2010年4月29日，来源：http://finance.sina.com.cn/roll/20100429/01347846880.shtml。

② 参见Greenpeace, "Koch Industries Climate Denial Front Group: Mercatus Center", 来源：http://www.greenpeace.org/usa/en/campaigns/global-warming-and-energy/polluterwatch/koch-industries/mercatus-center/

③ 笔者曾经于2010年11月访问CATO研究所的Patrick Michaels教授，他很坦诚地解释自己的学术立场，同时又提供了确凿坚实的数据来反对"全球变暖人为论"。他认为气候变化完全是自然发展的过程，人类主动减排温室气体实在是杞人忧天。

第四节　结语

　　2013年9月，IPCC第一工作组发布的第五次评估报告指出，全球气候系统变暖是毫无疑问的事实，20世纪50年代之后的变化更是超乎寻常，千年以来前所未有。……此种变化是人类行为与自然行为共同作用的结果。[1]尽管全球气候变暖的认识上日趋一致，但由于地球气候系统的复杂性和当前气候科学研究的局限性，气候变暖原因的论争不会停息。相关的争论已经不仅仅局限于科学意义上的探究，更是深受科学之外因素的影响和干扰。正是这些影响因素使得国际气候谈判一波三折，进展缓慢，效果让人失望。这种悲观的情绪会在未来相当长的一段时间内弥漫停滞。伴随着气候变化的科学论争，国际气候谈判已经成为各个国家、集团之间围绕排放权与发展权而相互博弈的领地，在未来可预见的时间内，谈判道路也许会更加艰难与曲折。

　　本书梳理了气候变化各方观点和论据，剖析了背后隐藏的影响因素，目的是让人们能更好地了解气候变暖背后的问题实质，为下一章探讨气候问题政治化做铺垫。如果说"主流派"代表的是新能源利益集团的话，那么"怀疑派"的背后站着的就是传统能源利益集团。新型能源利益集团和传统石油化工利益集团之间在许多领域展开了存在利益分争与角逐，新型能源利益集团及其代表者希望减少煤、石油、天然气等化石燃料的使用，更多使用新型的可再生能源，如风能、太阳能等，采用新技术节能减

---

[1] 参见：《IPCC第一工作组第五次评估报告》，资料来源：IPCC官方网站：http://www.ipcc.ch。

排，减少温室气体的排放，这些主张必然影响到了传统石油化石等企业集团的核心利益，为了保障和维护石油天然气等传统能源利益集团的长远利益，传统石油化工利益集团需要培育自己的利益代言人也在情理之中。从客观的角度来说，也有相当的"怀疑派"学者更多是站在客观的学术争议的角度来看待气候问题。地球的气候确实是个复杂的系统，气候冷暖交替与气温上升下降是历史一直存在的自然现象。气候变暖"主流派"或许是把气候变暖的严重性夸大了。借用科学哲学的说法，一切未能被证实的理论都只是假说。

第 二 章

气候变化问题的国际博弈

气候变化问题的研究,超越了最初的纯自然科学研究领域的范畴,扩展渗透到了人文社会科学研究之中。随着气候问题与经济、政治、军事安全、伦理等相关领域的问题交互融合,气候问题成为各种国际会议,包括20国集团峰会、达沃斯论坛、亚太经合组织峰会,乃至联合国安理会的讨论范畴。国际气候谈判也逐步升级展开:《京都议定书》让世界欣喜若狂,《巴厘岛路线图》让世界满怀期望,哥本哈根会议让世界翘首企盼,坎昆会议让世界兴致全无,"德班平台"让世界无可奈何,多哈会议让世界失去信心,华沙会议则让世界灰心丧气。

从政治经济学的研究角度来看,国际学术界的研究不仅仅是分析、评判者,同时也扮演着主导者和引领者的角色。这方面的研究已有相当数量的著作和文章。较为有影响的如:英国著名学者安东尼·吉登斯(Anthony Giddens)的《气候变化的政治》,美国学者托马斯·谢林(Thomas C. Schelling)的《气候变化:确定性、不确定性及对人类行动的影响》,澳大利亚学者戴维·希尔曼(David Shearman)和约瑟夫·韦恩·史密斯(Joseph

Wayne Smith）合著的《气候变化的挑战与民主的失灵》，前世界银行首席经济学家尼古拉斯·斯特恩（Nicholas Stern）的《气候变化经济学》，美国耶鲁大学经济学教授威廉·诺德豪斯（William D. Nordhaus）的《京都之后的生活：全球变暖政策的另一种选择》，约瑟夫·斯蒂格利茨（Joseph E. Stiglitz）所著的《全球变暖新议程》等等；这些学者的著作都是从各领域各角度论述了气候变化给生态环境和人类的未来、世界经济、国际关系，国际制度等带来的影响，有些较为详细地论述了国际社会在应对气候变暖问题上面临的困境以及解决思路，有的提出了未来国际社会应对气候变化的气候治理机制的选择建议等。

第一节 气候变化问题的政治化与气候机制的演进

第一章讲过，从基本的内涵上讲，气候变化问题主要是指由于人类大量排放温室气体而引起地球表面平均气温升高，进而造成的诸多可能性危害的现象。气候变化首先是作为一个自然科学领域的问题出现，经历了漫长的演进过程才逐渐成为国际政治的话题。

与气候领域相关的国际合作最早可以追溯到19世纪中后期。1853年在布鲁塞尔召开了第一次国际气象会议，1873年在维也纳召开了第二次国际气象大会，并建立了国际气象组织（IMO）[①]，此时期的合作仅限于国际社会对于世界气象问题与气候问题的信息共享等方面，不论从地域上还是合作程度上都尚未

---

① 参见 Urs Luterbacher, Detlef F. Sprinz, *International Relations and Global Climate Change*, The MIT Press, 2001, p. 28.

第二章 气候变化问题的国际博弈

达到政治化的高度。

20世纪70年代，气候变化问题的研究与国际合作进入到一个新的阶段。1972年，瑞典斯德哥尔摩召开了第一次世界环境大会，气候变化等全球性环境问题开始成为国际社会关注的焦点。1979年关于第一次世界气候大会召开，标志着气候问题开始进入全球范围的议事程序。1985年10月，世界各国围绕气候问题在奥地利维拉赫召开会议，这标志着全球气候变化问题的政治化进程开始。1987年，在联合国环境与发展委员会的研究报告文件《我们共同的未来》中最早出现了"可持续发展"概念。1988年6月，加拿大政府在多伦多举行了名为"变化中的大气：对全球安全的影响"的国际会议，来自48个国家的300名科学家和决策者参加了此次会议。此次会议首次将全球变暖作为政治问题来看待。1988年9月，全球变暖问题首次成为联合国大会的议题。[①] 同年，由联合国环境规划署（UNEP）和世界气象组织（WMO）共同发起成立了联合国政府间气候变化专门委员会（IPCC），作为国际气候变化谈判的科学咨询机构，负责收集、整理和汇总世界各国在气候变化领域的研究成果，提出科学评价和政策建议。1990年关于气候变化的国际谈判启动，并于1992年联合国环境与发展大会上正式通过了《联合国气候变化框架公约》（UNFCCC）。此后，气候变化问题已经不仅是一个科学问题或环境问题，而成为涉及政治、经济、外交等方面错综复杂的综合性全球问题。以UNFCCC为新的起点，气候变化问题已经从"是否为真"、"后是如何"等科学问题的探讨转移到"各国如何分担责任"的话题上。"共同但有区别的责任"（CBDR）原

---

① 参见《全球气候全球议程进化表》，来源：求是理论网，网址：http://www.qstheory.cn/kj/kj/200911/t200911311_15270.htm.

则的提出，标志着气候问题实现了其国际政治化的进程。之后，经历了京都会议、巴厘岛会议、哥本哈根会议以及德班会议等国际气候谈判。在这个过程当中，国际气候机制[①]不断地构建、碰撞与重塑，国际合作也面临更多的挑战。

国际气候机制的演进大体上可以划分为四个发展阶段：第一阶段，1990—1994年，《联合国气候变化框架公约》的签署和生效；第二阶段，1995—2005年，围绕《京都议定书》签署与批准的曲折历程；第三阶段，2005—2010年，即哥本哈根会议前后的气候谈判与合作阶段；第四阶段，2011年至当前，即如何落实、推进"德班平台"以及《京都议定书》的当代问题阶段。

一、《联合国气候变化框架公约》的达成

第45届联合国大会于1990年12月21日通过了第45/212号决议，决定设立气候变化框架公约政府间谈判委员会。政府间谈判委员会于1991年2月至1992年5月间共举行了6次会议（第1次会议至第5次会议续会）。谈判各方在谈判中一直存在着诸多争议，但是在里约环境与发展大会召开在即的大背景下，各方最终取得妥协和谅解，于1992年5月9日在纽约通过了《联合国气候变化框架公约》（UNFCCC），并在里约环发大会期

---

① 庄贵阳和陈迎将国际气候制度定义为："它是所有与气候变化问题相关的国际制度规范的总和。"具体指的是：从1995年以来，历次缔约方会议先后形成并签署的一系列法律文件，这包括《柏林授权》、《日内瓦宣言》、《〈气候变化框架公约〉京都议定书》（简称《京都议定书》）、《波恩协定》、《马拉喀什协议》、《马拉喀什宣言》、《德里宣言》等，其核心是《京都议定书》及围绕《京都议定书》的履行而形成的一系列计划、宣言、协议及指南等规范性文件。庄贵阳、陈迎：《国际气候变化制度与中国》，世界知识出版社，2005年版，1—20页。

间供与会各国签署。《联合国气候变化框架公约》（UNFCCC）于1994年3月21日生效。截至2013年12月，共有195个国家或地区成为《公约》缔约方[1]。

《联合国气候变化框架公约》共26条，其中目标、原则、承诺是核心。公约提出的最终目标是："将大气中温室气体的浓度稳定在防止气候系统受到危险的人为干扰的水平上。这一水平应当在足以使生态系统能够自然地适应气候变化、确保粮食生产免受威胁并使经济能够可持续进行的时间范围内实现。"[2] 在此目标指导下，《公约》又提出了5条基本原则：公平原则（共同但有区别的责任原则）；充分考虑发展中国家的具体需要和特殊情况原则；预防原则；促进可持续发展原则；以及开放经济体系原则[3]。《公约》第四条规定的国际承诺也是关键的组成部分，除了一般性承诺外，发达国家与发展中国家有区别的减排承诺，以及发达国家对发展中国家的财政援助和技术转移等义务，都构成了此后国际气候谈判中的被援引的国际法准则，同时也造成了基于不同利益而分化组合且相互博弈的国家集团。

在国际气候谈判的最初阶段，围绕气候变化谈判主要形成三大集团[4]：欧盟（欧盟成立前称为"西北欧国家"或"欧共体国家"）；"伞形国家集团"（由美、日、加、澳、新等国家组成）；"77国集团+中国"。欧盟在国际上高举环保旗帜，其拥有先进

---

[1] 参见 UNFCCC 官网：http：//unfccc.int/essential_background/convention/items/6036.php.

[2] 详细信息参见 UNFCCC 官网：http：//unfccc.int/resource/docs/convkp/convchin.pdf. P. 5. 2009. 3

[3] 同上，pp. 5 - 6.

[4] 陈迎、庄贵阳："试析国际气候谈判中的国家集团及其影响"，载《太平洋学报》，2001年第2期。

的环保技术和较充足的资金,故极力主张立即的以及较激进的减排措施。而多为能源消耗大国的"伞形集团"则持相反的态度,在减排问题上比较保守。"77国集团+中国"是发展中国家综合而成的集团,因其数目庞大,内部存在不少分歧,但基于发展中国家的类似立场,还是能在一些重大原则问题上团结一致的。

总体而言,《联合国气候变化框架公约》为应对气候变化问题提供了基本的国际法准则,且巧妙地采用国际"软法"的优势,集合了国际上大多数国家广泛的认可,为今后的国际合作达成了基础性的共识,构建了一个以联合国为核心舞台的国际气候合作的框架。

二、《京都议定书》的框架构建及其生效

按照《公约》第十七条的规定,缔约方会议可以在任何一次会议上通过《公约》议定书。① 1997年12月1—11日,在日本京都举行了公约第三次缔约方大会(COP3,又称"京都会议"),会议经过异常艰苦的谈判,终于制定了《〈联合国气候变化框架公约〉京都议定书》(简称《京都议定书》)②。

《京都议定书》共28条,它规定所谓附件一所列缔约方③应

---

① 所谓议定书,是指缔约国对于条约的解释、补充、修改或延长有效期以及关于某些技术性问题所达成的书面协议。引自韩昭庆:"《京都议定书》的背景及其相关问题分析",载《复旦学报》,2002年第2期。

② 参见:http://unfccc.int/kyoto_protocol/items/2830.php.2009.3

③ 指发达国家和地区,主要是经济合作与发展组织的国家及向市场经济转型的东欧国家,共36个,源自《公约》(UNFCCC)附件. http://unfccc.int/resource/docs/convkp/kpchinese.pdf.2008.3

第二章 气候变化问题的国际博弈

个别地或共同地,在2008—2012年承诺期内,将6种温室气体[①]的全部排放量在1990年水平上平均减少5%。其中欧盟接受8%减少量的承诺,美国接受7%,日本和加拿大接受6%的减少量,而发展中国家包括几个主要的二氧化碳排放国,如中国、印度等则不受约束。[②]

《京都议定书》还提出了三大灵活机制:联合履行(JI)、排放贸易(ET)和清洁发展机制(CDM)[③]。根据这些灵活机制,发达国家可在它们之间及发展中国家之间,通过一定项目转让或购买排放许可,以最低成本达到它们所承诺的减排目标。

《京都议定书》生效的条件是:至少有55个《公约》缔约方,包括其合计的二氧化碳排放量至少占附件一所列缔约方1990年二氧化碳排放总量的55%的附件一所列缔约方批准。各国政府在争取国内批准的过程中又充满波折,尤其是2001年美国布什政府宣布退出《京都议定书》的决定沉重地打击了国际信心,同时各个国家集团之间的矛盾也愈发突出,使得《议定书》面临着破产的危险。直到2004年底,作为另一个减排份额颇大的附件一国家的俄罗斯批准了《京都议定书》,使其满足了生效条件,于2005年2月16日正式生效。[④]

---

① 见《京都议定书》附件A,指二氧化碳(CO_2)、甲烷(CH_4)、氧化亚氮(N_2O)、氢氟碳化物(HFCs)、全氟化碳(PFCs)、和六氟化硫(SF_6)等。附件B具体规定了各附件一所列缔约方承诺的减排量或限制的目标。http://unfccc.int/resource/docs/convkp/kpchinese.pdf. 2009. 3

② http://unfccc.int/resource/docs/convkp/kpchinese.pdf. 2009. 3

③ 《京都议定书》三大灵活机制:联合履行(Joint Implementation)、排放贸易(Emissions Trading)和清洁发展机制(Clean Development Mechanism,简称CDM)http://unfccc.int/resource/docs/convkp/kpchinese.pdf. 2009. 3

④ 杨兴著:《〈气候变化框架公约〉研究——国际法与比较法的视角》,中国法制出版社,2007年版,第26页。

《京都议定书》经历了艰难的谈判和生效过程，这集中反映了围绕气候变暖问题的国际政治力量博弈，以及在该领域建立国际机制的困难程度。直到《京都议定书》于 2005 年满足条件而生效，具有不可否认的阶段性成果的意义，不仅为发达国家规定了具有约束力的温室气体减排目标和时间表，推进了全球减缓气候变暖问题上的实质进展，而且为国际气候合作指引出一个在 UNFCCC 基础上更为具体明确的合作方向，辅以《京都议定书》倡导的三大灵活性实施原则，可以说初步构建了国际气候机制。同时应该认识到该机制仍然存在很多问题，包括《京都议定书》所规定的有效期的临近，以及具体减排目标的执行效力等，这些都导致国际社会开始探索"后京都时代"气候合作问题。

《京都议定书》通过并生效以后，国际社会还相继举行了多次缔约方会议。发达国家多次力推"后京都进程"，迫使发展中国家承担减排、限排温室气体排放的义务，第四次缔约方会议"布宜诺斯艾利斯行动计划"，就是其中一个例子，但最终由于发展中国家的强烈反对而挫败。在 2000 年第六次缔约方会议上达成的"波恩协议"实现了气候变化谈判史的重大突破，其内容包括在《公约》下建立气候变化专项基金和最不发达国家基金，在《京都议定书》框架下建立适应性基金，这是发达国家首次在资金问题上采取实质性行动；此外，还对《京都议定书》遵约程序的基本原则、机构组成、决策程序和不遵约后果等核心内容作了规定。虽然这些举动尚待技术性谈判规定操作的细节，但实质上已经为温室气体减排的国际监控初步奠定了基础。2001 年达成的《马拉喀什协定》落实了《波恩协议》的技术性谈判，将遗留下来的《京都议定书》三机制、遵约程序和碳汇问题达成一揽子解决方案，巩固了发达国家向发展中国家提供资

第二章 气候变化问题的国际博弈

金援助方面的较大进展①。《马拉喀什协定》的通过意味着《京都议定书》实施规则谈判的结束,气候变化谈判进入另一个新阶段。

2002年第八次缔约方会议通过的《德里宣言》重申了《京都议定书》的要求,敦促工业化国家在2012年年底以前把温室气体的排放量在1990年的基础上减少5.2%。2003年,在意大利米兰举行的第九次缔约方会议上,在美国退出《京都议定书》的情况下,俄罗斯拒绝批准该议定书,致使其不能生效。为了抑制气候变化,减少由此带来的经济损失,会议通过了约20条具有法律约束力的环保决议。2004年,在布宜诺斯艾利斯举行的第十次缔约方会议上,来自150多个国家的与会代表围绕《联合国气候变化框架公约》生效10周年来取得的成就和未来面临的挑战、气候变化带来的影响、温室气体减排政策以及在公约框架下的技术转让、资金机制、能力建设等重要问题进行了讨论。2005年在加拿大蒙特利尔举行的第十一次缔约方会议上,《京都议定书》正式生效。同年11月,在加拿大蒙特利尔市达成了40多项重要决定。其中包括启动《京都议定书》新二阶段温室气体减排谈判。本次大会取得的重要成果被称为"蒙特利尔路线图"。2006年,在肯尼亚内罗毕举行的第十二次缔约方会议上,大会取得了两项重要成果:第一是达成包括"内罗毕工作计划"在内的几十项决定,以帮助发展中国家提高应对气候变化的能力;第二是在管理"适应基金"的问题上取得一致,将其用于支持发展中国家具体的适应气候变化活动。

---

① 国家气候变化对策协调小组办公室、中国21世纪议程管理中心:《全球气候变化——人类面临的挑战》,商务印书馆,2004年版,第150页。

三、哥本哈根气候大会前后的纷争

《京都议定书》2005年生效之后，在"共同但有区别的责任"的原则下，规定附件一缔约方国家（即发达国家和经济转型国家）应该个别地或共同地确保其温室气体排放总量在2008—2012年的承诺期内比1990年的排放水平至少减少5%，但没有规定发展中国家温室气体量化减排的目标。按照规定，《京都议定书》将于2012年结束第一承诺期。问题是，第一承诺期结束后，国际气候谈判向何处去？京都机制是否发生根本性的变革，还是在矛盾中艰难发展？学者和政策界给出三种可能性路径：第一条路径可称之为"惯性路径"，即达成要求发达国家继续量化减排的第二承诺期。这是以"77国集团+中国"为代表的发展中国家最希望看到的演变方向，但依据当时的情形来看，这一路径出现的可能性很小。由于国际金融危机以及各国国内复杂政治经济形势的影响，部分发达国家在减排问题上表现出越来越消极的态度。第二条路径可称之为"单轨化路径"，即形成发达国家和主要发展中国家（特别是新兴国家）共同量化减排的格局。这是以美国、德国为代表的发达国家希望看到的演变方向，但由于中印等发展中大国的明确反对，在此路径下，所有排放大国在《联合国气候变化框架公约》下重新谈判，形成新的具有法律约束力的减排协议。第三条路径可称之为"折中路径"，即各气候谈判利益集团（主要是发达国家和发展中大国）形成一种基于自愿而非强制性的折中方案，《京都议定书》进入由第一承诺期到第二承诺期的过渡期。在此路径下，"共同但有区别的责任"依然是推动国际气候制度谈判的首要原则，但国

第二章 气候变化问题的国际博弈

际社会不会形成一个具有法律约束力的气候协议。[①]

有鉴于此,国际社会对于京都机制的走向颇为担忧,第一承诺期结束后全球应对气候变化制度的演变已成为全球关注的焦点。国际社会将目光聚焦于2009年的哥本哈根气候会议。2007年12月的巴厘岛气候会议(COP13)是哥本哈根气候会议的前奏。哥本哈根气候大会中所爆发的各种矛盾,早已在巴厘岛会议时期就埋下了种子。2007年底,《联合国气候变化框架公约》第十三次缔约方会议制定的"巴厘岛路线图",启动了双轨谈判进程,其核心是促进公约和议定书的全面、有效和持续实施。联合国气候变化谈判遵循的"双轨制"是指:一方面,签署《京都议定书》的发达国家要履行《京都议定书》的规定,承诺2012年以后的大幅度量化减排指标;另一方面,发展中国家和未签署《京都议定书》的发达国家(主要是指美国)则要在《联合国气候变化框架公约》下采取进一步应对气候变化的措施。其目的是要在2009年的哥本哈根会议上达成一份具有法律效力的气候协议。2008年,在波兰的波兹南举行了第十四次缔约方会议,八国集团领导人就温室气体长期减排目标达成一致,并声明寻求与《联合国气候变化框架公约》其他缔约国共同实现到2050年将全球温室气体排放量减少至少一半的长期目标,并在公约相关谈判中与这些国家讨论并通过这一目标。

2009年底在丹麦哥本哈根召开的气候会议(COP15)受到了前所未有的关注,却只能形成没有法律约束力的《哥本哈根协议》。由于世界金融危机的阴影笼罩,美国、日本、澳大利亚

[①] 王海芹:"提前做好'京都议定书'第一承诺期结束的准备",国务院发展研究中心资源与环境研究所《调查与研究报告》,2011年第192号,来源:国务院发展研究中心信息网: http://www.drcnet.com.cn/eDRCnet.common.web/DocSummary.aspx?leafid=21199&docid=2822133&version=integrated

等国逃避对减排目标进行量化,欧盟国家则态度暧昧;发达国家不希望单方面提高减排目标,却要求发展中国家共同承担减排义务,并对资金和技术援助问题含糊其辞。而发展中国家内部也出现了分歧,中国、印度、巴西和南非"基础四国"也与发达国家展开抗衡,"小岛国家联盟"表达出自己的不满,非洲国家更表示不会与欧盟签署不能反映非洲大陆优先利益的联合声明。特别是会上各国之间的争吵与相互推脱使全球气候谈判的前景变得暗淡,破坏了国际气候谈判的气氛,给后续的国际谈判蒙上了一层阴影。

墨西哥坎昆气候会议(COP16)其实是哥本哈根气候大会的延续。2010年11月29日至12月11日在墨西哥坎昆召开《联合国气候变化框架公约》第十六次缔约方会议。世界各国就减排目标、资金技术援助机制和《京都议定书》第二承诺期等重要议题进行讨论和谈判,然而发达国家和发展中国家观点立场各异,彼此之间的分歧仍然难以弥补,使得此次气候谈判会议成果有限。此次会议吸取了哥本哈根大会失败的教训,各国的谈判技巧更加灵活,也在一些具体问题的谈判上取得了不同程度的进展,但发达国家与发展中国家之间的巨大分歧使得此次会议仍然只能达成不具法律约束力的《坎昆协议》,具体减排目标、资金技术援助机制和《京都议定书》第二承诺期等主要议题尚待解决。总的来说,坎昆会议在多个具体问题的谈判上取得了不同程度的进展。特别指出的是,坎昆会议正式成立绿色气候基金,帮助发展中国家实施减少毁林和森林退化所致排放量的缓解、适应、能力建设、技术开发和转让等有关的项目、方案、政策和其他活动。并且启动发达国家300亿美元快速资金的运作以满足发展中国家的短期需求。[①]

---

① 侯艳丽、杨富强:"全球气候变化谈判变局之谋——坎昆会议后的思考",载《中国能源》,2011年第1期。

四、后哥本哈根时代气候谈判的困境

总的来说，坎昆会议在多个具体问题的谈判上取得了不同程度的进展。① 但是，也正如人们所预料的一样，坎昆会议并没有达成一项具有法律约束力的国际文书。从某种意义来说，《坎昆协议》就是经过一年的争论后，将2009年的《哥本哈根协议》经由《联合国气候变化框架公约》缔约方大会正式认可，取得一个合法地位。发达国家和发展中国家立场和利益各异，彼此之间的分歧仍然难以弥补，导致最为核心的资金技术援助和能力建设的具体落实工作及《京都议定书》第二承诺期等难题还是留给了南非德班会议。

2011年在南非召开德班气候会议（COP17）。此次会议上，加拿大代表正式提出退出《京都议定书》，俄罗斯等4个国家对于加拿大退出的支持，② 以及日本明确提出不参加第二承诺期等一系列申明，无疑为本来早就黯淡无光的前途抹上了浓厚的阴影。经过近两周的谈判，大会通过了决议，特别突出的有两点，一个是建立"德班增强行动平台"（"德班平台"Durban Platform）特设工作组，再一个是决定实施《京都议定书》第二承诺期并启动绿色气候基金。前者的目的就是力图将气候谈判从"巴厘岛路线图"下的双轨制过渡到"德班平台"，把主要温室

---

① 同上：具体成果包括：在技术转让和适应条款中，同意建立委员会进行管理，使谈判前进一大步；在MRV（可测量、可报告、可核实）和ICA（国际咨询和分析）上，同意建立相关的原则，指导MRV和ICA工作计划的制定，对减排和资金做出报告和核实；同意建立绿色气候资金等。

② "Russia backs Canada's withdrawal from Kyoto Protocol", *Toronto Star*, Dec 16, 2011.

气体排放国置于单一法律架构下。大会决定，国际气候谈判将不晚于2015年制定一个适用于所有《公约》缔约方的法律工具或法律成果，降低温室气体排放。倘若如期于2015年批准，这项公约将自2020年起生效，成为应对气候变化的主要武器。在绿色气候基金问题上，除美国、沙特等"少数派"依旧对基金设计持较大意见外，"77国集团+中国"、小岛屿国家联盟、欧盟等各谈判集团的主流意见是，要让基金管理机构立刻成立并运作起来。欧盟认为，可以先对基金过渡委员会草案做一个"总结论"，在表示接受的同时列出各方意见，要求基金管理机构成立后再予以解决。欧盟的这一方案获得了较大支持。

《联合国气候框架公约》第十八次缔约方会议于2012年11月26日到12月8日在卡塔尔的多哈举行。从形式上讲，多哈会议将是一次承上启下的气候谈判大会。"德班平台"能否在"多哈会议"真正地落实？博弈各方能否达成明确的全球减排承诺？对此，世界各国并不看好。由于谈判各方在《京都议定书》第二承诺期等主要议题上未能达成共识，气候谈判困局在坎昆和德班之后再度上演。首要的问题是《京都议定书》第二承诺期的问题。发达国家和发展中国家争论的焦点之一，首先是是否要有《京都议定书》第二承诺期；焦点之二是，要有承诺期，但是如何确定年限？第二个问题是《公约》的"收尾"问题。2013年启动"德班平台"为唯一谈判途径，这也是德班气候会议上各国达成的协议，以逐渐消除长久以来的"双轨"制，以使在2020年之后全球只有一个轨道谈判，包括美国在内的所有国家都应该参与"德班平台"。其中的挑战在于多哈会议是否能够真正"收尾"《公约》，"收尾"的含义也是争论的焦点。第三个焦点是绿色气候基金，说到底就是钱从哪里来，如何使用？第四个焦点是CDM和未来"灵活机制"的发展。最后，还有一个问题是俄罗斯等国家提倡的"热空气"（Hot Air）（详细研究参见本书第七章）是否带入第二承诺期的权益问题。

2013年的华沙气候大会有三个目标：气候资金得到落实；建立损失损害补偿机制；为2020年后的新气候协议确立时间表和路线图，其中碳减排时间表和资金落实是双方的两大核心矛盾。然而，与会两大阵营如往常一样无视对方的需求。此次会议最终的结果是，尽管号称通过了关于德班平台、资金、损失损害补偿机制等一揽子决议。但气候会议的两大核心焦点内容——减排时间表和发达国家对发展中国家的减排资助——均没有最终落实。特别是此次会议上，日本、澳大利亚等发达国家在减排目标、出资意愿上大幅倒退，美国、欧盟在损失损害补偿机制上的保守立场，引发了普遍不满。[1]

综上所述，《京都议定书》之后的历次国际气候谈判成果并不理想，长期以来国际合作停滞不前，几乎没有取得任何实质性的进展和突破。如今，大部分国家尚未实现《京都议定书》的第一承诺期目标，又面临着第二承诺期的后续问题。如何越过发达国家与发展中国家之间的分歧，使得各国在有限的时间内达成协议合作，的确是一个充满挑战的问题。

第二节 主要国家或集团的温室气体排放与履约情况

从2010年的数据来看，温室气体排放总量居世界前十位的

---

[1] "华沙气候大会艰难落幕，距离'满意'路途遥远"，《第一财经日报》，2013年11月26日。

国家依次是：中国、美国、印度、俄罗斯、日本、德国、加拿大、韩国、伊朗、英国（如果以整体计算的话则欧盟排在印度之前），而人均碳排放前几位的国家分别是：美国、加拿大、澳大利亚、俄罗斯、欧盟、韩国、日本、南非、中国。[①] 2005 年生效的《京都议定书》规定，在"共同但有区别的责任（CBDR）"的原则下，附件一缔约方国家（即发达国家和经济转型国家）应该个别地或共同地确保其温室气体排放总量在 2008—2012 年的承诺期内比 1990 年的排放水平至少减少 5%，但没有规定发展中国家温室气体量化减排的目标。2012 年 12 月 31 日，《京都议定书》第一承诺期结束。从目前的情形来看，世界主要国家尽管在不同程度上制定、实施了相关的气候政策，承担了不同程度的减排承诺，但是从履约情况以及履约效果来看，当年参与京都谈判的大部分国家不减反超，美国、加拿大甚至退出议定书。按照世界资源研究所（World Resource Institute）相关计算，截至 2008 年，全球二氧化碳总排放量比 2003 年增长达 29%，表明许多国家未能达成《京都议定书》中的温室气体减排目标。[②]《京都议定书》附件一国家/地区中只有欧盟表现较好，但从长远来看要达到 2050 年的减排目标仍然需要大量政策支持。换句话说，已经承诺减排的国家没有一个能够按时、定量完成的；更重要的是，几乎没有任何一个国家（受金融危机影响导致 GDP 严重倒退的除外）单独依靠自己（既不依靠清洁发

[①] "World Development Indicators: Energy dependency, efficiency and carbon dioxide emissions"，数据来源：World Bank, 2013, http://wdi.worldbank.org/table/3.8 其实很多依赖能源的国家如科威特、卡塔尔等人均排放量特别高，但是由于人口数量有限，所以总量不占优势，不计算排列。

[②] Thomas Damassa, "World Resource Institute Carbon Dioxide (CO2) Inventory Report for Calendar Year 2008", World Resource Institute Report, February 2010.

展机制、联合履约与排放贸易,又不依靠国外的资金与技术)完成温室气体的量化减排。

2009年哥本哈根气候会议特别是坎昆会议之后,《联合国气候框架公约》的缔约国家,无论是否是《京都议定书》附件一国家,都陆续递交了2020年温室气体量化减排的行动计划。附件一国家大多提交的是宏观经济层面的整体减排计划,而非附件一国家则提交了千差万别的国别减排行动(NAMAS)计划,包括宏观经济目标、碳中性目标、碳强度减排目标,以及部门减排计划、项目减排计划,还包括各种各样的减排政策(包括提高能效政策、免耕种植政策、提高交通运输效率政策以及鼓励新能源政策等等)。世界资源所(WRI)2012年发布报告,对欧盟承诺的减排前景进行了评估。2009年,欧盟承诺到2020年为止,单边减排目标为比1990年排放水平少20%。同时承诺,如果其他发达国家履行相应承诺的话,欧盟的减排目标提高到30%。此外,欧盟还设定了远景目标:到2050年,欧盟排放量会比1990年排放水平减少80%—95%。通过现存政策以及即将实施的计划(如强制减排、提供金融激励、实施欧盟体系内的排放贸易以及推动欧洲可再生性能源计划等等)来看,欧盟的短期目标是可以达到的。[①]

依照"共同但有区别责任(CBDR)"原则,《京都议定书》附件一和非附件一国家之间的减排目标与行动是不同的。但从递交的承诺来看,普遍缺乏足够的信息支持,比如,温室气体减排具体覆盖何种气体?减排的方法论基础是什么?预估的减排程度

---

① Johanna Cludius, Hannah Förster, Verena Graichen, "GHG Mitigation in the EU: An Overview of the Current Policy Landscape." Washington, DC: World Resources Institute, 2012.

如何？是否以及如何应用何种抵消方式等等。①

2012年11月，荷兰环境评估机构发布报告，对世界主要经济体国家2020年温室气体排放承诺及其履约前景展开评估（见表2—1）。

表2—1 世界主要经济体国家2020年减排承诺表

2010年排放总量 单位：$GtCO_2e$ 十亿吨二氧化碳当量	2020年承诺 单位：$GtCO_2e$ 十亿吨二氧化碳当量	减排行动	预期减排结果
中国：11	●单位GDP的二氧化碳排放量比2005年降低40%—45%； ●非化石燃料占15%； ●森林碳汇 ●相当于13.3—15.5	●提升能源效率； ●非化石燃料； ●可再生能源扩容；	●非常可能接近承诺目标； ●但是由于近年来经济发展速度远超过预期，有可能无法完成；
美国：7	●排放总量比2005年水平减少17%； ●相当于6。	●为新的化石燃料电厂设定排放标准； ●汽车排放标准； ●各州的可再生能源计划； ●加州碳排放交易系统。	●估计最终碳排放会低于预期值。
欧盟：5	●排放总量比1990年水平还低20%（无附加条件）； ●或者比1990年水平减少30%（附加条件）。	●包括排放贸易、新能源以及提高能效等一揽子政策。	●第一个承诺很容易实现。

---

① Levin, Kelly and Jared Finnegan, "Assessing Non-Annex I Pledges: Building a Case for Clarification", WRI Working Paper, World Resources Institute, Washington DC, December, 2011.

第二章 气候变化问题的国际博弈

续表

2010年排放总量 单位：$GtCO_2e$ 十亿吨二氧化碳当量	2020年承诺 单位：$GtCO_2e$ 十亿吨二氧化碳当量	减排行动	预期减排结果
印度：3	• 单位GDP二氧化碳排放比2005年减少20%—25%； • 相当于年排放3.5。	• 可再生能源计划； • 提高能效。	• 高度不确定。
俄罗斯：2.5	• 在1990年排放水平上减少15%—25%； • 相当于2.5—2.8。	• 提高能效； • 可再生能源； • 减排计划包括减少天然空排等措施。	• 非常有可能。
巴西：2.5	• 比正常水平（BAU）减少36%—39%； • 相当于2.0—2.1。	• 通过全国性法律、森林政策来锚定计划； • 可再生性能源； • 牧区管理； • 增加化石能源。	• 不确定。
日本：1	• 比1990年减少25%； • 相当于1。	• 降低可再生能源电力的关税； • 逐步关闭核电站。	• 不确定。
加拿大：0.7	• 比2005年少17%； • 相当于0.6。	• 汽车标准； • 火电站标准； • 全国范围内推广可再生性能源。	• 以当下的政策看，不可能实现。

续表

2010 年排放总量 单位：$GtCO_2e$ 十亿吨二氧化碳当量	2020 年承诺 单位：$GtCO_2e$ 十亿吨二氧化碳当量	减排行动	预期减排结果
澳大利亚：0.5	• 比 2000 年减少 5%（无附加条件）； • 或者比 2000 年减少 20%—25%（附加条件）； • 相当于 0.4—0.5。	• 综合碳税机制； • 造林计划； • 重罚以推进可再生能源。	• 有可能但是非常不确定。
南非：0.5	• 比正常情况下减少 34%； • 相当于 0.5。	• 对可再生能源实施具体支持；	• 按照当前情况看不可能。

（资料来源：Höhne, N, et al, "Greenhouse gas emission reduction proposals and national climate policies of major economies: Policy brief", Ecofys, Utrecht, PBL Netherlands Environmental Assessment Agency, Hague, the Netherlands, November, 2012.）

从报告中可以看到，除了少数国家之外，大部分国家的减排承诺前景并不乐观。即便是可以实现承诺的几个国家，温室气体排放总量依然会增加。比如表 2—1 中，美国最终的排放总量会低于预期值，也就是说，可以实现 2020 年的排放总量比 2005 年水平减少 17%，但依然比《京都议定书》第一承诺期的要求（2008—2012 年排放总量比 1990 年减少 7%）要高许多。同样的道理，中国预期可以完成承诺，但是中国所提供的是碳强度的减排，也就是说，中国所推行的是碳排放加速度的减少，碳排放总量还是要进一步增加的。

第三节 气候变化问题政治困境的本质探究

前面部分主要是对气候会议以及国际气候机制的形成历程进行了简要的回顾。可以说，国际气候谈判每个阶段的成果无疑都是国家及国家集团间的政治权衡和利益妥协的结果。显然，气候变暖问题已经成为国际关系博弈的重要竞技台，成为当今世界上主要大国必然要参与和争夺的国际领域。如同所有国际关系领域的发展规律一样，全球气候问题的演进过程既深受不同国家集团，尤其是有实力的大国行为的影响，同时又凭借其国际机制的约束力反作用于大国对外政策行为。发展中国家要求对温室气体排放负有历史责任的发达国家尽快做出《京都议定书》第二承诺期的具体减排目标，但发达国家的行动积极性各异；以美国、日本为首的发达国家要求以中国、印度为首的新兴经济体和发展中国家共同承担减排义务，做出"可衡量、可报告、可核实"的减排行动，但发展中国家因要保证可持续性发展权益而拒绝有关要求，坚持"共同但有区别的责任"原则；发展中国家要求具有资金和技术优势的发达国家提供援助，但发达国家因各种原因难以落实具体行动。发达国家与发展中国家之间的巨大分歧导致气候谈判会议频频受阻，从上面各方立场和利益分析，可以总结出背后隐藏着的几大矛盾。

一、经济发展水平不同导致责任不平等

从上面各国的立场分析可以看出，各国之所以不能就核心的资金技术援助和能力建设的具体落实工作及《京都议定书》第

二承诺期达成协议，根本原因是各国的经济发展水平的不平等。

在二战以前，许多位于南半球的亚非拉发展中国家是北半球的欧美发达国家的殖民地或半殖民地。在二战以后，这些国家虽然大部分取得了政治独立，但是贫困与落后使其在经济上继续依附于发达国家。这实际上就削弱了这些亚非拉国家在国际社会中的独立性和发言权。在国际经济制度中，国际货币基金组织和世界银行等机构由发达国家掌控，而大部分成员国即发展中国家却没有任何重要的投票权。在国际政治制度中，五大常任理事国在安理会中发挥着决定性的作用。在国际环境制度中，负责每年分配气候资助资金的全球环境机构的投票结构和决议的透明度受到了发展中国家的强烈质疑。① 而南北双方经济的鸿沟也随着经济全球化进一步扩大。② 正是这种南北政治经济关系的不平等构成了国际政治体系内各种矛盾和冲突的根源。

气候变化问题中的温室气体排放恰恰与各国经济发展有着密切的联系。因为碳排放和能源消费是经济发展，尤其是工业发展的必然产物。而减排则意味着一定程度上的工业发展减缓，并需要投入大量的资金和技术，这就产生了减排的成本。发达国家和发展中国家之间的减排成本差异很大。发达国家经济发展水平和工业化水平都比较高，因此进一步提高其先进工业设备能源效率

---

① Bradley C. Parks and J. Timmons Roberts: "Inequality and the Global Climate Regime: Breakingthe North-south Impasse" Cambridge Review of International Affairs. Volume 21. No. 4, December 2008.

② 参见夏顺忠："经济全球化进程中南北两极分化成因浅探"，载《社会科学》，2002年第9期：经济全球化在促进世界经济发展的同时，也进一步加剧了南北经济鸿沟的扩大。原因包括：资本掠夺的历史，不公平的国际经济秩序，不合理的国际劳动力分工，发达国家的先发优势，商品的国际价值决定，报酬递增规律的作用和缺乏收入再分配的超国家干预等。

的空间比较小，成本也比较高。而发展中国家正处于工业化起步阶段，改进生产方式和提高能源效率的空间比较大，成本也比较低。① 但另一方面，广大发展中国家的经济发展水平远远低于发达国家，国民经济发展仍然高度依赖于碳排放工业发展，基础设施建设和人民生活水平等亟待完善和提高，缺少减排的资金和技术，而且处于国际产业链下游的发展中国家往往是发达国家"碳密集型产品"的加工厂，以满足发达国家追求更高生活质量的奢侈性排放。② 这些都加大了发展中国家的减排压力。因此，发展中国家不愿意也没有能力承诺明确的减排义务，认为其在发展进程中不可避免地仍然需要在能源消费和温室气体排放方面有某种程度的合理增长。③ 此时，发达国家便以发展中国家不履行减排义务为借口推脱自己的减排目标。

二、国情不同导致受气候变化影响的脆弱性不平等

气候变化是一个全球性的问题，从长期来看会给世界上所有国家带来灾难。但是，在短期内不同的国家受其影响的先后及严重程度却是不同的。就地理位置而言，一定程度的温室效应使得大多数位于温带和亚寒带地区的发达工业国家的农作物生长期延长，农产品产量得到提高，冬季的取暖成本降低。然而大部分位于热带和亚热带地区的亚非拉发展中国家仍然非常依赖农业生

---

① 潘家华："减缓气候变化的经济与政治影响及其地区差异"，载《世界政治与经济》，2003年第6期。

② 檀跃宇："全球气候治理的困境及其历史根源探析"，载《湖北社会科学》，2010年第6期。

③ 王逸舟："从政治现代化角度看发展中国家推迟承诺减排温室气体的必要性"，载《气候变化专题研究》，1999年第9期。

产,却受到了严重旱灾和饥荒威胁,并缺少足够的资金和技术进行防范和抵御气候变化。[①] 而像马尔代夫等小岛国则属于特别脆弱、特别容易受到海平面上升影响的国家。另一方面,由于发展中国家承受和应对气候变化的资金和科技能力远远低于发达国家,所受的影响也更加严重。

表2—2 各国在1980—2002年间因自然灾害而死亡或无家可归的人数统计表[②] (已经根据各国的人口规模进行适当的比例调整):

排序	国家	死亡人数（单位：千人）	排序	国家	无家可归人数所占百分比
1	莫桑比克	5.55	1	汤加	50.51
2	苏丹	4.84	2	孟加拉人民共和国	45.51
3	埃塞俄比亚	4.78	3	老挝	18.94
4	洪都拉斯	2.40	4	美属萨摩亚	17.61
5	孟加拉人民共和国	1.23	5	斯里兰卡	13.99
6	尼加拉瓜	0.73	6	所罗门群岛	13.67
7	斯威士兰	0.60	7	马绍尔群岛共和国	11.76
8	巴布亚新几内亚	0.49	8	安提瓜和巴布达	11.55
9	瓦努阿图	0.49	9	菲律宾	10.34
10	密克罗尼西亚	0.42	10	美属关岛	10.07
11	乍得	0.41	11	美属维尔京群岛	9.92
12	圣卢西亚	0.39	12	马尔代夫	8.20

---

① 参见陈刚:《集体行动逻辑与国际合作——〈京都议定书〉中的选择性激励》,外交学院2003级博士研究生学位论文。

② Bradley C. Parks and J. Timmons Roberts: "Inequality and the Global Climate Regime: Breakingthe North-South Impasse", *Cambridge Review of International Affairs*. Volume 21. No. 4. December 2008.

续表

排序	国家	死亡人数（单位：千人）	排序	国家	无家可归人数所占百分比
13	美属萨摩亚	0.37	13	科摩罗伊斯兰联邦共和国	7.08
14	索马里	0.36	14	圣卢西亚	6.99
15	吉布提	0.28	15	巴基斯坦	6.14
16	菲律宾	0.27	16	瓦努阿图共和国	5.53
17	海地	0.25	17	索马里	5.47
18	塔吉克斯坦	0.24	18	越南	4.76
19	所罗门群岛	0.23	19	贝宁	4.56
20	伯利兹	0.19	20	苏丹	4.04
	美国	0.03		美国	0.14

由此可见，气候变化在短期内对各国的影响大不相同，而且还没有对大部分发达国家生存和根本国家利益构成严重的威胁。而温室气体的减排需要改变的则是根深蒂固的经济发展和社会生活模式，有可能需要各国几代人的长期合作才能看到切实效果。这样，一些国家就会看重短期利益。

三、历史责任的不平等以及对公正的理解不同

以巴西为首的发展中国家代表认为，因为温室气体可以在大气中积累几十年甚至上百年的时间，所以，完成高排放量工业化进程的发达国家应该为其当前的排放量和历史上积累的排放量负责。而且衡量的时候，不能只看国家的总体排放量，而忽视人均排放量。发展中国家从气候变化问题的前因后果出发，认为发达国家是气候变化问题的始作俑者，而发展中国家却是气候变化影响的最大受害者。而且强调发展中国家的人均排放量远远小于发

达国家，如美国人口只占全球的4%，但温室气体排放量却占全球20%以上，与136个发展中国家加起来的排放量相当。[①]

而发达国家认为，虽然当前大气中积累的温室气体大部分是由发达的工业国家排放的，但是将来增加的温室气体却主要是由经济迅速发展且人口持续增长的发展中国家尤其是亚洲新兴经济体排放的。因此，发达国家所采取的任何应对气候变化的措施，无论是有意还是无意的，都在一定程度上相当于外援计划，发展中国家在未来将会享受到更多的利益。发达国家从应对气候变化的整体效果出发，认为必须在所有国家之间分配减排任务。如果不控制大多数发展中国家的排放量，发达国家能源密集型的企业将会向发展中国家转移。长此以往，不但不能减少全球温室气体的排放，反而使得发展中国家排放速度扩大增长，而发展中国家单位GDP能耗效率比发达国家低很多，这将降低全球经济能耗效率。[②]

四、国际互信的缺失导致追求相对收益

发展中国家和发达国家之间长期缺乏互信合作和制定共同接受的"游戏规则"。这些"游戏规则"原本可以防止机会主义和增强承诺的可信度，增加违约的成本从而促进合作。因为在国际社会的无政府状态下，很难有第三方强制监督执行，而互相猜疑的国家之间的承诺是不可靠的。正因为发展中国家与发达国家之间缺乏长期信任，导致在气候问题合作上出现了"囚徒困境"

[①] Bradley C. Parks and J. Timmons Roberts: "Inequality and the Global Climate Regime: Breakingthe North-South Impasse", *Cambridge Review of International Affairs*. Volume 21. No. 4. December 2008.

[②] 檀跃宇："全球气候治理的困境及其历史根源探析"，载《湖北社会科学》，2010年第6期。

的难题:

表 2—3 "囚徒困境"的难题

	B 合作	B 背叛
A 合作	2, 2	-1, 3
A 背叛	3, -1	0, 0

如表 2—3 所示：A 代表发达国家，B 代表发展中国家，AB 都是理性的个体，都希望能够将自己的利益最大化，但由于双方缺少沟通理解和互信，于是使得"纳什均衡"点是（A 背叛，B 背叛），即（0，0），即发达国家与发展中国家出于对对方背叛的担心而最终导致双方都选择背叛。

因为如果自己承诺减排目标，并承担巨大的减排成本，但是对方却背叛承诺不予以合作，环境收益还是由双方共享，这实际上相当于扩大对方的相对收益。因此，双方很难就具体的减排目标达成协议。这个简单的"囚徒困境"模型没有反映出发达国家与发展中国家在气候变化合作实际问题上的复杂关系和非对称性。例如，上面分析到的双方经济发展水平不平等造成的承受和应对气候变化的资金和科技能力不同，地理环境差异造成的受气候变化影响程度的不同，双方对气候变化的历史责任和未来责任的不同。发展中国家希望承担更小义务，取得更高收益，但过大的收益差距引起发达国家对相对收益的担心。这些都使得双方合作变得更加困难。另外，有研究数据显示，自 1990 年以来，除了少数欧洲国家之外，大部分发达工业国家的温室气体排放量持续增长，使得他们作为减排请愿人的诚信度受到巨大质疑。而且发达国家往往通过资助发展中国家而不是通过国内减排来完成指标，这实际上只是转移了排放量；而且，这些国家减排数字的真实性也受到了发展中国家的极大怀疑。因此，发展中国家有理由相信，发达国家逼迫发展中国家减排的真正目的，不过是试图阻止其发展进程及进一步拉大南北贫富差距，从而继续维持发达国家在国际政治经济中的领导支配地位。

因此可以说，国际政治的无政府状态下，形成奥尔森所说的的集体行动逻辑的困境是国际社会的常态。[1] 那么，在现实中要确保双方承担"共同但有区别的责任"原则，需要有效的国际制度与国际组织的监督，通过采取一系列的激励或惩罚措施来重新调节国际间的利益分配。[2] 这就又出现了一个矛盾，发达国家因为承担的成本更多，往往在国际制度建设和结构中占主导地位，从而削弱了国际制度与国际组织的监督和调节作用。

第四节　国际话语主导权的争夺与国际声誉的建构

一、温室气体减排问题的悖论

从前面的论述不难看出，全球变暖问题并不仅仅是一个"是否真实"的科学问题，而是一个"成本多少"的经济问题、一个"如何分配"的政治话题、以及"责任在谁"的道德话题。世界各国围绕气候变化问题展开的斗争与互动，不过是在"公平、正义"的口号下包装着的经济成本问题：由于温室气体的

---

[1] 姚玉斐"削减温室气体排放国际合作的博弈论分析"，载《国际关系学院学报》，2010年第6期。

[2] 于宏源：《国际环境合作中的集体行动逻辑》，载《世界经济与政治》，2007年第5期。

第二章 气候变化问题的国际博弈

减排在目前而言必然会带来巨大的经济成本，而经济成本的分配就成为各个国家争论的话题。这个问题就是国家追求"相对收益"的逆向例证。可以预见，在解决温室效应的革新技术没有到来之前，在石油、煤炭等高碳燃料的替代品没有完全发展成熟之前，各个国家对于如何分派减排指标必定会打得头破血流，争论不休。

那么，既然如此，为什么几乎所有的国家和地区都参与到联合国气候变化会议当中？既然彼此有如此之大的纷争，那么为什么不同的国家或集团依然在承诺温室气体的减排？因此，最大的问题是，国家减排的动力究竟是什么？

对于上述问题，学者们有着不同的解释。每个国家的政治体制不同，导致国家的减排政策不同；每个国家对化石燃料的依赖程度不同，也会导致国家的减排政策不同；每个国家本身的实际情况，如工业生产的碳密度、能源密度、人口密度、地理环境等等因素也深刻影响着各自的减排的力度；还有，各个国家的经济状况与发展阶段也决定着各个国家的减排力度。

本书认为，上述各个角度可以很好地回答一个问题，即世界各国的减排政策有什么不同？为什么有些国家通过排放贸易而另外却寻求技术手段？但同时带来的一个问题是，为什么有些国家比另外一些国家更容易减排？比如说，欧盟为什么比美国更乐意承诺减排？

对于这个问题，不同的学者给予不同的回答。有学者从国家的制度层面，也就是比较政治学的宪政层面来尝试解释。运用比较政治学的视野可以得出的结论是：不同国家政体的政策执行力度不一样。民主开放的政治体制更容易承诺减排政策，但是执行起来情况却并不乐观。有学者认为，一般而言，严重依赖化石燃料的国家叫做"碳锁定型国家"（出口国或者消费国），也因此具有强势的利益集团,趋向于选择技术革新来减排。而日本的原因在于其本身能源效率很高了,提高能效的边际成本太高。有学者从政府与市场以及社会的关系来探讨问题,认为完全自由市场与协调式市场经济之间是存在很大区别的。德国与瑞典等协调式市场经济比美国、加拿大更容易实施减排方式;而且发展型国家的政府(即从宏观层面控制经济发展的国家)因为追求增长更容易增加排放。而实行"生态主义现代化"的国家则相反,容易承诺并实现减排。[1]

二、声誉的建构与国际话语权的争夺

对于国家参与减排的动力问题,不同学科和专业有着不同的理解。本书将从国际政治角度来尝试分析。本书注意到,国际气候谈判中存在着非常值得研究的一种现象,即"合而不作,斗而不破":首先,国际气候谈判具有极高的参与率。《联合国气候框架公约》的缔约方如此众多,以至于联合国气候大会成为最具世界性的国际会议,每次气候会议的国家代表可以与联合国大会出席率持平,有时甚至还要高出许多。参与其中的媒体代表、非官方代表、企业界代表甚至学术界代表无论是数量还是质量上,都是世界上其他国际会议不可以媲美的。其次,国际气候大会受关注度高、影响范围广泛。每一届联合国气候大会,无论是会议进程、争论焦点还是大会决议、甚至谈判花絮都会在世界各国上至高层下至普通民众当中广为传送,或者引起轩然大波。第三,约束力的象征性强。参与国际气候谈判的国家,围绕着

---

[1] Erick Lachapelle, Matthew Paterson, "Driver of National Climate Policy", Climate Policy, 13: 5, pp. 547 – 571, DOI: 10.1080/14693062.2013.811333.

第二章 气候变化问题的国际博弈

"共同但有区别的责任"、"历史责任与减排义务"等原则问题争论不休。但不论是发达国家还是发展中国家，都会做出某种承诺，尽管很多承诺被证实是口头上的。[①] 而且每次大会都要达成某种契约文件，尽管不一定有约束力。最后，"退出迟滞性"显著。即便是没有批准甚至退出京都气候机制的国家（比如美国、加拿大）依然要参与联合国气候大会，并且敦促他国减排。

如同其他在全球化时代跨国治理议题一样，气候变化从进入国际政治视野的那一天开始，注定不会是一个纯粹的技术型和功能性的议题，而是必然成为国际政治和权力博弈的一个新平台[②]。气候减排机制反映出在国际事务"文化"传统上的南北对立的桎梏：因为气候变化触及经济发展的最根本动力——能源、工业生产技术、以及现代消费主义的社会生活模式等等，故纯采用经济激励去抹平南北差异的方法不能使用，甚至连中国和印度这样已经取得一定地位的发展中国家也不愿意超越传统的南北对立逻辑去推动全球机制的落实。另外，发达国家之间也有冲突：欧盟最早提出碳排放交易市场的理念并已经初步实行，路径依赖的作用使得欧盟特别强调国际减排中机制的独立性和约束力；美

[①] 通过对185个国家1990—2004年之间的谈判与履约研究显示：在气候变化领域中，西方民主国家的确更明显达成某种程度的承诺。但是，非西方国家与西方国家之间在是否遵约、履约效果等指标上看，没有明显差异，就是说很多承诺其实并不一定算数。参见：Michèle B Bättig, Thomas Bernauer, "National Institutions and Global Public Goods: Are Democracies More Cooperative in Climate Change Policy?", *International Organization*, 63, Spring 2009, pp. 281–308.

[②] 关于全球化时代新兴的跨国和全球治理问题及由此引起的新的权力博弈，可参见 [美] 约瑟夫·S. 奈等主编：《全球化世界的治理》（王勇等译），北京：世界知识出版社，2003年版。

国和加拿大等国家则更倾向采用传统的国家间合作互惠模式[①]。由于是新兴的议题,握有传统权力资源的国家(经济、军事等)反而不一定能比发展中国家有更大的话语权;国内政治因素对国际机制运作的影响也特别明显[②]。

面对气候变化问题以及其他国家的压力,世界各国尤其是温室气体的排放大国(人均排放或总量排放)可以选择的道路有以下几种:一种选择是,坚持不承诺减排义务,并且从国际条约与协定当中寻找法理依据;或者是有条件地承诺减排义务,比如,承诺在《京都议定书》附件一国家都履行规定的义务之后,实施一定的绝对减排;还有就是变被动为主动,主动调整经济战略,并在一定的条件下,自愿地承担有约束力的相对减排份额,赢得国际社会的肯定。如果对上述三种思路展开分析,分析每种路径的成本与收益,核算长远影响与短期效益,可最终确定最优的战略抉择。

问题是,国际政治中存在的公共地悲剧问题导致了世界各国之间的合作能以形成,更难以维持。大多数民众都认可全球变暖的气候问题是一个严重的威胁,但是只有少数人愿意为此而彻底改变自己的生活方式,进而在国家层面的政策制定者那里,气候问题就成为一种姿态政治,听起来宏伟壮阔但是内容空洞无力。[③]

一般而言,国家外交战略的目标大致可以分为两类:一种是

---

① Steven Bernstein, "Comment-Across the Divide: The Clash of Cultures in Post-Kyoto Negotiations", in Bernstein et. al. eds., *A Globally Integrated Climate Policy*, pp. 128–133.

② Desombre, "Power, Interdependence, and Domestic Politics", pp. 181–182.

③ 这也就是所谓的"吉登斯悖论",参见[英]吉登斯:《气候变化政治学》,(曹荣湘译),社会科学文献出版社,2009年版,第2—3页。

第二章 气候变化问题的国际博弈

诸如经济收益、安全优势等物质性的诉求,另一种就是国家的声誉、威望或者形象等非物质性诉求。国际政治领域是实力角逐、利益交换的竞技场,更是彰显国家软实力的舞台。在日趋激烈的全球气候博弈进程中,国家声誉因素是一种不可或缺的考量。[1]

为什么国际气候谈判中的参与方会考虑自己国家的声誉建构问题?简单地讲,国际制度是一种声誉系统。[2] 在国际气候谈判这样一种正式的制度化进程当中,参与谈判的行为体自然会建立、获得或者丧失某种声誉。此种声誉系统不仅建立在参与者之间的重复关系之上,其内部还存在着信息传播渠道。因而,声誉系统具有两个关键特征:声誉的"易获性(reputation ease)"与声誉的"有效性(reputation effectiveness)"。声誉的易获性,是指参与其中的行为体容易获得某种声誉;而声誉的有效性,是指声誉系统具有分享效应,比如说,容易把"承担责任型"行为体与其他行为体分离开来。[3] 此外,国际气候机制对行为体的声誉信息还具有放大的功能。严格地讲,这种放大的方式不是真正意义上的放大,而是对比度增强,使得有关信息凸显出来。与此同时,国际气候机制中的声誉还会产生溢出效应。当今的国际政治中存在许多相关的问题领域,每个行为体都处于问题领域的相

---

[1] 有学者指出,在不对称信息的情况下,声誉因素能够促进国际之间合作,因为除了其他原因,自利的政府为了顾及声誉问题,即使受到短视的诱惑,也最终会遵守国际机制的规则与准则。当然,也有学者认为,声誉是一种靠不住的因素,有时甚至会阻止国家之间达成有益的协定。参见 Robert Keohane, *After Hegemony: Cooperation and Discord in the World Economy*, Princeton University Press, 1984, pp. 82 – 83, 105 – 106, 108.

[2] 关于"国家声誉与国际制度之间关系"的详细探讨,请参见笔者的另一本著作:《外交战略中的声誉因素研究》,天津人民出版社2007年版。

[3] Joseph M. Whitmeyer, "Effects of Positive Reputation Systems", in *Social Science Research*, 29, 2000, pp. 188 – 207.

关网络中，违反某一问题领域的制度规则不仅会影响本领域内的声誉，还会由于溢出效应而影响到其他领域的声誉。总之，国际制度作为行为体之间的博弈均衡，它所反映的是为所有行为体所感知、所接受的规则或原则。作为声誉系统，国际制度具有汇聚、放大、传输和准直声誉的功能，使得行为体的声誉具有易获性和有效性。综上所述，既然国际制度是国家声誉的显示平台，由于国家可以认识到国际声誉对国家的重要性，因此，理性的国家就会有意识地运用国际制度来建构国际声誉，进而进一步扩大权力、提高国际地位。也就是说，国际制度充当了国家建构良好声誉的工具，国际组织成为国家塑造和加强国际声誉的场所和工具。这是一种工具性、适应性的认知与学习。

可以肯定的一点是，在国际气候领域，面对那些气候脆弱性国家的呼吁和压力，一再坚持强硬立场或者寻找不实施减排的法理依据，没有多少实际功效，甚至会付出很大代价。国际气候谈判的高参与率、高关注度等特征具有强大的倍增效应，很容易让一个国家在国际社会中的形象，或者说是一个国家在别的国家民众心目中的形象、以及主流的声音和观点，通过大众媒介或新闻媒体表现出来并传播开来。如果任何国家，特别是排放大国拒绝承诺绝对的减排义务，短期内要付出比较大的代价；而面对日益强大的国际社会的呼声，最终还是要在保持不做出减排承诺的现有立场与面对越来越大的国际压力之间做出权衡，尤其是这种压力不仅仅来自发达国家，也更多来自其他发展中国家。从后面各章的论述中我们不难看出，几乎所有温室气体的排放大国都不得不主动承诺量化减排，尽管在实际履行的时候大打折扣。即便是人均排放较低的发展中国家，如巴西、阿根廷以及墨西哥，也主动承诺减排，并以此换取经济收益。而那些占据道德高位的小岛国家联盟的成员，更是利用自然之便，主动建立低碳甚至零排放国家，以赢得大规模的资金支持。因此，如何运用国际气候谈判的渠道，结合自身实力承诺减排，并通过广泛寻求利益同盟来赢得支持、拓展自己的话语权力，就显得非常重要。

第三章

欧盟的气候变化政策：
以英国与德国为例

毫无疑问，欧盟一直是国际气候谈判的推动者，也是温室气体减排的领头羊。早在2007年，欧洲议会就通过了所谓的"20—20—20方案"：到2020年为止，欧盟温室气体排放要比1990年水平减少20%；而可再生能源在所有能源中所占比例提高20%。[1] 欧盟积极参与、引领国际气候谈判，是与其政治制度、文化传统以及产业模式等因素不可分割的。本章首先综述欧盟的气候政策，之后对英国和德国的气候变化政策做细致的考察。之所以选取上述两个国家，原因在于：英国所推出的低碳经济，低碳模式不仅是欧盟处于领先地位，而且是世界的榜样；而德国的经济规模实为欧盟翘楚，减排成本巨大可想而

---

[1] Jon Birger Skjærseth, Guri Bang, Miranda A. Schreurs, "Explaining Growing Climate Policy Differences Between the European Union and the United States", *Global Environmental Politics*, Vol. 13, No. 4, November 2013, pp. 61 – 80。

知,一旦成功则示范效应不言而喻。

第一节 欧盟的气候变化政策及其动力分析

一、欧盟气候政策概述

早在《京都议定书》谈判期间,欧盟(当时有15个成员国)就向世界各国承诺,到2012年为止,争取将温室气体的排放比1990年的水平减少8%。2009年哥本哈根会议上,欧盟(已经扩容为28个成员国)宣布,2020年的温室气体排放比1990年的水平减少20%。同时,如果其他发达国家也做出类似承诺,且发展中国家也能够依据自身的能力与责任做出相应贡献的话,欧盟会考虑将减排额度提高到30%。2011年德班气候会议期间,欧盟重申减排承诺,明确表示将参与第二承诺期(2017年或2020年)。欧盟是通过立法的形式来实施减排,对于任何成员均有很强的约束力。欧盟在积极承诺的同时也付诸实际行动,大力推行温室气体减排的政策,实施减排措施。除了传统的《京都议定书》规定的联合履约(JI)、排放贸易(ET)以及清洁发展机制(CDM)之外,欧盟还通过财政税收政策来调节投资渠道、鼓励节能技术创新、改革排放贸易体系、征收能源税或碳税,以强化2020年的总目标。欧盟的一揽子政策获得了卓著的成效。实践表明,欧盟的温室气体减排效果是有目共睹的。自1990年以来,欧盟的温室气体排放水平实际减少了17%;2010年人均排放水平分别比1990年和2005年减少27%和11%;同时,欧盟的碳排放强度(单位GDP排放)从1990—2010年下降了42%,尽管欧盟扩容导致总人口增加了6%,

GDP总量增加了44%。从能源消耗层面来讲,1990年以来,欧盟能源总体布局中石油、煤炭所占比例和消耗总量均大幅度降低。2009年之后,可再生能源(包括水电、风电、太阳能、地热以及生物能源)在所有能源消耗中占到9%,是1990年的两倍还要多。[1]

按照《京都议定书》所规定的温室气体减排承诺目标,欧盟十五个成员国于1998年6月达成了《减排量负担分摊协议(Burden Sharing Agreement)》,根据欧盟内部具体的国别状况实施份额分摊。其中,卢森堡与希腊减排最多,分别为28%、25;德国和英国的减排目标分别是21%和12.5%;法国国可将排放量维持在1990年水平;而葡萄牙等经济水平较低的国家则在1990年的基础上可以适当增加排放量。[2] 之后,随着欧盟成员不断扩大,事实证明,欧盟推行的责任分担机制相对符合公平与效率原则,因此取得了一定的成绩。

二、欧盟实行积极气候政策的原因

从传统意义上讲,欧洲各国对全球变暖、环境保护等议题关注度一向较高。1972年罗马俱乐部等组织发表的《增长的极限》指出人类人口无限增长与自然界有限资源之间存在着尖锐矛盾,提出"可持续发展"的理念,迅速在西方各国引起热烈讨论,

---

[1] Johanna Cludius, Hannah Förster, Verena Graichen, "GHG Mitigation in the EU: An Overview of the Current Policy Landscape.", Washington, DC: World Resources Institute, 2012. http://www.wri.org/publication/ghg-mitigation-eu-policy-landscape.

[2] 详细研究参见:刘长松:"欧盟排放交易体系对中国实行温室气体排放总量控制的启示",《鄱阳湖学刊》,2014年第二期(总第29期),第54—63页。

第三章 欧盟的气候变化政策：以英国与德国为例

至今仍被奉为环保方面的经典文献[①]。早在京都会议之前，欧共体已经开始制定并初步实施碳排放交易制度（ETS）。这一制度虽然有种种缺陷，但历经改进，目前仍是世界规模最大、最完善的温室气体排放交易制度，并为温室气体的减排做出了里程碑式的贡献[②]。欧盟各机构也一直努力整合集团内各国的减排政策，特别是欧盟委员会敦促各国议会批准《京都议定书》、协调监督各国实施温室气体减排，做出了很大努力。欧盟之所以在气候变化问题上如此积极，应该有以下几个原因：

首先，欧洲是世界上最早进行工业革命的地方，时至今日，欧盟国家基本上已经完成了工业化，进入到了后工业化时代和信息化时代，高污染高排放的工业逐渐退出了欧洲，并逐步转移到了第三世界的一些发展中国家，因此，欧盟的减排压力相对而言小很多，而且也有这个经济能力和技术能力去承受温室气体减排带来的影响。

其次，由于欧盟国家自身的经济和社会发展已相当成熟和完备，社会福利的覆盖面也很广，民众解决了衣食住行等基本的民生问题后，会把更多的关注精力放在环保等其他问题上，希望得到更加安全舒适的生活环境。随着欧盟国家国民的环保观念和对环境的要求越来越高，加上欧盟国家绿党政治发展得相对充分，为绿色政治和节能减排打下了民众根基，积极推进节能减排也有利于保持欧盟在气候谈判领域上的领导地位。这些因素的综合促成了欧盟走在了节能减排队伍的最前头。

第三，欧盟国家力图推进并主导新兴产业和科技链条。欧盟

[①] 参见【美】丹尼斯·米都斯：《增长的极限——罗马俱乐部关于人类困境的研究报告》（李宝恒译），吉林人民出版社，1997年版。

[②] 唐颖侠：《国际气候变化条约的遵守机制研究》，人民出版社，2009年版，第173页。

国家经济的发展动力主要是依赖于高新技术的发展和进步,为了更好地占领未来经济和科技进步的制高点,维持欧盟国家在环保技术上的领先地位,积极推动节能减排,有助于发挥欧洲国家在这一领域所具备的资金和技术的优势。假如节能减排技术得以推广,碳交易市场能最终得以走向成熟和完善,那么最先获益的也应该是欧盟国家。

第四,20世纪70年代爆发的石油危机对当时的欧共体产生了极大的影响和震动,欧洲国家自身能源、资源都较为缺乏,对世界能源的依赖较为严重,外交上容易受到制约。[①]

最后,力争主导国际话语权,增加软实力,也是促动欧盟积极推行温室气体减排的重要原因。如今,能使欧盟在全球事务中保持领导者地位的恐怕就剩下环境、人权和气候领域了。"气候变化"、"碳关税"、"低碳经济"等热门词语逐渐成为国际政治间博弈的新元素。欧盟乐意充当气候变化问题的领导者,积极倡导应对气候变暖,使各国跟随欧盟减排的脚步,在一定程度上摆脱了完全依附于美国的状况。[②]

总体而言,在全球气候变化政策谈判中,欧盟的确起到了领军先锋的作用。欧盟俨然已经被定位为应对气候变化的议程设定者,尤其是德、英、法三国作为欧盟的"三驾马车",在欧盟的框架内已率先制定政策与计划;在温室气体的减排方面,德国与英国所取得的成果尤其值得称赞。德国主要依托欧盟、G8、IEA、UFCCC等平台,在国内应对气候变化政策不断完善的同时,也在推广与国际社会各个层面之间的影响与互动,不断制定

[①] 刘明礼:"欧盟能源与气候政策的战略调整",载《国际资料信息》,2009年第10期。

[②] 张丰清、周苏玉:"当前大国间气候政治博弈中的利益选择及其应然取向",载《社会主义研究》,2010年第5期。

超前的温室气体减排目标。英国率先提出"低碳经济"的概念，并且对于"低碳模式"的推广不遗余力。当今，低碳技术、低碳发展、碳足迹、碳预算、碳捕捉、低碳生活等一系列新概念、新政策被广泛传播。国际社会普遍认为，发展低碳经济是解决当前气候变化问题的有效方式。对于后来申请加入欧盟的成员国家，欧盟优先实施联盟内国家间调节，即让新加入或申请加入欧盟的不发达国家出售其碳配额给德国、法国这样的发达工业国。在欧盟主导国家的带动下，其他成员也逐步展开行动，就连严重依赖煤炭的波兰，也两度申请并主办气候大会（2008年联合国波兹南气候会议和2013年联合国华沙气候会议），成功地扮演了国际气候谈判的主导者角色。

第二节 英国的气候变化政策

英国历来重视全球气候问题，不仅在国内大力推行节能减排政策，还积极参与国际气候合作，是国际气候制度的推动者和领导者。英国作为工业革命的先驱，在世界率先对发展低碳经济展开研究，并将发展低碳经济作为国家战略，先后出台了许多重要文件，主动实施了一系列具体的低碳经济政策，力图抢占低碳经济发展先机，期望再次引领世界的发展潮流。英国积极主动地参与并在不同层面的国际气候谈判和协商中力争话语权和主导权，包括在联合国框架下的气候谈判、欧盟范围内的气候政策协调、以及以G20会议为代表的大国间的协商；此外，英国还积极开展与发展中国家之间的气候合作，并对后者在技术和金融方面都给予大力援助。

一、英国的减排政策与措施综述

英国是世界范围内积极发展低碳经济的典型代表。作为第一次工业革命的先驱,英国欲借发展低碳经济的契机,再一次抢占全球发展的先机:2003年,英国发表了《能源白皮书——构建一个低碳社会》,首次提出要建设低碳经济和低碳社会,并且准备以"低碳经济模式"应对气候变化,成为全球低碳经济的积极倡导者和先行者,在全球范围内引起了轰动。2007年5月,英国贸易工业部(DTI)公布了新版本的《能源白皮书——迎接能源挑战》,[①] 着重论述国内存在的两大挑战:一是和其他国家一起减排CO_2以缓解气候变化;二是保证安全、清洁和可支付的能源供应。2009年7月,英国发布了低碳能源白皮书——《英国低碳转变计划》。在该白皮书中,提出了2020年和2050年的碳减排目标,详细阐述各部门的具体减排目标及措施。[②] 除系列能源白皮书之外,英国还发布了《斯特恩回顾:气候变化的经济学》、《气候变化全球协定的关键要素》等报告,出台了《气候变化法案》,之后又发布了《年度能源报告》及《2050路径分析》。英国还同时采取了一系列低碳政策措施,如碳预算、碳关税、碳捕捉、清洁发展机制、低碳城市以及零碳城市等等,意欲成为新一轮全球低碳经济革命的领导者。

[①] 朱松丽、徐华清:"英国的能源政策和气候变化应对策略——从2003版到2007版能源白皮书",《气候变化研究进展》,2008年9月,第4卷第5期,第272页。

[②] 郭磊、马莉:"英国低碳能源战略白皮书及对中国的启示",《电力技术经济》,2009年12月,第21卷第6期,第13—14页。

第三章 欧盟的气候变化政策：以英国与德国为例

（一）主动承担《京都议定书》的减排任务

英国认为，《联合国气候变化框架公约》（UNFCCC）是目前国际间达成广泛共识的框架协议，应该继续借助此平台，加快在UNFCCC和可持续发展委员会（Commission on Sustainable Development CSD）下的多边气候谈判的进程，同时开发包括国际组织、非正式会谈及伙伴关系在内的其他各种渠道，促成国际气候合作方面的政治互信以及市场信心。[①] 英国积极响应联合国在气候变暖问题上的倡议，并率先遵守《京都议定书》承诺分摊的减排目标，并采取切实的政策行动。《京都议定书》为欧盟规定的减排目标是到2012年温室气体排放量在1990年的基础上减排8%，英国主动承担更多的责任，在欧盟内部的"减排量分担协议"中承诺减排12.5%，不仅如此，随后在2003年国内发布的《能源白皮书》中，英国又主动将减排目标上升到2010年二氧化碳减排20%[②]，此后还陆续通过相关的报告法案来设定长远目标：到2020年减排30%，2050年减排60%。[③] 在制定了严格的减排目标之后，英国在国内推行以市场机制为核心，以高效节能的"低碳经济模式"为目标的节能减排措施，突出表现在气候变化税、碳基金以及温室气体排放贸易计划等几项政策上。

"气候变化税"是英国政府在2000年《气候变化计划》中提出，2001年实行的一种"能源使用税"，主要针对工业部门的

[①] "*Climate Change: The UK Programme* 2006", DEFRA Report, 2006. http://www.defra.gov.uk/environment/climatechange/uk/ukccp/index.htm. 2006.

[②] UK. *Energy White Paper: Our Energy Future-Creating a Low Carbon Economy*. London: TSO, 2003: 1–8.

[③] D Pearce, "The Political Economy of An Energy Tax: The United Kingdom's Climate Change Levy", *Energy Economics*, Vol. 28, No. 2, 2006.

煤炭、天然气和电能的消耗征收税款,而使用石油产品、热电联产和可再生能源均可减免税收。该项措施目的是通过财政杠杆提高能源效率和促进节能投资。英国政府将气候变化税收入的资金组建了碳基金。碳基金以独立公司的市场运作模式,对相关企业节能减排行为提供资金援助,从而有效地支持和鼓励了低碳技术的研究开发和商业运用。① 温室气体排放贸易则是英国于2002年率先实行的减排政策。该政策不仅在国内通过排放配额的市场交易而取得一定的成效,探索了市场化减排的可行途径,而且还承接了随后欧盟范围内的排放贸易机制,甚至在一定程度上构成英国在欧盟范围内的气候政策的核心。②

总之,英国不仅敢于主动承担减排任务,而且如期完成指标。据 IPCC 统计,英国在 2004 年就已经甚至超额完成了对《京都议定书》承诺的 12.5% 的减排目标,减排率达到 14.5%。

(二)配合 IPCC 的调查报告工作

除了对于相关国际气候协定的支持和响应,英国还积极派专家学者参与联合国政府间气候委员会(UNIPCC)的工作,并组织国内的专家调查和撰写相关的气候变化报告,旨在引导国际舆情,推动加快国际气候谈判的进程。

英国身为发达国家,拥有雄厚的经济基础,且在国际气候问题上居于主导者和推动者的地位,不仅在 IPCC 基金的捐资方面颇为慷慨,而且还积极参与评估工作,在 IPCC 第三次评估中,第一工作组即关于气候变化的科学证据调查组全部的活动由英国

---

① Leaf D, Verolme HJH, Hunt WF. "Overview of Regulatory, Policy, Economic Issues Related to Carbon Dioxide", *Climate Change*, Vol. 29, No. 3, 2003.

② B Darkin, "Pledges, Politics and Performance: An Assessment of UK Climate Policy", *Climate Policy*, Vol. 6, No. 3, 2006, p. 258.

第三章 欧盟的气候变化政策：以英国与德国为例

政府出资①，其技术支持处就设在伦敦。为此英国政府调动了国内大批优秀的气候科学专家学者参与科学研究，并投入了大量资金，支持工作组在全球范围内的科学调查活动，保证了第一组调查报告的顺利撰写。而在第四次评估调查中，英国专家马丁·派瑞（Martin Parry）担任第二工作组②，也即关于气候变化的影响力和适应度调查组的联合主席之一，为此，英国政府再次投入大量的资金支持，并且在评估报告的撰写过程中，提供了许多英国国内专家的意见和应对气候变化的政策措施参考。

英国与 IPCC 的互动，作为在联合国框架下参与国际气候合作的组成部分，表现出一贯的积极态度，所提供的资金、技术和人才支持，都有力地支持了 IPCC 评估调查工作的开展，四次评估报告的相继发布，也不断推进着国际气候机制的发展演进，而英国则以其深度的参与在历次评估报告中都一定程度上争取到一些表达英国自身对于气候变化的观点主张的话语权。

在通过参与 IPCC 评估报告的撰写而间接表达理念的同时，英国政府还主动召集国内相关学者开展独立的调查和评估，发表了以《斯特恩报告（The Stern Review）》为代表的气候问题评估报告，对 IPCC 评估报告既是补充，也构成对比和参照，在国际社会上产生了较大的影响力。2006 年 10 月 30 日，受英国政府委托，由前世界银行首席经济学家、时任英国政府经济顾问尼古拉斯·斯特恩爵士（Nicholas Stern）领导编写的《斯特恩回顾：气候变化经济学》（简称《斯特恩报告》）对外发布。该报告分

---

① http://www.defra.gov.uk/environment/climatechange/internat/ipcc/index.htm. 2009.3

② http://www.defra.gov.uk/environment/climatechange/internat/ipcc/index.htm. 2009.3

为6部分共27章，长达600页，信息量非常丰富。① 报告预设了全球升温的幅度范围，提出控制在2℃之内的减排目标，进一步强调减排需要全球共同努力，指出即使发达国家减排60%—80%，发展中国家2050年的排放在1990年基础上增幅也不能超过25%。②《斯特恩报告》提出有效的全球减排政策的三个要素，即通过税收、贸易或法规进行碳定价；支持低碳技术的创新和推广应用；以及消除提高能源效率和其他改变行为方面的障碍。显然，斯特恩报告倡导更多地依靠市场手段作为全球应对气候变化的主要政策工具，从而淡化了政府的作用，以及公约规定的国家之间的资金援助和技术转让义务。而该报告赶在UNIPCC第四次评估报告之前发表，既是率先表达了英国的气候政策理念，也服务于国际气候谈判的需要，对国际气候合作的走向产生了广泛的导向性影响。③

由此可见，英国不仅尊重和支持联合国框架下的气候机制，而且还采取积极的行动参与合作，在维护业已成型的国际气候机制方面，英国展现了明确支持的姿态，在促进国际气候合作的同时也树立了英国在气候领域的大国权威。

二、英国气候变化政策的国际维度

为了弥补联合国气候谈判的不足，英国还主动倡导大国之间的气候协商，打造专门的大国气候协商机制——"鹰谷对话"

---

① Stern N. *The Economics of Climate Change*: *The Stern Review* [M]. Cambridge, UK: Cambridge University Press, 2006.

② *UK Response to Stern Review on Climate Change* [N/OL]. Reuters, 2006 - 10 - 30. http://www.alernet.org/the news/news desk/L3038543.htm. 2006

③《斯特恩报告》英国政府的授权精心策划的产物，具有一定的特殊性。

(the Gleneagles Dialogue)，加强了主要排放大国在温室气体减排方面的沟通。其次在地区层次上，英国通过分摊较大的减排份额以及参与欧盟排放贸易机制，有力地推动了欧盟范围内的温室气体减排行动。

(一) 英国倡导的大国间气候政策协调

联合国气候框架虽然具有相对的权威性，但其本身也存在一定的缺陷，尤其是美国缺席《京都议定书》机制，严重影响了联合国气候谈判的权威性和有效性，所以，联合国以外的国际层面的气候协商渠道就显得必要。每年一届的八国集团（G8）首脑会议以及20国集团峰会（G20），汇集当今世界的主要经济体。大国参与非正式首脑会晤，使得 G8 和 G20 更加具备大国协调的功能。

2005 年英国按例担任 G8 轮值主席国，将气候变化问题列为该年度会议的主题之一，并组织各国围绕全球气候变化问题进行了广泛的讨论。不仅评估目前国际气候问题现状，以及相应的减排目标的实际情况，而且还推动主要大国在气候问题上的协商共识，协调相互间的政策和立场。由此英国倡导并开创了一个新的惯例，使得气候问题成为此后 G8 和 G20 会议每年必谈的重要议题，这为气候问题的国际协商开辟了大国协商层面的对话平台。

与此同时，英国还更具战略性地倡导了一个专门的大国气候协商机制——"鹰谷对话"，其完整的官方表达是"针对气候变化、清洁能源和可持续发展问题的'鹰谷对话'"[1] 该对话启动于 2005 年 7 月，英国凭借当年 G8 会议轮值主席国的优势，将对

---

[1] "鹰谷对话", Gleneagles Dialogue on Climate Change, Clean Energy and Sustainable Development, http://www.env.go.jp/earth/g8/en/g20/index.html. 2009.3

话范围从 8 个发达国家扩展到其他参与非正式峰会的主要发展中大国,从而创造了一个独立的对话谈判进程。"鹰谷对话"汇聚了包括 G8 国家,以及中国、印度、巴西、墨西哥和南非等新兴能源消耗大国在内的 20 个国家的参与,主要倡导各国通过非正式的对话协商,在既定的联合国框架 UNFCCC 之外,商讨应对气候变化的新思路和新措施。[1]

创生之初的 2005 年首届"鹰谷对话"就取得不俗的成果,首先发表了一份关于气候变化重要性的共同声明,其中包括一个提出一系列行动措施的"鹰谷行动计划",此行动计划直接受到东道国英国的影响,对未来国际减排行动提出了许多具体的政策建议和预期成果。更为重要的是,这次对话使得主要大国肯定了"鹰谷对话"的形式,并协议将其固定为一个长期的大国间气候协商机制,由此开创了与 G8 会议并行的一个气候问题专门峰会。[2] "鹰谷对话"第四次会议于 2008 年在日本千叶举行[3],会议延续前三次的讨论议题,并具体在三个方面取得了成果:首先是提出了到 2050 年达到 50% 的减排目标,并且作为最重要的协商成果提交 G8 会议声明。

(二)英国对欧盟减排目标的推动

欧洲大陆以及后来地缘政治概念上的欧盟,一直是英国开展外交活动的重要舞台,在推动对外气候政策方面,欧盟既是联合

---

[1] Gleneagles Dialogue 2008, see http://www.env.go.jp/earth/g8/en/g20/index.html. 2009.3.

[2] Defra, The Gleneagles Dialogue, http://www.defra.gov.uk/environment/climatechange/internat/g8/dialogue.htm 2009.3

[3] Gleneagles Dialogue 2008, http://www.env.go.jp/earth/g8/en/g20/index.html. 2009.3

第三章 欧盟的气候变化政策：以英国与德国为例

国框架之后英国首先关照的地区，又是英国在本土范围以外首要的政策外延圈。英国在欧盟范围内实施的气候政策，主要表现为通过参与欧盟温室气体排放贸易机制（EU ETS）[1]而推动欧盟减排目标的实现。

按照《京都议定书》的要求，在到 2012 年为止的第一承诺期内，欧盟的减排目标是比 1990 年的排放量减少 8%，正是为了应对和达成这个目标，欧盟才筹划推行温室气体排放贸易机制，首先在成员国内部达成减排量分担协议，以确定各个成员国的二氧化碳排放量，再由各成员国根据国家分配计划分配给国内的企业。如果这些企业通过技术改造，达到大幅减少二氧化碳排放的效果，可以将用不完的排放权卖给其他企业，这样很大程度地将温室气体排放分配问题纳入了市场机制，也就是温室气体的排放交易机制。这种机制对买卖双方都有激励作用，也比以往那些单纯交罚金或以行政指标控制的方式更能鼓励企业自觉从事清洁生产[2]。

首先在减排分担方面，英国承担了主要责任，分担了欧盟部分成员国的减排压力，并起到了表率作用。到 2004 年英国的减排量就已经达到了 14.5%[3]，超额完成了预定目标。而同期，欧盟成员国中除法国也超额完成减排指标外，包括减排大国德

---

[1] "欧盟温室气体排放贸易机制"，European Union Emissions Trading Scheme，简称 EU - ETS。http：//www.defra.gov.uk/environment/climatechange/trading/eu/index.htm 2009.3 也可以参见：刘长松："欧盟排放交易体系对中国实行温室气候排放总量控制的启示"，《鄱阳湖学刊》，2014 年第 2 期。

[2] 庄贵阳："欧盟温室气体排放贸易机制及其对中国的启示"，《欧洲研究》，2006 年第 3 期，第 71 页。

[3] UNFCCC, "Synthesis and Assessment Report on the Greenhouse Gas Inventories Submitted in 2004", http：//www.unfccc.Int 2009.3

国在内的其他欧盟国家都未能达到预定的减排目标,这也增加了推行预定在2005年启动的欧盟温室气体排放交易方案的紧迫性。

前文提到英国为履行对《京都议定书》的承诺而在国内开展了诸多节能减排措施,其中包括温室气体排放贸易,推行该政策的初衷与本部分所关注的欧盟范围内的排放贸易机制有关。值得推敲的是,欧盟定于2005年开始的EU-ETS,而英国则在2002年就在国内实行UK-ETS①,不仅早于欧盟的预期步调,更成为世界上第一个推行国家温室气体排放贸易的国家,对此英国政府指出,提前推行UK ETS是为了进行探索和尝试,为欧盟范围EU ETS积累和总结经验②,而实际上这个举动显然还有着深层的战略考虑,那就是抢先积累技术和经验,保证英国在欧盟乃至全球范围内的竞争优势,由此获得主导权和话语权。

正是基于英国在承诺减排量上举足轻重的地位,以及英国具备的技术和经验优势,当2005年欧盟的EU-ETS实行之际,英国以保证国内UK-ETS的完整性为由,采取颇为强势的姿态提出有条件地参与EU-ETS,与欧盟达成一个妥协性的暂时退出条款(opt-out)③,允许英国国内某些部门暂时退出EU-ETS,而延续在国内的排放量,以此作为英国UK-ETS与EU-ETS之间的过渡和缓冲,由此英国已经开始掌握欧盟减排行动的主动权。

---

① "英国温室气体排放贸易机制" (United Kingdom Emissions Trading Scheme),简称UK-ETS。

② Wordsworth A, Grubb M. "Quantifying the UK's incentives for low carbon investment", *Climate Policy*, Vol. 3, No. 1 (Mar, 2003), p. 78.

③ Darkin B. "Pledges, politics and performance: an assessment of UK climate policy", *Climate Policy*, Vol. 6, No. 3 (2006), p. 259.

第三章 欧盟的气候变化政策：以英国与德国为例

在 EU-ETS 实行的过程中，为了促进欧盟成员国的协调一致，EU-ETS 设计采用了非常灵活的方式，为各国提供了至少三种减排的选择途径：一是直接的 ETS 部门二氧化碳减排；二是可以转换为国内非 ETS 部门以及其他温室气体的减排量；三是进一步放宽为购买清洁发展机制和联合履行项目的减排信用[①]。实际的运行状况是，多数成员国都选择了后两种减排途径，也就是回避了直接履约，而采取了替代方式，且多数都未能完成预定目标。相较之下，英国由于率先实行国内的 ETS，其在实现欧盟规定的指标时，展现了成熟的应对策略，不仅在直接减排方面提前完成任务，步入预期的履约正常轨道，而且以其剩余的减排份额和信用，开展主动而灵活的排放贸易，旨在打造以伦敦为中心的国际碳贸易中心，事实上，这个贸易中心已颇具雏形。

在充分发挥国内优势，推动欧盟减排任务有效达成的同时，英国也从自身利益考量，对 EU-ETS 有所牵制，突出表现在重工业排放配额问题上。各国出于经济发展的需求，都寻求为各自国内的重工业部门获得尽可能多的排放配额，而英国虽然具备较高的减排能力，甚至留有余额可以为整个欧盟碳市场提供一定的减排配额，但却一度提出了相对增加英国本国重工业减排配额的计划。此举导致了欧盟内部的恐慌，因为这将引发各国的效仿和跟随，正如世界自然基金会（WWF）的报告所指出的，这种行为将造成欧盟二氧化碳排放交易市场上的碳信用通胀，出现低价碳信用机制，这将削弱排放交易市场的有效性

---

① http://www.defra.gov.uk/environment/climatechange/trading/eu/index.htm. 2009.3

和潜在的减排效益，最终将破坏 EU ETS 的顺利开展[①]。英国的这个行动主要从保护国内重工业发展的考虑出发，维护国家利益是最主要原因，但综合来看，此举无疑是继暂时退出条款之后的又一个试探，即英国在参与和推动欧盟减排任务的同时，也在对其施加一定的压力，以此来展示并巩固其在欧盟范围内的主导地位。

总体上，针对欧盟范围的减排目标，英国的气候政策表现为以积极参与和推动为主，一定程度地牵制为辅的姿态，其根本目的还是通过恩威并用的策略，在维护和实现国家利益的同时，争取欧盟内部尽可能大的优势和主导地位。

三、英国对发展中国家的气候援助与合作

英国对外气候政策的另外一个重要组成部分是对于发展中国家的援助与合作，这个方面的政策推行略晚于上述几个方面，因为对外气候援助与合作需要具备一定基础，不仅包括英国国内多年来积累的节能减排技术和政策的经验，也包括在国际气候领域所获得的肯定与良好国际声誉，因此对外气候援助与合作的开展可以说是英国对外气候政策的扩展和深化，也体现了英国对外气候政策更为全方位发展的趋势。

概括来说英国的对外气候推动与合作分为多边和双边两个层次，在多边层面上，主要是设立了多种与环境、气候相关的项目基金，为非洲等广大贫困国家和地区提供气候资金援助；

---

① WWF, "EU Emissions Trading: Scheme Undermined by Excess Allowances to Industry", 22 December 2004. http://www.wwf.org.uk/news/n_000000142.asp1. 2004.12

第三章 欧盟的气候变化政策：以英国与德国为例

在双边层次上，英国主要是与发展中的能耗大国，如中国、印度、印尼等国开展国家间的气候合作项目，以此推广其节能减排理念和措施。

（一）英国主导的多边性气候基金援助机制

在援助基金方面，英国首先在国内设立了国际环境改造基金（ETF）[1]，它是由英国国际发展部（DFID）[2] 连同环境与气候变化部（DECC）[3] 于2007年共同拨款8000万英镑建立的，由这两个部门联合拨款是基于这样的认识，即气候变化导致的自然灾害正在最直接和严重地影响到贫困地区人民的生存和安全，而这也正是英国积极推行温室气体减排和发展低碳经济的初衷，该基金的宗旨是通过推进环保和帮助发展中国家应对气候变化而减少贫困，因此作为世界上最贫困地区的撒哈拉以南非洲地区就成了ETF的首要援助目标。

ETF从成立之初就明确其定位主要是弥补《京都议定书》规定的到2012年为止的减排指标所造成的联合国及相应国家和地区的在资金链上的缺口，同时也为下一个阶段的气候融资和分配方式积累经验[4]，可见这个基金的安排具有一定的过渡性，是英国利用国内的资金优势、以单个国家的力量为国际气候合作从京都机制到后京都时代顺利过渡所进行的努力。

---

[1] 国际环境改造基金，The international Environmental Transformation Fund，简称 ETF，http://www.dfid.gov.uk/news/files/climate-etf.asp. 2009.3

[2] 英国国际发展部，Department for International Development，DFID，http://www.dfid.gov.uk/. 2009.3

[3] 环境与气候变化部，Department of Environment and Climate Change，DECC，http://www.environment.nsw.gov.au/. 2009.3

[4] ETF，http://www.dfid.gov.uk/news/files/climate-etf.asp. 2009.3

随后，在2008年9月的G8会议上，英国又倡导在其已有的ETF基础上，向其他7个国家募集共计60多亿美元的资金，组成了气候投资基金（CIF）[①]。并在英国的主持协商下，将该基金分为两个部分进行运作，分别是清洁技术基金和气候战略基金[②]，其中前者集中用于帮助发展中国家开展技术创新，发展技能型经济，减少温室气体排放；而后者则涵盖了多个涉及广泛的工作方案，包括应对气候灾害的气候适应性方案以及旨在避免滥伐森林的森林投资方案。[③]

相对于英国单独提供的ETF，CIF不仅集中了更多的国际资金，而且有了更为细分的目标用途，目前基金已经组建了专门的执行机构，对于基金的投放选择以及使用效率等具体问题进行分析评估，之后的基金运用将以此为基础。预期该基金的运作将一定程度地帮助受援助国提高节能减排的能力。

另外值得指出的是该基金的运作理念，英国作为倡导国，特别明确提出这个基金下的资金分配和运用，应该由资金捐助国和受益国共同商定，而且尤其强调受益国作为资金运用主体的主动性地位，在经济援助与政治诉求相互挂钩已成为潜在惯例的国际形势下，英国这样的倡导颇为难得，也为其国际声誉带来一定的正面评价。

[①] 气候投资基金，The Climate Investment Funds, CIF, http://www.worldbank.org/cif

[②] 清洁技术基金（the Clean Technology Fund）；气候战略基金（the Strategic Climate Fund），http://www.defra.gov.uk/environment/climatechange/internat/devcountry/index.htm 2009.3

[③] 气候适应性方案（Pilot Programme on Climate Resilience, 简称 the PPCR），森林投资方案（the Forest Investment Programme），http://www.defra.gov.uk/environment/climatechange/internat/devcountry/index.htm 2009.3

（二）英国的双边性气候援助

在建立气候基金以提供资金援助的同时，英国也开展了针对具体国家和地区的双边或者类双边的气候援助与合作，在气候援助地区的选择上主要着重于受气候影响深却缺乏足够应对能力的地区，这以撒哈拉以南非洲为典型，也包括部分东南亚地区；而在双边气候合作的国家方面，则主要是面临着高能耗高排放问题的发展中大国，以中国和印度为主要目标。

英国在国内国外大力倡导积极的温室气体减排政策，其宗旨也是通过自身努力带动全球范围内的减排行动，以减缓气候变化可能造成的危害，因此，受气候变化导致自然灾害影响最为严重的撒哈拉以南非洲大陆，就成为英国首要的援助对象。对于以非洲为代表的贫困地区的气候援助，英国的对外政策一般都分为逐层深入的几个层次，首先是进行地区性的气候变化调查研究，以提供科学证明以及政策依据。在非洲，英国政府从2004年开始组织气候专家进行采样研究，对于撒哈拉以南非洲的气候变化以及应对问题进行了综合评估，发表了非洲气候报告，[①] 具体分析了非洲在气候观测网络上存在的缺陷，并提出相应的弥补建议，以及在此基础上实行地区合作的可行性预期。在具备了科学依据之后，英国就会有所侧重地开展一系列适应该地区状况的援助或者合作项目，比如在非洲地区，英国主要的援助项目是号称"非洲跳板"[②] 的非洲碳市场推行计划（The African Springboard-carbon market in Africa），这个计划是英国环境大臣于2007年12

---

① 非洲气候报告（African Climate Report），http://www.defra.gov.uk/environment/climatechange/internat/devcountry/pdf/africa-climate.pdf. 2009.3

② "非洲跳板"（The African Springboard-carbon market in Africa）http://www.defra.gov.uk/environment/climatechange/internat/devcountry/africa.htm. 2009.3

月在巴厘岛召开的联合国气候会议上提出的,该计划通过英国政府与英国财政支持的一家公司共同在非洲组建一个推行清洁发展机制的非盈利公司,从而为非洲吸引国际碳市场上的投资项目[①]。

类似于在非洲开展的这种提供资金援助的项目合作,从经济利益的考量上并不能为英国带来可观的收益,甚至于在启动初期带有一定风险投资性质,但从在一个更为长远和宏观的视角看,英国此举不仅是在积极尝试各种可能性的气候合作模式,更是抢先占据发展中地区的绿色经济领域,因而有着相当的国际战略高度。不可否认的是,与此同时,接受援助的地区也可以因此而分享国际气候合作的成果,有助于增强其抵御气候灾害的能力。所以可以说,英国对于发展中地区的气候援助外交行动具有双赢性质。

相较于对最不发达地区进行的气候援助,英国针对高能耗高排放的发展中大国而进行的气候合作具有某些不同特点,下文将以英国与中国开展的气候合作为案例,具体介绍和分析这种基于双边层次的对外气候政策。

四、英国气候变化政策的动因分析

任何一种政策背后的动因都是多方面的,存在着不同种类的划分方式,英国对外气候政策也同样有着复杂的动因影响,本书尝试从国内和国际两大方面进行归类,其中国内动因主要包括英国整体对外政策的目标和原则,以及国内气候政策经验和基础;国际动因

[①] http://www.defra.gov.uk/environment/climatechange/internat/devcountry/africa.htm. 2009.3

第三章 欧盟的气候变化政策：以英国与德国为例

则首先是受到国际气候机制的制约；其次有国际声誉的推动作用；最后还有来自于大国关系的牵制。可以说是这些内外动因的共同作用塑造了前文所勾勒出的英国对外气候政策的面貌和特点。

（一）国内因素分析

从英国的对外气候政策之于国内的属性来看：首先，它是国家整体对外政策的一部分。其次，它也与国内气候政策有着密切的互动联系，因此在国内动因上至少包括这两部分因素。其中，对外政策的影响从目标和原则两个方面体现，对外政策目标具有一定的宏观概括性，它提供了整体的战略思路与方向，而对外政策的原则则规划出一些比较具体的对外政策实现路径，它们共同影响了英国对外气候政策的整体走向。

1. 英国对外政策的整体目标与原则

英国作为当今世界上的主要大国，有着目标颇为远大的对外政策整体规划，按照英国外交部的总结，"英国致力于成为21世纪的世界中心力量"。在此宏大目标之下，英国外交有着四个明确的政策目标，第一，反对并控制恐怖主义和大规模杀伤性武器的危害；第二，防止和解决国际冲突；第三，推动低碳、高增长的全球经济发展；第四，发展有效的国际组织和制度，以联合国和欧盟为代表[1]。可以看到，包含于低碳经济目标之下的对于全球气候问题的关注占据了相当重要的地位，已经提到了英国整体外交战略的议事日程之内。

除了官方声称的外交战略目标之外，英国一直以来都极力维护其日渐式微的大国地位，这也成为另一个重要的影响因素。在传统的国际关系领域里，政治、军事以及经济方面，不仅有美国

---

[1] http://www.fco.gov.uk/en/fco-in-action/strategy. 2009.4

一国独霸的局面存在，而且包括中国在内的新兴发展中国家也逐渐获得大国集团的一席之地。相较而言，英国作为传统大国的地位受到一定的挑战，因此充分发挥自身在技术和资金上的优势，在气候问题等非传统国际关系领域抢占先机，不仅可以在这个领域内获得优势和主导地位，而且也有助于提高整体的国际地位，事实上，从前文论述英国对外气候政策的许多方面来看，争取主导地位都是其主要目标之一。

英国外交政策奉行一些重要原则，它们渊源已久且已经构成了整个英国对外关系的基石，具体包括：推崇多边主义、重视英美特殊关系，以及争取在欧盟内部的主导权①，这些直接地影响了英国对外气候政策的几个层次划分。首先，联合国作为当今世界上最为权威的多边国际组织，其主导下的联合国气候框架也成为气候领域多边合作的主要平台。可以看到，历来奉行多边主义的英国对于联合国的气候框架一直都非常支持和配合，并为维持该机制的有效运行而进行了诸多努力。此外，英国还积极开拓联合国以外的多边气候协商机制，主导创立了依托于G8会议的"鹰谷对话"，一定程度上弥补了联合国气候框架的不足。其实英国致力于大国协调机制的一个重要原因，就是在美国退出《京都议定书》之后，继续维系英美之间在气候问题上的协调，将美国拉入多边协商的轨道。可以说这个政策行为既有多边主义的考虑，也深受英美之间特殊关系的影响。另外，英国在欧盟范围内的气候合作上也凭借其优势而展现出主导者的姿态，这无疑也体现了英国对外政策上对待欧盟的惯常态度。

此外，在英国的全面外交战略中，对于中国、印度等发展中

---

① Patrick Dunleavy, et al (eds.), *Developments in British Politics*, Macmillan Press, 2000, p. 276.

第三章 欧盟的气候变化政策:以英国与德国为例

大国有着相当的重视,这不仅是认识到这些国家日益提升的国际地位和影响力,而且也是出于对双方经济互补性的收益预期,因为气候合作正符合这两方面考虑,又由于英国宣称的对于中国等国高能耗及高排放危害性的担忧,所以英国先后开展了对于发展中国家的气候援助与合作。正因为是从整体对外政策的战略考虑出发,所以在以英中合作为典型的具体气候政策实施过程当中,英国有着比较清晰的实施步骤规划,并且依据阶段性的目标而稳步推进相关政策行动的开展。

综上所述,英国对外气候政策从整体思路到实践方向上,都深受英国整体对外政策目标和原则的影响。

2. 英国国内气候政策的经验和基础

不同于英国整体对外政策目标和原则,英国国内气候政策为其对外气候政策的开展提供了技术和经验等多方面的基础,影响着其具体对外政策内容和发展进程,概括来讲,英国对外气候政策的进程和步骤是伴随着国内气候政策的发展程度而进行的。

英国国内较早开始关注气候问题,早在 1989 年就发表了关于可持续发展的《皮尔斯报告》,也被称为"绿色经济蓝图"[①],其中就涉及到了全球气候问题。随后英国在 1990 年发表更为正式的《1990 环境白皮书》[②],用整整一章的篇幅和一个独立附录对温室效应和气候政策评估进行了阐述。这一系列早期的国内气候探讨都为英国参与联合国气候谈判进行了准备,促使英国从一

---

① 关于《皮尔斯报告》(Pearce Report 1988—1989) 参见: *The United Kingdom Climate Change Levy-a study in political economy*, p, 15, OECD, 28 - Feb - 2005.

② 《1990 环境白皮书》(the 1990 White Paper on the Environment, UK Government, 1990). *The United Kingdom Climate Change Levy-a study in political economy*, p, 18, OECD, 28 - Feb - 2005

开始就对联合国气候合作框架采取了明确支持的立场。在签订了《京都议定书》之后,英国为了实现其高额的减排承诺,在国内大力研发和推广节能技术,率先实行多种减排政策措施,主要包括气候变化税、碳基金以及温室气体排放贸易等,其中气候变化税主要是通过财政杠杆的调节,引导和促进国内能源结构的调整;碳基金则通过资金支持的形式,进一步鼓励相关工业部门采取节能减排技术;排放贸易则推广一种更加市场化的减排鼓励机制。作为世界上第一个制定和实施排放贸易的国家,英国的政策推广兼具风险性和前瞻性。首先为国内积累了丰富的经验,也为其他各国提供了一定的参考和借鉴。这些政策措施经过一段时间的运作,总结出相应的经验成果,可以保证英国顺利地完成在联合国框架以及在欧盟内部分配的减排目标,奠定了其在现存国际气候机制中的优势地位,同时也为英国主动开展各种层次上的气候谈判提供了丰富的外交筹码,使之掌握有较大的话语权[1]。

随着其节能减排政策积累了越来越多的经验,英国不仅在既存的合作进程上不断跟进,而且开始扩展其对外气候政策的范围。当提前实现了《京都议定书》的减排承诺之后,英国主动为自己设定下一阶段的减排目标以及具体的实施计划,突出表现在2006年发表的《2006年英国气候变化计划》[2],以及2007年颁布的《气候变化法案》[3],作为一项专门的气候法案,《气候变

---

[1] Strachan N, Pye S, Hughes N. "The Role of International Drivers on UK Scenarios of A Low Carbon Society", *Climate Policy*, Vol. 8, No. 2, 2008, p. 129.

[2] 《2006年英国气候变化计划》(Climate Change-the UK Programme 2006). *Climate Change: The UK Programme* 2006, DEFRA, 2006. http://www.defra.gov.uk/environment/climatechange/uk/ukccp/index.htm

[3] 《气候变化法案》(Climate Change Bill). *Climate Change Bill*, http://www.defra.gov.uk/corporate/publications/pubcat/env.htm. 2009.4

化法案》不仅为英国的节能减排工作提供了明确目标,而且设立了相关制度保证。其中规定到 2020 年,英国境内二氧化碳排放量在 1990 年的基础上必须削减 26%—32%,到 2050 年,二氧化碳排放量必须削减至少 60%。[①] 与此同时,英国还将对外气候政策扩展到与发展中国家进行气候援助与合作。

英国对发展中国家的气候政策区分为两种类型,对非洲等贫困地区的气候援助并不能预期可带来直接的经济回报,而与中国等发展中大国的气候合作在短期内也难以获得可观的经济收益[②],所以从这个角度看,英国敢于将对外气候政策扩展到这个层面,需要国内足够的技术和资金支持,其中英国创立的多项气候相关基金提供了必要的资金保障,而英国本身已经颇为成熟有效的节能减排技术和措施则更是其开展双边气候合作的重要资本。

(二) 国际因素的考量

英国的国内因素从整体战略到具体步骤对气候政策都起到了推动作用。相对而言,国际动因的影响则更为复杂,既有推动性影响,也有制约性作用。

1. 国际气候机制的约束力

作为非传统外交领域的国际制度,国际气候机制的发展和运作除了受到基本的国际权力结构的影响外,还表现出对于国家行为体的显著反作用力。国际气候机制产生于世界各国对于全球气候变化的共同担忧与相互依赖,同时又通过 UNFCCC 和《京都

---

① *Climate Change*: *The UK Programme* 2006, DEFRA, 2006. http://www.defra.gov.uk/environment/climatechange/uk/ukccp/index.htm. 2009.4

② Pfeifer S, Sullivan R. "Public policy, institutional investors and climate change: a UK case-study", *Climate Change*, Vol. 89, No. 3 (Aug, 2008), p. 246.

议定书》为核心的控制性安排制约着各国的政策选择。UNFCCC的多边协商框架塑造了英国长期以来所遵循的基本对外气候政策模式，而《京都议定书》所提倡的三大灵活机制也引导着英国对内和对外气候政策的主要实践形式，这是国际气候机制约束作用的一个方面。

与此同时，国际气候机制对于英国对外气候政策的约束作用还存在着另一方面，概括来说，源自于英国作为利益攸关者而产生的对于既存国际机制的脆弱性依赖，在面临整个机制的颠覆性变迁时所产生的维护现有机制的驱动力，以下将借助国际机制的变迁模型进行分析。依据《权力与相互依赖》里所提出的机制变迁的四种解释模型[1]，国际气候机制的演变更适合运用第三种解释模型，即"问题结构解释模式"，该模式立足于具体的国际问题领域内，区分了机制变迁过程中的两种不同性质的政治行为，一种是存在于机制内部各行为体的政策，"成员试图曲解或延缓执行相关规则，但规则的合法性并未受到挑战"[2]，另一种则是质疑甚至否认现有机制的规则，并试图制定新的机制。针对前后两种不同的政策后果，有着敏感性和脆弱性两种类型的相互依赖的优先效应……"规则被视为理所当然者，敏感性相互依赖的不对称性可能因此产生……如果规则受到质疑，或者国际机制为单方面所改变，……政治开始反映相对于脆弱性（而非敏感性）的不同权力资源，或可视为问题领域的基本权力结构。"[3]

对照来看，以联合国气候框架为核心国际气候机制目前正面临

---

[1]【美】罗伯特·基欧汉、约瑟夫·奈著：《权力与相互依赖》（门洪华译），北京大学出版社，2002年版，第39页。

[2] Donald J. Puchala, "Domestic Politics and Regional Harmonization in the European Counties", *World Politics* 27, No. 4, 1975, pp. 496 – 520.

[3]【美】罗伯特·基欧汉、约瑟夫·奈著：《权力与相互依赖》，第53页。

着上述两种类型的变迁挑战：一方面是来自于发展中国家对于减排问题的保留态度；另一方面来自于美国对《京都议定书》的摒弃，这已经具备了第二种政策的性质特征，即动摇和挑战了既存的国际气候机制。英国虽然一直以来凭借其优势地位活跃于国际气候机制内部，并且获得很大程度上的主导权和话语权，成为典型的既存机制的利益攸关者，但是相较于美国强势的权力地位，英国仍表现出对于该机制的脆弱性相互依赖，因此英国有着强烈的维持既存机制的驱动力，这深刻地制约着英国对外气候政策的走向。

正是这种基于脆弱性相互依赖而产生的驱动力，促使英国采取更多行动、付出更多代价以维系现存国际气候机制的存在。英国主动承担高额的减排指标是直接通过自身努力来维持联合国气候框架的有效性；其积极倡导和组织多种层次上的对话协商旨在弥补美国退出《京都议定书》所造成的机制缺陷，通过开辟新的对话协商机制来补充现有的国际气候机制，并且试图将来自机制外的挑战转化为机制内部的协调；而其开展对发展中国家援助与合作，则是通过援助和支持发展中国家遵循联合国框架来推行相应的节能减排措施，以此来争取发展中国家对于国际气候机制的基本认同与配合，而通过与以美国为主的大国协调来减少其对机制的挑战。

2. 国际声誉的推动作用

与国际机制相关的另一种动因在于国际气候机制所提供的潜在国际收益，即国际声誉，可以说对于声誉的追求构成了英国对外气候政策不容忽视的影响因素。英国对外气候政策深受其整体外交战略目标的影响，其中一个重要的目标就是维持英国在国际上的大国地位，并争取在气候领域的领导地位，这是从国内整体对外政策的动因角度进行的分析，此处从国际动因的视角来审视，可以将英国从国家外交战略出发所追求的这种国际利益概括为国际声誉。

将英国的对外气候政策行动置于声誉因素的解释框架内,可以认为英国一直以来参与国际气候机制的一个动因正在于对其国际声誉的追求,虽然正如前文所述,国际气候领域所形成的机制存在某些缺陷,制约着其作用的有效发挥,但从实际的运行来看,该机制还是具有基本的机制功能,即仍然扮演着声誉系统的角色。基于这个前提,英国积极参与和维护国际气候机制,承担高额的减排指标,为发展中国家提供气候援助等行动,都旨在积累良好的国际声誉,而又通过国际气候机制对于这些声誉的放大和溢出作用,使英国可以预期多方面的国际收益。概括来说,首先表现为在国际气候谈判中较大的主动权和话语权为英国争取到的主导地位。其次通过国际问题领域间的相互渗透整体上确保和促进英国在国际上的大国地位。在这些相对有形的收益之外还存在某些潜在收益,即建立在重复关系之上的声誉信息的集中和传播,从而形成行为体整体声誉的定位并影响到其行为预期。英国在国际气候机制中积累的许多正面的声誉定位,诸如积极参与国际合作、对共同国际问题的负责任态度,以及对发展中国家的人道援助等等,这些良好的国际声誉定位为英国带来诸多稳定而正面的未来政策预期,都将促进英国在广泛的国际关系领域中更加顺利地开展外交政策、参与国际合作等,由此构成了潜在的国际收益。

综上所述,国际声誉因素作为一个独立的国际动因,因为其所能预期带来的多方面的国际收益而发挥了英国对外气候政策的推动作用。

3. 大国关系的牵制与影响

影响英国对外气候政策的国际动因除了体系层面上的国际气候机制约束和国际声誉的推动力之外,主要的国际政治力量之间的权力博弈也发挥着重要的影响,简言之,大国关系在很大程度上牵制了英国对外气候政策的走向。

第三章 欧盟的气候变化政策：以英国与德国为例

在前文论述英国整体对外政策原则时提到，英国外交政策的两大基石分别是英美特殊关系以及争取在欧盟内的主导地位。显然美国和欧洲不仅是英国最重要的外交对象，也是国际上最具分量的两大政治力量，再加之以中国为代表的新兴发展中大国在国际社会中的地位崛起，共同构成了在国际气候领域中不容忽视的主要政治力量，并具体表现为围绕国际气候问题的三大利益集团。英国虽归属于欧盟集团，但从英国独立的对外气候政策出发进行考量，与美国、欧盟以及中国等发展中大国的关系协调都形成影响其政策走向的制约因素。

为了维持美英特殊关系这一重要的对外政策基石，英国一直以来都努力保持与美国在国际关系各个领域的政策协调。事实上在大多数的国际问题上，尤其是涉及安全与政治领域，英国的外交政策都在积极配合乃至追随美国[1]，但在国际气候问题上，英国却与美国存在较大分歧，甚至于分立为两个不同的利益集团，英国以欧盟整体的形态在国际上倡导推行积极的节能减排行动，支持《京都议定书》的减排框架，而美国主导的"伞形国家集团"则从自身利益出发推诿减排责任，美国甚至还撤出《京都议定书》。对于英国而言，气候问题虽然只是英美关系的一个侧面，但仍不能完全脱离英美特殊关系的轨道，因此我们看到了英国旨在弥合两国分歧的种种外交努力，突出表现为倡导在八国峰会基础上的"鹰谷气候问题对话机制"，试图将美国拉入国际气候协商的框架之内，并且在一系列谈判当中不得不在原本的立场上有所妥协。因此，可以说受制于英美双边关系的整体定位，英国只能部分地推行其所秉持的气候政策理念，这在很大程度上限

---

[1] Thompson A. "Management UnderAnarchy: The International Politics of Climate Change", *Climate Change*, Vol. 78, No. 1, 2006, p. 27.

制了英国对外气候政策的实践效果。

比较而言，欧盟其他国家的关系对于英国气候政策的影响是复杂的。欧盟以整体的声音应对国际气候问题，提出了明确的减排立场，在国际社会的影响效果必然高于英国单个国家。因此，英国依托欧盟整体就可以更有效地推广减排政策理念，同时欧盟内部的排放贸易合作也为英国提供了良好的试验空间。但另一方面，欧盟内部的分工协调也一定程度增加了英国的减排负担，[①]包括英国要分担欧盟成员国的减排指标，以及在参与欧盟排放贸易过程中必须提供的包括技术、经验在内的某些公共产品，这些都无形中消耗了英国在开展对外气候政策中所拥有的丰富资源，因而限制了其扩展其他层面对外政策的步伐。

英国与新兴经济体有着加强交往的相互需求，在气候问题上存在较大的合作空间。但矛盾的是，在气候问题上，发展中大国的高排放量对全球大气状况造成了严重威胁，而这种威胁后果的共同承担属性也无形中增加了英国等积极减排国家在气候相互依赖中的脆弱性，这也促使英国采取主动的回应，通过双边合作尽量控制因为脆弱性相互依赖所产生的不利影响。

第三节 德国的气候变化政策

所有欧盟国家当中，德国应对气候变化、减排温室气体的政策极具超前性。欧盟所担当的《京都议定书》第一承诺期减排份额当中，德国要分担21%，比英国还要多。德国联邦政府

[①] J. Depledge, "The Opposite of Learning: Ossification In the Climate Change Regime", *Global Environmental Politics*, Vol. 6, No. 1, 2006, p. 12.

第三章 欧盟的气候变化政策：以英国与德国为例

实施减排的动力是借此机会推动可再生能源发展，拉动经济增长与新增就业岗位。但许多研究者认为，德国版的能源转型计划（Energiewende，主要内容是在2022年放弃核电，减少化石燃料，而采用可再生能源为电力生产的主要来源）存在着巨大缺陷。就连温室气体减排的领导者——英国都认为，德国的计划似乎有点"冒进政策"的意味。德国的出发点虽然很好，但是完全无视自身以及欧盟的现状，采取错误的能源产业路线，有可能行不通。[①]

2010年秋天，德国联邦政府发表了低碳未来的构想，提出到2020年电力消费的目标是比2008年节约10%，比2050年节约25%。同时，德国遵循欧盟的减排指导，大力推广可再生能源，设定的目标是到2020年可再生能源占德国电力生产总量的35%，2030年达到50%，2040年为65%，2050年达到80%。在电力能源转型期，德国将核电作为过渡性桥梁。由于德国一直严重依赖煤炭发电，因此欧盟2020年计划设置的12座碳捕捉技术（CCS）示范项目中，有2座计划项目在德国落户。但是这一切都随着日本核电站事故而改变了。2011年日本福岛核电站事故之后，德国决定逐步停止核电站。放弃核电就意味着煤电的猛增。德国在增加火电站的同时，主要是从环保和安全的角度来考虑，并没有像美国和英国那样要求煤电厂配备CCS。德国还放弃了相对而言属于低碳清洁能源的天然气。可以说，德国是把全部赌注都投在可再生能源方面了。因为，从技术到管理各个层面来说，使用可再生能源作为电力生产和供应的主要来源会面对很多困难：首先，完全放弃核电而倚重煤电，导致碳

[①] John Rhys, "Current German Energy Policy—the Energiewende, A UK and Climate Change Perspective", *Oxford Energy Comment*, The Oxford Institute for Energy Studies, April 2013.

排放的猛增，这与温室气体减排目标相悖。而且推行可再生能源电力需要强大的政治支持与管理，以推动市场一体化。如何维持可再生能源电力的持续有效扩展？如何提供平衡能力？电力节约的既定目标如何实现？电力电网智能化如何推进？更加紧迫的是，短期快速转型会导致电力价格高企，民众如何承受？与欧盟邻国如何协调？① 完全或者主要使用可再生能源作为电力工业的渠道固然是好事情，但根据研究来看，目前德国政府还需要不断探索、协调。

一、德国的温室气体排放问题

作为欧盟最强大的制造业经济实体，德国在发展绿色科技、低碳技术领域比较成功。在可持续的经营理念指导下，德国采用双管齐下的方针，既提高能源和资源利用效率，又扩大可再生能源和原料供应，并且从供给方面如发电厂、其他能源以及需求方面如运输等方面促进创新型能源开发。但是，德国强大的制造业传统、传统的交通运输布局以及严重依赖煤炭等因素，也的确阻碍着德国的气候变化政策。

对于德国来说，在1990—1999年之间是整个20世纪气温最高的10年，从年均降水量上不难发现气候变化的端倪。如果不采取合适的应急措施，高温加上干旱少雨的天气将为德国的发展带来巨大的挑战。在气候变化的客观事实面前，德国从"适应"与"保护"入手取得了显著效果。《京都议定书》中所确立的欧

---

① Stefan Lechtenbohmer, Hans-Jochen Luhmann, "Decarbonization and regulation of Germany's electricity system after Fukushima", *Climate Policy*, Vol. 13, No. 1, 2013, pp. 146–154.

第三章 欧盟的气候变化政策：以英国与德国为例

盟减排份额当中，在 2008—2012 年间德国的温室气体平均排放量要比 1990 年减少 21%。从德国联邦环境部公布的数据来看，到 2008 年为止，德国已经超额完成了减排规定，比参照年份减少 23.3%[①]。

从 1990—2008 年的数据来看，德国 6 种温室气体（CO_2、CH_4、N_2O、HFC、PFC、SF_6）的排放总量从 1232 百万吨的等价物降低至 945 百万吨。德国对原东德工业区的改造、控制化石燃料以及超前的气候变化政策，导致能源工业排放的 CO_2 从 1036 百万吨降低至 841 百万吨，而能源工业 CO_2 排放量仍然占 CO_2 总排放量的 45.8%，运输行业排放量占总排放量的 18.1%，家庭等私人消费占 15.2%，制造工业占 10.6%，而工业过程中的排放量占 9.9%[②]。

由于能源相关产业排放在德国温室气体排放总量中占主导，因而，从能源生产与消费的结构、能源利用率、可再生能源的占比等因素入手，就能更好地了解德国的减排状况。从 2005 年的统计数据可知，德国的主要能源供应量可以达到 345 百万吨石油当量。德国电力燃料的供应来源是石油、天然气、煤矿等多种渠道，其中石油所占比例高达 1/3；煤炭占到 24%；天然气占到 23%；而核能源的供应达到 12%[③]。2005 年，德国本国煤炭供

---

① The Federal Environment Agency, "Facts on the Environment Excerpt from Data on the Environment Edition 2009", P. 2; http：//www. umweltdaten. de/publikationen/fpdf – 1/3879. pdf.

② The Federal Environment Agency, "Facts on the Environment Excerpt from Data on the Environment Edition 2009", P. 2; http：//www. umweltdaten. de/publikationen/fpdf – 1/3879. pdf.

③ The International Energy Agency (IEA):" Energy Policies of IEA Countries- Germany 2007 Review", P. 16; http：//iea. org/textbase/nppdf/free/2007/germany2007. pdf

应能够达到需求的70%,天然气供应仅为18%,石油的供应量更是很少,仅仅达到4%,其他能源严重依赖于进口。在此能源的利用与供应的结构下,2008年德国通过方案决定将能源效率提高40.6%,可再生资源的消费占一次性能源消费与总用电量的比例分别为7.1%、14.8%。[1] 因此德国出现了与其他国家不尽相同的现象:经济发展与其单位产品的消耗能源量成反比。用能源密集度[2]来解释,就是随着德国经济的发展,能源密集度从1990年的8.7MJ降到2007年的6.2MJ。[3] 另外,德国被称为"风能世界的冠军",当前全国风能利用占全球风能的30%。德国鼓励生物燃料如生物柴油、生物乙醇等混合动力燃料的使用,力图减少交通运输中的温室气体排放量。

二、德国气候变化政策的演变

(一)德国气候变化政策的回顾与梳理

20世纪70年代的石油危机以来,德国就一直重视能源与环境问题,并且于1974年成立负责环境保护工作的环保局。1990年德国统一之后,先后经历科尔、施罗德以及默克尔三位总理执

---

[1] The International Energy Agency (IEA):" Energy Policies of IEA Countries-Germany 2007 Review ", p.2; http://iea.org/textbase/nppdf/free/2007/germany2007.pdf

[2] 能源密集度(Energy Intensity),又称作单位GDP能耗,即每单位GDP所消耗的能源数量;一般能源密集度与能源强度相对,能源生产力指单位能源使用所创造的新价值,其值越高表明能源使用效率越高。

[3] The Federal Environment Agency, "Data on the Environment Edition 2009", p.12, http://www.umweltdaten.de/publikationen/fpdf-1/3877.pdf.

第三章 欧盟的气候变化政策：以英国与德国为例

政，气候政策经历了"减缓"与"适应"的良性互动过程。由于德国公民日益增强的环保意识以及绿党政治的推动，气候变化政策逐步成为政治议题，而健全的能源政策成为其应对气候变化的切入点，最终将能源政策与气候变化政策融为一体，将实现德国国家利益与全人类的共同利益有效地统一起来。

1. 气候变化政策的起步阶段

科尔担任联邦德国总理执政时期，是德国气候政策的起步阶段，政策的侧重点是"减缓"气候变化。科尔执政时期将环境政策引入其政治议题经历了一个曲折的过程，保守政党与产业集团最终相互妥协才使得政策逐渐步入正轨。

20世纪80年代，两次的石油危机以及酸雨的危害、森林毁坏等带来的恶果凸显，以环境为课题的探寻已经逐步从科学家的层面转变到公众的环境保护意识中来。1986年切诺尔贝利核事故后，民众对环境风险的反应更加敏感。1986年联邦德国政府成立了联邦环境、自然保护与核安全部（简称为联邦环境部）。但是国内社会在"是否利用核能源"的问题上依然争议很大：大多数人主张通过大规模利用可再生资源以及提高资源的利用率来确保能源安全，减少温室气体的排放；而少数人则主张利用清洁、高效的核能源来解决国内的能源供应问题。

从1989年开始，伴随着东、西德合并统一工作的展开，环境与气候政策议题暂且搁置。统一后的德国积极参与了1992年的联合国环境与发展大会和1997年的京都气候会议，并且主动承担减排责任。

德国基督教民主联盟与基督教社会联盟（CDU/CSU）组成了中间偏右的联合政府，认真对待可持续发展的环境问题，强调与之利益相关的产业关系，同时兼顾到环境可持续、经济与社会的协调发展。德国提出要成为全球气候变化的领跑者。政府鼓励、引导环境相关产业的发展与调整,并在国际谈判当中积极争取主导权,为产业结构的调整争取时间;另一方面,德国政府以温室气体减排为契机,重新调整其对能源的利用结构,增强德国产业的国际竞争力,吸引外国直接投资(FDI)进入。因此,科尔政府时期出现了产业行业部门的自愿减排现象,这与其他欧洲国家形成明显的差异。实际上,当时的主要产业部门并没有完全转变观念,仍然认为经济发展必然要加大对能源的消费。德国政府运筹帷幄,不但推动了国内与国际的减排标准相接轨,而且成功实现了将减排任务进行分配。在政府、产业以及利益集团之间的共同妥协下,将气候变化问题由科学研究问题转化为经济发展的重要指标,为日后产业转型与能源政策的调整奠定了良好基础。

2. 向"适应"阶段过渡

施罗德总理执政之后的,德国的气候政策从"减缓"向"适应"阶段过渡。联邦政府以此为契机,通过立法等方式鼓励新能源、新技术的开发,刺激合理高效利用能源,以促进经济增长。

1998 年起德国红绿联盟组成联合政府。为了克服德国气候政策面临的僵局,施罗德政府延续了先前的部分政策,同时通过立法的形式建立了实现减排温室气体的总体目标。[1] 1998—2005 年期间,德国气候变化政策实现了里程碑式的飞跃:1999 年通过"生态税改革"、2000 年通过"可再生能源法"、2002 年颁布"热电联产法"和逐步淘汰核电并且批准通过京都议定书,以及

---

[1] Silke Beck, Christian Kuhlicke, Christoph Görg (UFZ): "climate policy integration, coherence, and the Governance in Germany", p. 17; http://ccsl.iccip.net/peer2_germancase9792.pdf

第三章 欧盟的气候变化政策：以英国与德国为例

2005年启动"排放交易"等等。① 另外，德国于2000年通过并于2005年修订了"气候保护国家方案"，全面整合、完善了气候政策。

德国从1999年4月1日开始征收生态税，按照循序渐进原则分阶段进行，将税改影响分散化。2003年德国进一步扩大实施范围，对矿物油、天然气、电都征收生态税，本着"取之于民、用之于民"的原则，通过国家宏观调控的经济手段来起到降低能耗的作用。支持通过生态税改革的人认为，生态税改革体系提供了一个"双重股息"，既可以运用市场手段高效率地实现环境目标，又同时减少公司较高的劳动力成本、鼓励公司扩大规模以增加就业。② 德国为使降低征收生态税对经济产生巨大的影响，将改革分成五个阶段进行，对矿物油分六次、对电力分五次、对天然气分二次征收生态税。采取措施的主要特点为区分不同产品和行业，实行差别税率，以起到调整能源结构和补贴低赢利行业的作用；制定相应的配套措施，对中低收入居民给予补贴；把生态税改革与创造就业机会结合起来，将征收的生态税主要用于补贴养老保险金支出。③

德国是世界上最重视可再生能源开发和利用的国家。政府给可再生能源以强有力的支持，制定了世界上第一部有关可再生能

---

① Federal Ministry for the Environment, Nature Conservation and Nuclear Safety, "Taking action against global warming-an overview of German climate policy", p9.

② Michael T. Hatch, "The Europeanization of German Climate Change Policy", Prepared for the EUSA Tenth Biennial International Conference, Montreal, Canada, May 17 – 19, 2007, p. 18; http://scholar.google.com.hk/scholar? q = The + Europeanization + of + German + Climate + Change + Policy&hl = zh – CN&as_ sdt = 0&as_ vis = 1&oi = scholart

③ 国家发展改革委外事司："德国生态税改革见成效"，《中国经贸导刊》，2004年第11期。

源的立法——《可再生能源法（EEG）》，并于2000年4月1日开始实行。2009年通过了《可再生能源法修订案》，从法律体系、立法目的等方面做了较大调整。德国《可再生能源法》实质上将能源的外部成本纳入到能源价格构成当中，通过国家财政投入和价格激励机制，平衡可再生能源和传统化石能源之间的价格差距，推广可再生能源技术，为可再生能源技术发电提供与传统化石能源平等的市场。[①] 风能的利用是可再生能源利用中德国取得的显著成绩，在1991—2000年之间，德国风力发电量达到4500MW；而至2001年末，风力发电量接近前者的两倍，为8750MW；在2003末风力发电量继续增大至12000MW，达到德国总电力消费的3.5%。[②] 依据2008年的数据，德国可再生能源（包括水能、风能、地热、生物能、太阳能）在首次能源消费中所占比例增加到7.1%，远超过联邦政府的预期目标（2010年实现4.2%）。[③]

2000年10月，德联邦政府通过首份《气候保护国家方案》，目的是为了确保温室气体减排承诺。2005年联邦政府对2000年的《气候保护国家方案》进行了更新，认为气候保护的目标不仅是减少温室气体排放，还将在改善能源结构、提高能源效率的同时，重点对没有纳入排放交易体系的住房、交通和建设领域提

[①] 蒋懿："德国可再生能源法对中国立法的启示"，《时代法学》，2009年12月，第120页。

[②] Michael T. Hatch, "The Europeanization of German Climate Change Policy", Prepared for the EUSA Tenth Biennial International Conference, Montreal, Canada, May 17–19, 2007. p. 16.

[③] The Federal Environment Agency," data on the environment edition 2009", p. 18, http://www.umweltdaten.de/publikationen/fpdf-l/3877.pdf.

第三章 欧盟的气候变化政策：以英国与德国为例

出更加具体的减排措施。[①]

为应对气候变化的威胁，推动温室气体减排，2005 年欧盟便开始实施欧盟内部的排放交易体系（EUETS）。[②] 2005 年 10 月，德国联邦环境署开始负责审批、验收清洁发展机制以及联合履约的项目，并且设立减排交易处负责相关问题。德国的碳排放交易主要分为 2005—2007 年、2008—2010 年两个阶段。后一阶段必须削减温室气体为每年 57 百万吨，比第一阶段排放的分配减少 7%。第二阶段德国将更多的产业安排到排放交易中，涵盖产业范围极其广泛。

3. "减缓"与"适应"相融合的双赢阶段

默克尔总理执政时期，德国的气候政策从"减缓"向"适应"阶段发展，德国的能源与国家气候保护方案良性互动。

默克尔曾经在科尔政府时期担任过联邦环境、自然保护和核安全部部长。这样的经历自然对其环境政策起到了积极作用。2005 年新的执政联盟开始形成，默克尔政府重申德国在全球的气候先驱者角色。在对前任政府的检验与反思的基础上，新政府重新转变思路，从鼓励低碳科技、低碳经济角度入手来实现目标，力图使德国的气候政策具备可行性与经济实用性。

"能源安全"、"经济效率"和"环境兼容"是德国能源政策的三大目标。2006 年 4 月至 2007 年 6 月间，联邦政府组织了三

[①] Federal Ministry for the Environment, Nature Conservation and Nuclear Safety, "The National Climate Protection Programme 2005 summary", p.1, http://www.bmu.de/files/english/pdf/application/pdf/klimaschutzprogramm_2005_en.pdf

[②] Federal Ministry for the Environment, Nature Conservation and Nuclear Safety, "General Information-Emissions trading", July, 2010; http://www.bmu.de/english/emissions_trading/general_information/doc/6940.php

次"能源峰会",为来自于能源、工业、环保等各界的代表提供了充分讨论的平台。第一次能源峰会旨在就制定国家能源政策征求各方意见。2007年德国出任欧盟轮值主席国,因此第二次能源峰会着重讨论国际能源政策和提高能效的行动计划。在第二次德国能源峰会上,默克尔总理强调,既要防止能源领域行业垄断,又要倡导采取节能降耗措施,到2020年要让德国对煤、石油和天然气的需求降到20%,使能源效率与1990年相比成倍提高[1]。2007年7月,德国能源界和实业界代表在柏林召开年度第三次能源峰会,会议主题是讨论2020年德国能源战略,同时就气候保护以及应否放弃核能问题进行辩论。

2007年8月,德国联邦政府通过了一份能源与气候保护的方案;2007年12月,德联邦议会批准了《能源与气候保护综合方案》,或称《一揽子方案》,并通过了旨在落实综合方案的14项法律案。这14项法律案涉及到能源效率、生物燃料和交通运输以及非二氧化碳排放四部分,包括对《节能指令》、《能源工业法》、《热电联产法》、《可再生能源法》、《生物燃料配额法》的修订,以及基于污染物和CO_2排放量的机动车税收改革等[2];2008年5月21日,联邦政府通过了能源和气候保护一揽子立法建议,并且指出,可持续的能源政策是经济繁荣和气候保护的关键,而有效的气候保护将有利于德国经济与社会向现代化的推进。

---

[1] 详见:中国气候变化信息网:http://www.ccchina.gov.cn/cn/NewsInfo.asp?NewsId=6101

[2] Federal Ministry for the Environment, "The Integrated Energy and Climate Program of the German", December 2007, http://www.bmu.de/english/climate/downloads/doc/40589.php.

（二）德国气候变化政策实施面临的挑战

1. 能源安全与减排成本的交锋：核能的开发与利用

2011年5月30日，日本福岛核泄漏事件发生之后，德国总理默克尔宣布，到2022年逐步关闭德国全部核电站。按照这一计划，德国将成为世界上首个放弃核能的工业化国家。德国能源供应对外依赖度很大，却走上了一条与法国大力利用核能政策大相径庭的政策。IEA曾经呼吁德国政府重新考虑逐步淘汰核电的决议，因为德国拥有17座核反应堆，如果完全放弃核能核电，国内的电力能源需求来源的多样性将严重减弱：首先会导致能源进口的增加；其次，在核能有效使用期内关闭核反应堆将会影响经济效率，不可避免地要增加新发电类型的短期投资；第三，在环境方面，核电不排放温室气体，有助于温室气体的减排，而核电淘汰政策将限制德国减少温室气体排放的整体发展潜力。[①] 应该看到，德国放弃核能的利用是与绿党执政势力的增强分不开的。所以德国"弃核"更像是一种政治妥协，而不是综合考虑技术成熟、经济发展以及环境安全的结果。

2. 不同区域、部门适应气候变化的脆弱性

面对气候变化可能带来的后果，德国也具有一定的脆弱性。2002年德国东南部遭遇特大洪水袭击，超过10万人受灾，造成10亿欧元的损失，暴露出德国应对全球气候变化相关部门适应的脆弱性，同时也引起公众对环境问题的巨大关注。德国东部包括东北部的低地、东南部的丘陵与盆地，仅仅低水位可用，夏天的干旱更会给许多部门带来困扰。近些年来，气候变化对水循环

---

① 陈海嵩："德国能源问题及能源政策探析"，《德国研究》，2009年第1期，第24卷，第10页。

平衡的破坏加剧了干旱的现状,特别是温度升高使得水蒸气的蒸发加大,对农业、林业、交通运输(主要水运业)产生较大的负面影响。其他地区则出现洪水泛滥现象,德国西南部莱茵河口处的高温也带来许多问题,该区域是德国测量温度最高的区域,春天出现洪灾的危险性增加,从夏天到秋天沉淀物的转变以及极端降雨天气都在明显增加。[①] 除了水资源之外,德国农业部门、卫生部门以及冬季旅游等等都表现出明显的脆弱性。气候变化冲击着德国东部的干旱与贫瘠土地,加剧疾病与害虫的爆发,对农业部门也产生消极影响;此外,极端气候增多,特别是突然袭来的"热浪"不仅容易引发交通事故,而且使人的身体很难适应这样的极端天气,容易爆发疾病对卫生部门产生巨大负担;气温上升导致阿尔卑斯山和德国高地雪线上升,影响冬季的旅游收入;[②] 如果没有积极及时制定计划进而采取措施,后果将更加严重。

在推出《气候与能源保护综合方案》之后,德国的气候变化政策进入新的发展阶段,总理默克尔与环境部长曾经用"机会之窗"来形容德国的气候政策,并明确表示接下来要将气候变化议题转变成企业经营者所关心的事情。德国在气候议题上的领导力是德国民众环境保护"路径依赖效应"、媒体的集中关注、部门管理风格以及产业部门配合等相互作用的结果。

---

① The Federal Environment Agency, "Climate Change in Germany-Vulnerability and Adaption of Climate sensitive Sectors"; http://www.umweltbundesamt.de/uba-info-medien-e/2974.html

② "Fifth National Report by the Fifth Government of the Federal Republic of Germany under the Kyoto Protocol to the United Nations Framework Convention on Climate Change", April 2010, p181 – 188, http://unfccc.int/resource/docs/natc/deu_nc5_resubmit.pdf

三、德国气候变化政策的动因分析

国家公共政策的制定必然受到国际与国内双重因素的影响。同样道理，影响德国对气候变化议题应对的因素是复杂的、交互的；从国际层面上来看，全球问题突出以及多边协商机制对国内政策产生了很大影响；从国家层面上来看，民族偏好、国内游说集团、学术界和商业精英、以及环境非政府间组织等等，都产生了巨大的影响。当然，相比之下，国内因素对塑造德国超前的气候政策起到了主导作用。

（一）国内层面因素

从德国国内角度出发，本书应主要从两个维度进行原因分析：一是宏观层面即政策制定过程，主要是影响德国环境政策制定的制度结构，以及政策制定的风格角度；二是政策实施层面，主要分析实施德国气候政策的工具与手段。

1. 德国政治制度结构与政策制定

第一，必须承认的是，德国民众具有良好的环保意识。民众的要求只有通过德国选举制度来投放到政治结构才能起到作用。德国民众除运用选举为主要参政手段外，还通过参与社团、政党来影响政策制定，表达大多数民众的意愿。据2006年德联邦环境署所做的调查，公众对环境保护表现出非常积极的态度：50%的被调查者把环境保护当作重要事务，67%的被调查者希望能够成为国际气候变化政策中的领导者，87%的被调查者倾向于使用可再生能源，几乎所有被调查者都希望使用更节能的产品。① 另外，在2009年国际调研机构皮尤中心（Pew Center）的各国民众对"全球变暖"看法的调研报告中，参加调研的德国公民中60%都十分关注气候变暖问题。同时世界各国公民中占62%的人认为，德国是欧盟中应对全球气候变暖的行动最值得信赖的国家。② 总之，民众的环保意识因为德国特殊的政治结构而上升到政策层面，使气候政策成为主要政治议题。

第二，作为联邦制国家，德国联邦政府下设16个联邦州，各自拥有自己的政府和议会，联邦州跟联邦政府的设置几乎是一样的，政府之间的隶属关系并不是太强，联邦州在文化、教育、经济发展方面都要对本州负责。德国政治制度中的中央相对分权，一方面有利于民众通过小社团组织或是政党的方式在本州内自下而上地表达自己的意愿，例如较强的环保意识在本州内就可以得到良好表达，从而有利于在本州内推动制定完善的环境政策；另一方面，也在一定程度上降低了联邦政府的政策制定效率，需要联邦政府与区域以及地方的积极配合，达到运作过程的高度统一与连贯性，才能更好地达到共同的环境政策目标。

第三，绿党在德国气候政策方面，一直是一个积极推动的力量。德国绿党的崛起本身也是因为广大人民群众的支持。德国绿党以保护环境和生态、反对经济过度增长为代表的可持续发展观和环境保护的主张，得到越来越多的广大人民群众的支持。德国

---

① Alexandra Börner, "GHGBurden Sharing Within the European Union: An Evaluation of the Triptych Approach", p. 36; http://www.umweltdaten.de/publikationen/fpdf-l/3684.pdf.

② "Global Warming Seen as a Major Problem Around the World", Pew Research Center Publications, http://pewresearch.org/pubs/1427/global-warming-major-problem-around-world-americans-less-concerned

第三章 欧盟的气候变化政策：以英国与德国为例

自20世纪50年代形成了"两大"（联盟党与社民党）"一小"（自民党）的政党格局，到80年代初，高举生态旗帜的绿党发展迅速。1998年绿党参与联合政府，其执政理念也更加完善，从"生态政治"扩展到"生态经济"。在德国绿党的压力下，联邦各州还设立了自己的环境部，从1998年开始的红绿联盟政府执政时期，德国通过不少法案来引导德国的气候政策，为默克尔执政时期政府的气候政策奠定了基础。

最后，政策制定风格也是影响德国包括环境政策在内的公共政策制定的一个宏观因素。在德国政治文化中，"协商一致"（Consensus）为其主要的风格。政治文化是国家与社会关系的镜子。德国公民积极参与各个领域的社团，这也是德国政治结构中比较有特色的地方。德国《基本法》明确规定："所有德国人都有结社的权利"。基本法提供了自由结社的法律保障；《基本法》第9条第3款强调："保障每一个人和一切行业都享有为保护和改善劳动条件和经济条件而结社的权利。限制或者意图妨碍获得此项权利的协议均属无效。为此而采取措施均属违法。"正是这样的风格使德国环境政策的制定过程中，围绕"核能的利用"、"能源政策"等与环境政策相关的领域一直存在着辩论。另外，传统工业部门与行业利益集团等的反对，也让相关环境政策的制定过程相对缓慢。但是从另一个角度看，政府在制定环境政策的过程中，可以充分地与区域、地方以及不同领域的代表进行民主协商，听取不同利益集团、行业协会的建议并进行充分的斟酌。在这种过程中制定出的环境政策，势必使得大多数民众的利益得以充分表达，因而得到广泛的支持，最终有利于德国环境政策的实施。

2. 德国的政策推行与实施进程

政策实施的手段是分析德国气候政策得以取得成功的另一维

度。德国不断地制定并改进应对气候变化的目标,在动态的过程中根据实际情况调整政策,不断进行完善。德国政府对政策实施的监管方式有自身特点。德国最初完成其减排目标采用的是相对僵化的命令与控制的监管方式,因而很大程度上造成了经济低效以及失业率上升。目前,德国政府采取灵活的监管方式,充分利用市场的调节作用,更多地运用经济手段来刺激、鼓励企业与行业的减排,不断通过规范的法案(例如可再生能源法案、生态税)等杠杆来推动德国的气候变化应对政策。

当然,德国的气候政策也存在着矛盾的地方:一方面,从国内治理的角度来看,德国的政策目标雄心勃勃,并且在实施过程中不断地拔高;在国际治理层面,德国主张大力推进气候政策目标的制定与实施。因此,德国的"冒进政策"不仅要处理由于实施环境政策引发的国内紧张局势,而且还要处理由于介入别国政策而引发的摩擦。德国前环境部部长对本国气候政策的评价说,国际与国家层面因素共同推动德国制定相应的温室气体减排计划。在国际层面上,德国试图扮演领头羊的角色,同时也希望将自己的模式国际化,从而维持本国产业的竞争力。德国的气候政策并不违背国家利益,而是争取战略上的主动。[1] 另外,不少学者对德国在温室气体减排上的成就存在质疑,认为德国在温室气体排放的计算上占了便宜,因为《京都议定书》中规定的基准年是1990年,正好是德国统一的时间。民主德国的工业基础是排放大量温室气体的重工业,属于能源消耗粗放型,联邦德国与民主德国合并之后,德国政府利用联邦德国原有的科技水平对民主德国的区域进行产业结构调整,便会在短时间内使原民主德

---

[1] Per Mickwitz, et al, "Climate Policy Integration, Coherence and Governance", *PEER Report*, No2, 2009.

国区域的温室气体排放骤减,这样最终的统计结果就是整个德国的温室气体总排放量大幅度下降。

(二) 国际层面因素

从国际层面来看,1992年巴西召开的里约环境会议、1997年日本京都气候会议,到哥本哈根气候大会、以及坎昆会议等等,在联合国国际环境规划署(UNEP)、政府间气候变化专门委员会(IPCC)、以及与气候政策息息相关的国际能源署(IEA)等国际组织的组织策划下通过的一系列应对气候变化的协议,对世界各国环境政策的制定产生了巨大影响。在欧盟成员国进行"欧洲化"的过程中,有两个预期条件可以改变其内部政策的变化:其一,作为必要不充分的条件是,在欧洲化的过程中,由于欧盟层面与成员国国内的政策制定过程,以及制定政策过程中不兼容性的存在,引发的成员国"适应性的压力",推动其国内政策的变化;其二,在其他有利条件下,作为成员国并且处于相应的制度中,成员国应对欧盟范围内"适应性的压力",也会引发成员国国内的变化。[①]德国作为欧盟的主导国家,自然体现欧盟的"欧洲化"色彩,其国内政策势必会深受影响。值得注意的是,随着德国的崛起,它会要求得到相应的国际地位和更大发言权,德国的气候政策作为其外交政策的组成部分,也是提高德国在欧洲与世界范围内的国际地位的一种主要方式。在20世纪初期的两次世界大战中,德国给欧洲各国造成过严重伤害、留下了惨痛的历史记忆。在德国文化的影响下,

---

① Börzel, Tanja A., and Thomas Risse, "Conceptualizing the Domestic Impact of Europe", in Featherstone and Radaelli, eds, *The Politics of Europeanization*, Oxford University Press, 2003, p. 58.

德国政府很难通过传统政治领域,例如通过在国际事务特别是有关国际安全事务中发挥作用推动国家地位的上升,因而只能另辟蹊径。从非传统安全领域如通过在国际金融、贸易以及环境等方面入手,提高其国际地位,也是德国追求其大国地位的基本路径。

第四节 结语

作为世界气候政策制定与实施的领头羊,欧盟在国际气候领域所取得的成功的典范在世界范围内的温室气体减排政策中起到示范作用。欧盟的气候政策在取得显著成效的同时,当然也面临着能源供应安全以及区域、部门适应性的脆弱性挑战。因而对欧盟气候政策在不同时期进行梳理与分析,并进一步挖掘气候政策不断向前推进的原因,才更有利于其他国家或地区从中获得知识和汲取教训。推动欧盟气候政策的向前发展是国内外因素共同影响的结果,在欧盟特殊的宏观制度环境以及政策实施过程中,中央或政府与区域、地方的相互配合最终取得成功。这对世界各国的启示可以概括如下几点,第一,全面加强宣传教育,从而培育、鼓励公民的环保意识;第二,不断进行科技创新,进而发展环保产业;第三,在政府宏观调控的基础上利用市场的引导作用,灵活运用经济调控手段来引导相关产业发展;第四,不断完善环境政策制度,特别是完善与环境政策相关的立法,加强执法监督力度。

当然,欧盟在提出自身减排承诺,并以法律等具有约束力的文件来落实减排行为、运用市场手段来鼓励减排措施的同时,由于对世界各国迟缓行为的失望和不满而难免具有某些急躁行为。

第三章 欧盟的气候变化政策：以英国与德国为例

特别是欧盟力图强行将其他国家特别是发展中国家纳入温室气体减排的法律体系当中（如尝试向中国国际航空公司征收碳税等措施）。欧盟的这种单边主义的做法招致相关国家强烈的不满。有学者认为，欧盟采取单边主义路径来推动温室气体减排行为是一次充满争议且风险极高的试验。欧盟试图推行应对气候变化法案，力图运用市场的力量来刺激减排行为是值得鼓励的，但是欧盟决定将所有往来欧洲的航空公司都纳入其排放贸易体系之中就非常欠缺考虑，显然违背了CBDR原则。因为尽管人们普遍认同欧盟的减排目标，但是并不赞同欧盟的单边主义行为。[1]

---

[1] Joanne Scott, Lavanya Rajamani, "EU Climate Change Unilateralism", *The European Journal of International Law*, Vol. 23, no. 2, 2012.

第四章

美国的气候变化政策

作为温室气体排放大国,美国对全球气候变暖负有巨大的历史责任;从温室气体减排的能力来讲,美国优势明显。但不幸的是,美国的气候变化政策与欧盟相比有着天壤之别。欧盟是国际气候机制的创建者、领跑者,是温室气体减排的实践者;而美国却是国际气候谈判的绊脚石,是京都机制几乎走向崩溃的最直接因素。美国的经济发展阶段与欧盟极其相近,环保传统和发展理念也是一脉相承。但其独特的政治制度、政治文化,即三权分立的政治结构、两党制的政党文化、以及联邦与各州之间的分权制度,让美国很难批准《京都议定书》之类的国际条约,更难以在温室气体减排问题上做出巨大让步。[①]

[①] 不仅仅是气候变化问题,美国在国内控枪问题、全民医保问题等国内话题,以及《联合国海洋法公约》、《罗马国际刑事法院规约》、《禁止地雷公约》等国际问题上一直以来都无法形成一致意见。参见:Jon Birger Skjærseth, Guri Bang, Miranda A. Schreurs, "Explaining Growing Climate Policy Differences Between the European Union and the United States", *Global Environmental Politics*, Vol. 13, No. 4, November 2013, pp. 61 – 80.

第四章 美国的气候变化政策

1992年老布什政府在联合国环境与发展大会上签署了《联合国气候变化框架公约》，参议院在同年10月批准了该公约。美国是最早批准该公约的工业化国家。在1997年的京都会议上，克林顿政府与其他国家促成并签署了《京都议定书》。然而，2001年小布什政府却宣布退出《京都议定书》。2009年奥巴马政府上台以后，采取了一系列不同于小布什的气候政策，以积极的姿态参加气候变化大会，并试图通过自己主办的主要经济体国家论坛（MEF）来达成某种协议。但总的来说，美国在当前的经济发展受挫、失业率居高不下导致政治保守化回潮，以及反对气候变化的草根运动高涨的背景下，民主党的奥巴马政府很难与共和党的众议院就气候问题达成妥协，在国际谈判中无法有所作为。因此，在可以预见的将来，美国在全球气候问题上的立场和政策是令人失望的。尽管如此，美国作为全球霸主，在全球气候变化问题上的立场依然是举足轻重，影响国际气候合作和走向。

第一节 美国温室气体排放概况

无论从哪个层面来讲，美国都是全球温室气体排放最大的责任国。美国是世界上第一位的经济大国，一直以来也是世界上第一位的能耗大国。从19世纪末期开始，美国就已经跻身于世界强国之列，百余年快速持续的工业发展，使美国历史上积累的温室气体排放量远远超过其他国家。美国的人均二氧化碳排放量2008年为17.96吨，2009年减少到17.28吨，是中国的5倍。① 见图4—1、图4—2是美国1990—2011年温室气体排放总量表。

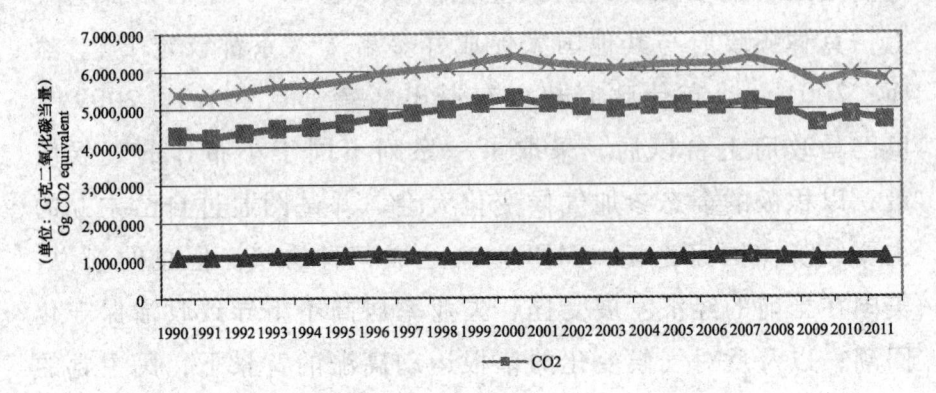

图4—1，美国温室气体排放：1990—2011年
（包括土地利用、土地利用变化以及林业减少排放）

资料来源：UNFCCC。

美国国土面积辽阔、物种丰富、资源完善、能源充足，人口总数为3.14亿，所以人均能源与资源指标均居全球前列。二战之后，美国成为世界头号国家。苏联崩溃与冷战结束，让美国成为世界霸主。美国科技发达、制度健全、基础建设完善，经济总量和人均水平都在世界前列。2012年美国GDP年增长率为2.21%，总量为15.68万亿美元，人均5.01万美元。对比一下，作为世界第二经济实体的中国，GDP总量约为美国的一半，而人均仅为6100美元，两者相距甚远。②

---

① Kenneth Lieberthal. David Sandalow, *Overcoming Obstacles to US-China Cooperation on Climate Change*, John L. Thornton China Center at Brookings Monograph, Series No. 1. January 2009.

② "美国宏观经济数据"，《全球宏观经济数据》，新浪财经，来源：http://finance.sina.com.cn/worldmac/nation_US.shtml

第四章 美国的气候变化政策

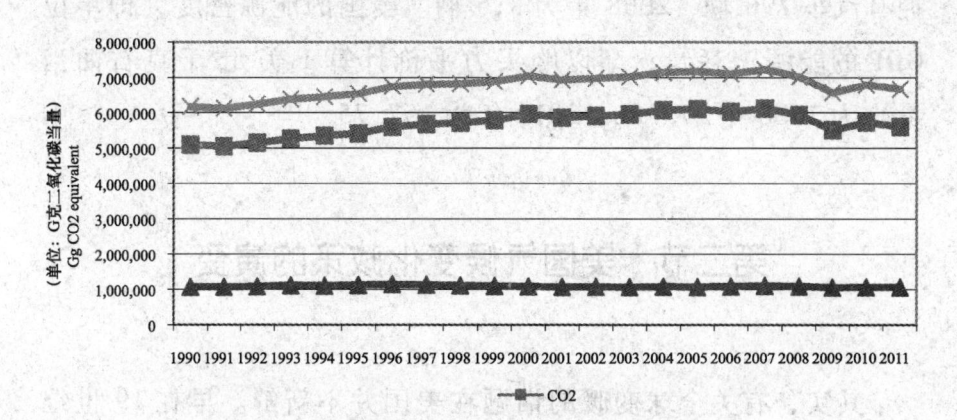

图4—2，美国温室气体排放：1990—2011年
（不包括土地利用、土地利用变化以及林业减少排放）

资料来源：UNFCCC。

大规模的经济发展给全球带来了巨大的温室气体排放。2008年，美国人均用电量为1.37万千瓦时（度），2012年美国总发电量为4.28万亿千瓦时（度），其中石油发电量为290.48亿度，水电为2800.25亿度，核电为7997.09亿度；而煤炭发电量为1.64万亿度，占总发电量的38.3%。仅以世界金融危机爆发后的2009年为例：当年美国全国发电总量为3.95万亿千瓦时，其中69%来自于化石燃料的燃烧，相应地排放了21.6亿吨二氧化碳、5.37百万吨二氧化硫，以及2.08百万吨氮氧化物。[①]

美国早已完成城市化和工业化进程，有着奢侈挥霍的能源消费生活方式。美国号称是"汽车轮子上的国家"，人均汽车保有量和使用量一直居于世界前列。数据显示，2003年美国每千人

[①] Energy InformationAdministration（EIA），2011b. AnnualEnergyReview：Environment，emissionsfromenergyconsumptionforelectricitygenerationanduseful thermaloutputintheelectricpowersector（table11.6b）.

拥有汽车796辆，2008年为815辆。美国的能源密度（即单位GDP的能源消耗量，即以购买力平价计算1美元/千克石油当量）为2008年173.86，2012年为157.75。[①]

第二节 美国气候变化政策的演变

其实，有关全球变暖的话题在美国并不新鲜。早在19世纪末期，科学家就围绕"人类活动对全球温度变化的影响"这一话题展开了相关研究，当时，全球变暖的可能性还让美国民众感到欢欣鼓舞：因为随着全球温度的普遍升高，会相应增加农作物的产量，还可以延缓下一个冰河时期的到来。之后，人们开始研究全球变暖可能带来的负面效应，比如持续性干旱、洪水肆虐、灾荒及其带来的经济与政治后果，1963年之后，讨论"温室效应"的高端会议也开始频繁出现，众多研究者对其结果褒贬不一。结果是"全球变暖"越来越成为灾难的代名词。

美国民众对于全球变暖问题的普遍关注开始于20世纪80年代，1988年6月23日，詹姆士·汉森（James Hansen）在美国参议院能源与自然资源委员会作证时说，全球升温的可能性为99%。此事成为《纽约时报》等多家重量级媒体的头条新闻。[②]从这年夏天开始，温室效应话题成为美国街头巷尾的公共议题。当然，当时美国民众相信全球变暖真实性与重要性的人数才占三

---

① "美国宏观经济数据"，《全球宏观经济数据》，新浪财经，来源：http://finance.sina.com.cn/worldmac/nation_US.shtml

② James Hansen是美国气候变化问题上非常突出而且争议巨大的一个人物，关于他的主张与文章可以参见他的个人网站：http://www.columbia.edu/~jeh1/。

成。从20世纪90年代开始，美国部分媒体在全球变暖问题上大开倒车，主要媒体都纷纷发表文章，批评或者怀疑这一命题的真实性。受此次思潮的影响，老布什政府于1990年召开白宫会议，并未提倡具体行动，而仅仅号召加强研究以防止操之过急。当时的欧洲国家都对此表示失望。在过去30年中，美国民众、国会和政府在气候变化问题的态度摇摆不定，其相关政策也随之变化。

一、从卡特政府、里根政府到老布什政府的气候变化政策

卡特政府时期，美国国家科学院就对气候变化的人为原因及其必然后果做出科学评估并建议采取行动。但是，到20世纪80年代初，在经济滞胀与保守主义回流的背景下，里根政府将环境管制看作是经济负担，采取了一系列"反环境"措施，掀起了一股"环保逆流"。

老布什执掌白宫后，在对待环境的问题上延续里根总统的指导思想，在缓解全球变暖趋势上行动迟缓，被戏称为"里根政府第三任期"。IPCC第一次报告发布后，很多国家表示应该对全球气候问题采取积极的应对措施。同时，由于IPCC第一次报告中气候变化不确定性的存在，对报告有很大争议。因为报告本身并没有做出太多科学预测，猜测的成分居多。从报告来看，虽然当时国际社会对气候变化的潜在威胁有所警觉，但科学界对这个问题的认识水平还没有达到精确预测的地步，美国科学界的研究也证明了气候变化的科学不确定性。1990年4月，在美国主办的全球气候变暖问题会议上，老布什强调应该对全球气候变暖问题做进一步研究，强调全球变暖的不确定性和减少排放的经济成

本，宣称"我们需要的是事实，科学的事实"。① 因此，老布什政府在全球气候问题上的基本立场是：对全球气候变化问题应该有更多的科学确定性，否则不能让美国承担减排温室气体的成本。由此可见，老布什政府是不会承担减排温室气体的义务的，也不会接受任何温室气体排放的时间表和减排目标。

在美国批准气候变化框架公约的同时，老布什政府也开始了具体行动。首先美国于1992年10月24日制定了《能源政策法》(Energy Policy Act of 1992)。除颁布该法外，老布什政府还于1992年12月制定了《全球气候变化国家行动方案》(National Action Plan for Global Climate Change)，此行动方案评估了美国温室气体的排放情况，并包含与温室气体减排相关的政府行动。

整体而言，为应对全球气候变化，老布什政府积极开展相关科学研究，并采取了一系列具体行动。但这些措施和行动并非真正针对温室气体减排，而是"美国应对节约能源及改善空气污染问题"。② 老布什政府以科学不确定性和减排的成本过高为理由，拒绝承诺限制温室气体排放的量化目标，并一直坚持这一立场。1992年达成的《联合国气候变化框架公约》实现了美国不承担具体的温室气体排放责任的愿望，符合美国利益，因此美国参议院没有经过争论就批准了该公约。

二、克林顿政府的气候变化政策

在克林顿政府时期，美国科学界对全球气候问题的进一步深

---

① Tom Athanasiou, *US Politics and Global Warming*, Westfield, N.J, Open Magazine Pamphlet Series, 1996. p163.

② 郭博尧：《美国温室气体管制政策走向》，NPF研究报告（台湾国政研究基金会），2005年3月10日。

第四章 美国的气候变化政策

入研究,为政府的决策和政策选择提供了科学依据。克林顿政府在全球气候问题上采取了积极的态度,在《联合国气候变化框架公约》缔约方会议和《京都议定书》的国际谈判中,都扮演了极其重要的角色。

克林顿政府一向对全球气候问题采取积极态度。然而迫于国会的压力和缺乏公众支持,克林顿执政初期对气候变化政策的推行可以说是举步维艰。1995年12月政府间气候变化专门委员会第二次评估报告公布,克林顿政府就立即公开承认了这份科学评估报告。这份报告成为克林顿政府承担解决全球气候问题责任的前提,也促使美国官员接受了制定新的具有约束力的减排承诺。1995—2000年,克林顿政府参与了《联合国气候变化框架公约》第二次缔约方会议至第六次缔约方会议的国际谈判,开始改变其前任在气候问题上的做法。

1996年7月,第二次缔约方会议在日内瓦召开。美国国务院负责全球事务的副国务卿罗斯·格尔布斯潘发表了具有转折性意义的讲话。他指出将制定越来越具体化的减排目标,让谈判集中到现实的和可以取得的成果上。[①] 尽管美国的提议没有包括减排目标和时间表的具体内容,但是这次讲话标志着美国开始同意制定具有约束力的减排目标,相对于美国之前在全球气候谈判中的一贯立场(拒绝承诺具体的减排目标和时间表)而言,实在是一个不小的变化。克林顿政府在减排目标问题上的立场变化,改变了国际谈判进程中积极与消极因素的对比,最终促成了《日内瓦部长宣言》的达成。[②]

[①] [美]罗斯·格尔布斯潘著:《炎热的地球:气候危机,掩盖真相还是寻求对策》(戴星翼、张真、程远译),上海译文出版社,2001年版,第119页。

[②] 徐立才:"论90年代以来美国对全球气候问题的立场",《苏州大学院报》,2009年第4期,第15页。

1997年12月，第三次缔约方会议在日本京都举行，来自160多个国家的6000名代表和大量的非政府组织代表、工业界代表和学者参加了会议。美国组织了阵容庞大的代表团参加会议。京都会议第一个星期的谈判没有取得实质性进展。关于减排目标的谈判主要在美国、欧盟和日本之间展开。[①] 经过激烈的讨价还价，各方在关键问题上逐渐达成共识。1997年12月，《京都议定书》的通过标志着国际社会在应对全球变暖的问题上迈出了关键的一步。

当然，《京都议定书》在很大程度上也反映了美国的立场。《京都议定书》的主要特征是为发达国家规定了具有约束力的减排目标。不过，由于发展中国家的竭力反对，美国在京都会议上没有能够逼迫前者承担具有约束力的减排承诺。克林顿当时表示，如果关键的发展中国家不参与进来，他将不会向参议院递交《京都议定书》，因为它很难获得国会的批准。为了继续在气候变化问题上发挥作用，克林顿政府在第四次缔约方会议期间，宣布签署《京都议定书》。但是，仅仅签署《京都议定书》并不意味着这项协议对美国具有法律上的约束力或者美国有任何义务对之加以实施，只有得到参议院同意，美国才能批准《京都议定书》。[②]

2000年11月13日，第六次缔约方会议在荷兰海牙召开。这次会议旨在就如何具体贯彻《京都议定书》达成最终协议。在这次会议上，美国主张采用以市场为基础的灵活机制和碳税来实现减排目标。美国谈判者要求不对排放贸易施加限制，从而允

---

① 薄燕著："国际谈判与国内政治——美国与〈京都议定书〉谈判的实例"，上海三联书店，2007年版。

② 阎静："克林顿和小布什时期的美国应对气候变化政策解析"，《理论导刊》，2008年第9期，第31页。

第四章 美国的气候变化政策

许公司购买或者出售排放份额,或者在国外投资以实现减排目标。美国还要求以森林吸收二氧化碳的方式来抵消本国的实际排放量,这样可以通过以较低成本帮助其他国家植树造林,来换取美国继续大量的排放温室气体的权利。由此可以看出,美国政府在谈判中仍然坚持着灵活机制、减排成本和发展中国家参与等问题的固有立场。[①]

总之,克林顿政府的基本立场是:全球变暖的科学不确定性不应该成为不采取相应行动的借口。

三、小布什政府的气候变化政策

小布什政府在全球气候问题上的立场与克林顿政府截然相反。小布什上台不久就宣布,拒绝接受关于《联合国气候变化框架公约》的《京都议定书》,并且宣布撤出《京都议定书》,彻底改变了克林顿政府时期美国在全球气候问题上相对积极的立场。

如果说,克林顿政府积极为应对气候变化问题采取了具体行动的话,小布什政府则基本上是漠视气候变化问题,而且几乎没有出台具体应对政策。上任初期的2001年3月29日,小布什宣布美国将不批准《京都议定书》。在6月11日的白宫演讲中,小布什认为《京都议定书》存在根本性的致命错误。小布什的基本理由可概括如下:首先,落实《京都议定书》规定的条款会导致工人失业、物价上涨,对经济带来负面影响;其次,关于气候变化多大程度上是由人的活动造成的问题,答案并不明确,而且现在对全球气候变化原因及对其加以解决的科学知识不完

[①] 陆文华:"再谈美国的气候变化政策",《全球科技经济瞭望》,2002年第7期,第36页。

整，也缺少消除与储藏二氧化碳在商业上可行的技术；第三，处在议定书之外的中、印等温室气体排放大国不受约束对其他国家而言不公平；第四，不赞同对温室气体的排放采取强制性的限排措施，主张采取自愿性的限排措施。[1]

2004年俄罗斯批准了《京都议定书》使得该国际条约生效，之后，附件一国家都签署批准了该议定书，就连原先对美国亦步亦趋的澳大利亚也随着工党在2007上台而改弦更张。但是，小布什政府的立场丝毫不动摇，始终未决定递交国会以批准该议定书，甚至表示要另起炉灶。小布什政府的表态实际上反映出美国在气候变化方面消极与无所作为的意愿。

处于反恐背景下的小布什政府忙于阿富汗战争与伊拉克战争，基本采取了自由放任的气候变化政策。2002年2月27日，小布什宣布反对民主党人提出的关于要求快速改进在美国出售的汽车与卡车的燃料效率的建议。4月，小布什政府提出开采阿拉斯加北极国家野生保护区石油与天然气的计划，后来被参议院否决。6月5日，美国环保署向联合国提交报告，其结论是人类活动带来的温室气体排放是全球变暖的主要原因。小布什贬斥这个观点是联邦政府官僚主义的产物。6月11日，小布什政府宣布，计算机气候模型并不精确，不足以提供参与国际排放条约的理由，美国需要一个为期十年的研究计划，以更好地增加对气候变化的理解。2004年10月8日，小布什在总统竞选中再次阐述《京都议定书》损害美国工作机会的主张。[2]

2007年1月，达沃斯世界经济论坛的核心议题聚焦到应对

---

[1] 周放："布什为何放弃实施京都议定书"，《全球科技经济瞭望》，2001年，第10期，第17页。

[2] 李海东："从边缘到中心：美国气候变化政策的演变"，《美国研究》，2009年第2期，第31—32页。

第四章 美国的气候变化政策

气候变化的国际合作上,当年的诺贝尔和平奖颁给了致力于推动各国关注气候变化的前副总统戈尔,这给小布什增加了许多压力。与此同时,国内呼吁重视气候变化的力量不断汇集:国会内主张控制气候变暖的议员不断增多;军方呼吁将气候变化当作严重威胁加以应对;科学界请求政府正视气候变化的科学结论;经济学家建议控制气候变化以利于经济发展;最后,公众对气候变化的认识也在加深。总之,美国国内已经呈现出政策制定团体与社会各界普遍支持应对气候变化的良好环境。

为了应对国际社会和国内对气候变化政策的批评,小布什政府的第二任期开始关注并出台一系列气候政策,对气候变化政策做出调整。小布什政府提出了处理全球气候变化问题的新倡议,即实施大幅度削减三种大气污染物的"洁净天空"法规和关于气候变化的新政策。具体内容包括两个方面:一是"清洁天空行动计划"(The Clear Sky Initiative)。按照该计划,美国将分两个阶段削减电厂排放出的三种污染最厉害的气体:氧化氮、二氧化硫和汞——削减比例达到70%;二是"全球气候变化计划"。其目标是在10年内将美国温室气体排放强度降低18%。[①]

为了配合这一新战略的实施,美国政府制定了一系列国内和国际政策:国内方面,为再生能源和工业联合发电提供税收优惠;促进政府和企业有关温室气体减排的自主协定;小布什总统呼吁商业和工业界继续减排温室气体,政府增加碳吸收拨款,鼓励农业对二氧化碳的自然保存等。在国际合作方面,资助对发展中国家有关减缓气候变化的技术转让和帮助发展中国家加强应对气候变化的能力建设,投资2500万美元用于支援发展中国家建

[①] 参见王彬:《小布什执政时期的美国环境外交研究》,青岛大学硕士学位论文,2009年,第13页。

立气候观测系统；提供全球环境基金，用于支持向发展中国家转让温室气体和二氧化碳吸收技术及相关培训；为美国国际发展署提供资金，用于支持向发展中国家转让环保技术；美国加强在气候变化问题上的双边和多边国际合作，与欧盟、日本、加拿大、中美洲等国家和地区签订了合作协议，合作涉及全球和地区气候模式、温室气体减排技术、碳循环研究、降低碳技术研究、能源的合理利用、环境立法、可持续发展等。这一系列措施虽然看起来冠冕堂皇，但它本质上仍旧强调全球气候变化的不确定性，为美国日后环境政策的变化提供了回旋余地。

综上所述，小布什政府对于美国能源问题是积极的，但是在气候合作减排的立场上是消极的。美国退出《京都议定书》加大了议定生效的不确定性和难度，对其他国家批准和加入议定书产生了消极影响。迫于国际社会的压力，小布什政府之后提出美国自己的温室气体减排方案。但是，小布什政府期间国际气候谈判被冷落了，而反恐、阿富汗战争以及伊拉克战争才是美国关注的焦点。当然，在美国联邦政府对于气候问题无所作为的同时，美国很多地方政府（加利福尼亚州等）早已先行一步，通过相关的决议与政策，将低碳措施推广开来。

四、奥巴马政府的气候变化政策

（一）奥巴马第一任期的气候变化政策

早在 2008 年的竞选中，奥巴马就曾提出新时期美国的气候战略，主张对新能源进行长期投资，主导新一代全球产业竞争力；针对国际气候谈判的核心焦点"中期减排目标"，强调以 1990 年为基准年，到 2020 年实现美国温室气体排放量（按二氧化碳计算)零增长。奥巴马上任伊始,一改布什政府对国际气候谈判的冷淡立场,以更加积极的姿态参与到气候变化谈判和减排机制当中。[1] 2009年初,奥巴马在国情咨文报告中表示,要重新考虑美国的气候政策,参与国际气候谈判。哥本哈根气候会议之前,美国宣布将承诺2020年温室气体排放量在2005年的基础上减少17%,也就是说在1990年的基础上减少4%(而非《京都议定书》规定的7%)。同时,美国还颁布了远期的减排目标,包括到2025年减排30%,2030年减排42%,2050年减排83%。上述目标与民主党占多数的众议院通过的《美国清洁能源安全法案》(也称"气候法案")规定的目标基本一致。这一法案规定,美国2020年要在2005年的基础上减排17%,到2050年减排83%。而当时递交参议院讨论的气候法案将上述两个目标分别设定为20%和80%。[2] 2009年12月18日,奥巴马亲自出席哥本哈根气候会议,并与"基础四国"领导人会谈,在气候谈判的最后阶段亲力亲为,试图给全球留下美国再次成为议题领导者的印象。

奥巴马政府态度的转变,是对国际国内气候政治博弈权衡的结果。一方面,清洁能源观念与行动已经影响到美国的政治环境和未来政策走向。这种状况在小布什政府第二任期已经初现端

---

[1] 尽管美国联邦政府和各州(特别是加利福尼亚州)均积极推出各种环保、减排和清洁能源发展的措施,事实上正在逐步回应《京都议定书》的要求,但到目前为止,美国仍未有实质性行动;迫于国内压力,奥巴马的立场也变得模糊。参见 Elizabeth Rosenthal, "Obama's Backing Raises Hope on Climate Pact", on *The New York Times*, Feb. 28 2009, http://www.nytimes.com/2009/03/01/science/earth/01treaty.html.

[2] "美国确定温室气体减排目标",新华网,2009年11月26日,来源:http://news.xinhuanet.com/environment/2009-11/26/content_12542443.htm

倪。从小布什政府第二任期始,美国的态度转趋积极。2006年,美国联合澳大利亚、日本、中国、印度、韩国等启动"亚太清洁发展与气候伙伴计划",以促进清洁技术的开发、应用和转让,减少气体排放,增强能源安全。另一方面,恢复美国的声誉,与欧盟争夺气候政策主导权。2007年底巴厘岛气候大会上,美国代表反对在"巴厘岛路线图"中纳入量化减排指标,大大阻碍了谈判进程。美国的行为受到了来自于国内和其他国家与国际组织的强烈批评。因此,早在竞选之时,奥巴马就提出了美国应积极在全球气候变化问题上发挥领导作用,推动气候谈判。当选总统后,奥巴马宣称美国将再次积极投身有关谈判,把世界带入一个有关气候变化全球合作的新时代。[①] 此外,美国力图瞄准未来巨大的经济机遇,把握未来新兴科技。小布什政府尽管在减排问题上迟迟不肯签订协议,但是主动发展环保高科技产业,并投入大量政府补贴,为美国领导全球环保市场奠定基础。但是,欧盟国家特别是德国在低碳技术、可再生能源方面无论政策还是行动都领先一步(对于德国气候政策研究参见上一章节)。奥巴马政府奋起直追,力图重新引领世界科技的潮流,甚至催生再一次产业革命。

2009年奥巴马担任总统以来,针对国际气候谈判一再受挫的困境,还积极发起并成立"主要经济体能源与气候论坛"(Major Economies Forum on Energy and Climate,简称MEF)。MEF论坛成员包括发达国家集团(G8),参与"G8+5"领导人对话的主要发展中国家巴西、印度、中国、墨西哥和南非,以及澳大利亚、韩国、欧盟和印度尼西亚。美国前国务卿希拉里曾经

[①] 陈迎:"国际气候政治格局的发展与前景",中国网,资料来源:http://www.china.com.cn/international/zhuanti/zzyaq/2008-02/13/content_ 9675442.htm

第四章 美国的气候变化政策

表示,MEF创立的目的是为了加强各国在气候变化谈判问题上的合作,促进各国在应对长期合作行动的共同愿景、实现途径等方面达成共识,从而成为联合国体系下国际气候变化谈判的补充。[①] MEF自成立以来,已经召开一次领导人会议,15次领导人代表会议,在推动全球气候变化谈判中取得了一系列共识。[②] 美国之所以要竭力打造MEF,目的是要在《联合国气候框架公约》之外另起炉灶,以期在主要经济体国家之间达成实质性的气候协议。因为美国认识到,国际气候谈判中的参与方越多,谈判的效率就越低下,进程就更加缓慢,而谈判过程的交易费用和谈判进程的不确定性也就会越高,达成共识的可能性机会下降。结果是发达国家与发展中国家的矛盾依旧没有消除,伴随着"马拉松式"的谈判,新型地区组织或者利益组织不断地分化组合,使得气候谈判更加僵硬。相比之下,小集团行动高效,有利于达成共识,有利于谈判目标集中,可以避免气候治理中的"搭便车"行为,最终能够降低交易成本和减少不确定性,反过来推动联合国的气候谈判取得进展。[③]

(二)奥巴马第二任期的气候变化政策

2012年10月底,美国东部地区遭受了百年一遇的飓风"桑迪"的袭击。一个星期之后,奥巴马获得连任。其实在2012年的总统选举期间,奥巴马在总统辩论以及各种公开场合曾经小心

---

① 美国国务院克林顿国务卿对"主要经济体能源与气候论坛"的评论,[EB/OL].[2000—09—01].http://www.state.gov/secretary/rm/2009a/04/122240.htm.

② 参见MEF官方网站http://www.majoreconomiesforum.org/past-meetings/.

③ 相关理论可以参见【美】曼瑟尔·奥尔森著:《集体行动的逻辑》(陈郁等译),上海人民出版社,1995年版。

翼翼地避开"气候变化"四字。2013年1月21日，奥巴马发表第二次就职演说。演讲当中他多次提到"气候变化"问题，并且从国际道德、美国使命的角度来阐述为什么必须推进全球气候变化问题。而且，奥巴马表示，美国不能将新技术、新能源以及可能带来的新就业渠道与就业机会拱手让给别人。①

2013年6月25日，奥巴马在乔治敦大学发表了关于"气候行动计划"的演讲。随后，白宫总统办公室发布了《美国总统气候行动计划》（The President's Climate Action Plan），详细阐述了奥巴马试图在第二任期采取的一揽子应对气候变化的举措。总结来看，这份行动计划要点有三：实施新的减排措施以减少美国碳排放；帮助地方政府应对气候变化造成的极端天气破坏；领导国际社会、动员（尤其是主要新兴经济体）形成应对气候变化的全球性解决方案。② 该行动计划中，重申美国"在2020年相对2005年温室气体排放减少17%"的目标。荷兰环境评估机构对于美国的这一目标进行评估后认为，由于页岩气革命等因素，美国今后国内碳排放的总量会远少于预期目标。③ 对比奥巴马在第一任期提出的"到2050年美国温室气体排放水平将在1990年的基础上减少80%"，显然不够雄心勃勃。其实，奥巴马在第二任期已经远远不再是当年那个主张"我们需要变革"的青年代表了。他深知"华盛顿政治"的症结，明白在美国两党政治

---

① "The Second Inauguration of Barack Obama", The White House, Jan 21, http://www.whitehouse.gov/blog/2013/01/21/second-inauguration-barack-obama2013.

② 详细研究参见："The President's Climate Action Plan", Executive Office of the President, June 2013, 来源：www.whitehouse.gov.

③ Höhne, N, et al, "Greenhouse gas emission reduction proposals and national climate policies of major economies: Policy brief", Ecofys, Utrecht, PBL Netherlands Environmental Assessment Agency, Hague, the Netherlands, November, 2012.

第四章 美国的气候变化政策

斗争之下,重开议题搞新的气候立法不仅没有结果,反而会殃及他自己早已为人诟病的"奥巴马医保法案"(Obamacare)。因此,这份《美国总统气候行动计划》中所有举措都将经过行政分支加以实施推行,而不涉及立法问题。而且,该计划中很多措施都是无关痛痒或者既成事实的东西。比如,上述计划要求美国环保局短期内完成对新建以及现存发电厂碳排放标准的制定。事实上,美国页岩气产量的大幅增长,使得煤炭完全丧失了价格优势,在美国未来5年新规划的电厂中,以煤炭为燃料的比重大幅下滑,而以天然气为燃料的电厂占到了主导地位。

《美国总统气候行动计划》比较突出的一点是,"重申"了美国对于国际应对气候变化、温室气体减排的领导作用。2001年美国退出《京都议定书》之后,国际气候谈判逐渐陷入僵局:加拿大于2011年宣布退出,俄罗斯、日本宣布不再参加第二承诺期减排。对于举步维艰、陷入困局的国际气候谈判来说,奥巴马此次重申"领导"角色,并不能起到"兴奋剂"的作用。但是,未来美国气候政策的变化将会直接反映在全球整个能源资源市场上,向绿色能源或可再生能源研究的大规模投资,未来可能会大大改变地球上能源分配及力量对比。一旦美国经济发展完全恢复,就业率上升以及新能源、新技术产业兴起,美国将会再次领导国际气候谈判,并且会运用其硬实力,转而对新兴经济体国家如中国、印度施加压力。

五、美国国内地方层面的气候变化政策

尽管美国多年在国际气候谈判中采取三不政策:"不参与、不承诺、不减排",但是,美国联邦政府在国内还是鼓励、推行了不少相应的政策。而且很多地方政府还是实施了不少减排措

施，取得了显著的功效。因此，如果一味指责美国根本没有实施温室气体减排则有失公允。① 当然，美国这样做的目的还是为发展低碳经济，确保在未来国际经济竞争中的优势地位。为了减缓和适应气候变化问题，美国国内的相关法律制度也在不断发展更新。

美国联邦政府与地方政府（州、市、县等）权责分配明晰，彼此独立性特别大。在这种政治制度与政治文化背景下，美国某些州以及地方政府开始另起炉灶，推行了比较有实际效果的温室气体减排方案，鼓励民众和企业积极参与。如加州地方政府就积极开展减排计划编制、法律和制度创新，并绕开联邦政府开展有关温室气体减排的区域合作（在这一点上美国与加拿大的情况非常相近，与俄罗斯"口惠而实不至"的行为有天壤之别）。

与联邦政府相比，美国地方政府一直在积极探索局部应对气候变化的策略，展开温室气体减排地方立法，为以后联邦层面行动提供制度参考。这与美国环境法律制度联邦与州之间的博弈合作关系紧密有关，联邦政府权力来自州权力的部分让渡，总体来说，联邦政府虽制定诸如全国性的环境标准等规则，由各州执行，但是州在制定环境法律方面具有较大权力空间，许多环境法案都是借助地方的推动而通过，州政府在推动督促联邦政府环境立法上具有传统性和积极性。目前，美国绝大部分州已经制定本州的气候应对计划、政策或法律，包括碳捕捉和储存立法、能源标准以及强制减排目标与排放权交易等。同时，各州还采取州际合作机制，如"西部地区气候行动倡议"、"西部州长联盟之清洁与多元化能源倡议"以及"地区温室气体倡议"等，通过明

---

① 于宏源："奥巴马上台前的美国气候变化政策态势"，杨洁勉主编：《世界气候外交与中国的应对》，时事出版社，2009年版，第七章。

确减排目标和时间表、建立温室气体总量控制和排放权交易系统等区域行动,进行温室气体控制与减排的尝试,既向联邦层面温室气体立法施加影响,也为其立法提供了借鉴。[1]

此外。为了改变可再生能源在美国一次性能源消费中所占比重过低的状况,美国联邦政府与有条件的地方政府合作,积极展开实验性项目。联邦政府从行政部门的权限出发,通过几种政策渠道,并利用金融杠杆来支持有条件的地方政府引进低碳技术,增进可再生能源的利用。一种是联邦政府对于地方政府推进的可再生性项目投资实施补贴(A federalsubsidy of investment cost)。比如联邦政府通过《2005年能源政策法案》,对于安装光伏板与其他可再生能源系统的费用提供30%的补贴;另一种是推行以州为基础的可再生性能源一揽子标准(State-based renewable portfolio standards);以及鼓励某些有条件的州尝试运行二氧化碳的总量控制和排放交易(Cap-and-Trade Program)等等。[2] 限于篇幅和主题,本书在此不做进一步阐述。

第三节 美国气候变化政策的动力与影响因素

尽管美国的气候政策会随着总统的变化而发生摇摆,但总体而言,仍然具有相当的延续性。本节尝试从美国的政治制度、政治文化、竞争优势、以及利益集团等几个气候政策的制定与执行

---

[1] 袁振华、温融:"气候变化背景下美国温室气体排放立法的最新实施规则析论",载《经济问题探索》,2012年第5期。

[2] Deepak Sivaraman, MichaelR. Moore, "Economic Performanceof Grid-connected Photovoltaics inCaliforniaandTexas (UnitedStates): The Influenceof Renewable Energyand Climate Policies", *Energy Policy*, 49 (2012) pp. 274 – 287.

的影响因素来解读。

一、美国政治制度与文化因素

与其他国家相比，美国所特有的政治制度、政治文化深刻影响着气候政策的出台。[①] 欧盟的大部分国家、日本、加拿大、澳大利亚与新西兰等属于议会制国家，在下议院选举中获胜的政党或者政党联盟有资格组阁，可以领导政府制定并通过法案。法国实行半总统制，总统权力较大，但是总理是议会多数党领袖，在关键问题上权力大。俄罗斯国情稍有不同，尽管是总统制国家，但是俄罗斯总统权力特殊，而且普京在位时间太久，其威权效应在俄罗斯政坛影响巨大，基本上决定着俄罗斯的外交政策走向。美国的总统制实行彻底的三权分立的分权制度，总统、国会、最高法院之间三权分立，分权制衡，使得气候政策的制定与推行过程变得异常错综复杂。以《京都议定书》的签署和批准过程为例，对于议会制国家来说，由于政府（内阁）是议会多数党及其联盟的政府，首相、总理或者其代表签署条约之后递交到议会批准就非常有把握。而法国的半总统制下，总理签署条约然后拿到议会讨论相对容易通过。俄罗斯则更为简单，只要普京拍板就可以决定，杜马基本上属于"橡皮图章"，因为国家杜马相对处于弱势。但是在美国没有国会两院的批准，政府没有办法保证任何国际条约的通过。此外，美国国会参众两院的选

---

① 美国政治制度对气候变化政策影响研究参见：Tina Ohliger, Anke Herold, and Martin Cames, "US Climate Change Policy: Domestic and InternationalDimension," *The Report to the European Parliament's Committee on Environment, Public Health and Food Safety*, July 2013. http://www.ep.europa.eu/studies.

第四章 美国的气候变化政策

举、总统选举等过程中，两党斗争激烈。两党深知美国民众不希望就业渠道受到减排政策的太多影响，也不太愿意政府的减排政策影响到他们长期以来形成的生活与休闲方式。因此，即便是比较倾向于温室气体减排的民主党，也不敢推行过激的政策，以免让选票落入共和党的阵营。

同时，美国联邦政府与州政府之间的权力也是相互制衡、相互牵制的。很多情况下，地方政府可以通过气候应对诉讼向联邦政府施压。著名的案例是美国最高法院对 Mass v. EPA 案的判决。2007 年 4 月上旬，美国马萨诸塞州等州以及一些环保组织起诉美国联邦环保局，该案经过三级法院 4 年的审理，最终上诉到美国联邦最高法院。最高法院的 9 名大法官以 5 票对 4 票的比例通过判决认定：二氧化碳也属于空气污染物。法院认为，美国环境保护署必须确定新机动车辆排放的温室气体是否会引起或导致空气污染，而该空气污染将对公众健康或福利造成危害。除非美国联邦环保局能证明二氧化碳与全球变暖问题无关，否则就得予以监管；美国联邦环保局没能提供合理解释说明为何拒绝管制汽车排放的二氧化碳和其他有害气体。基于此，美国联邦最高法院裁决：美国政府声称无权限管制新下线汽车和货车的废气排放并不正确，政府须管制汽车污染。美国联邦最高法院的最终裁决，解决了自布什总统就职以来一直悬而未决的气候变化争议，得到美国众多环保团体和人士的欢迎。①

二、经济竞争的考量

跟任何国家一样，美国气候政策深受其利益引导。发展经

---

① 唐双娥："美国关于温室气体为'空气污染物'的争论及对我国的启示"，《中国环境管理干部学院学报》，2011 年第 4 期。

济、提供就业这一主导利益始终是其位居第一位的原则。美国在气候变化问题上经常大开倒车，与其说是对科学研究的慎重和关注，不如说是对经济前景的担忧：因为防止全球变暖而采取的行动必然要带来沉重的经济成本，改变收入分配格局，以及影响他们早已习惯的奢侈的生活方式。利益集团担心他们的收入分配，经济学界担忧经济成本。[①] 尽管实际上，美国也希望通过气候变化问题将气候与能源、贸易、投资、技术等领域联系起来，从而降低发展中国家产品的国际竞争力，最终达到获得相对收益、维护美国利益的目的。从本章第一节的叙述中我们可以看出，与欧盟国家相比，美国的经济发展的模式依然是高能源密度、高碳强度，而且美国大部分民众的生活属于能源消费型甚至奢侈型。因此，在没有新技术、新能源保障的情况下，美国不愿意减排温室气体以增减成本，从而让国内早已失去产业优势的情况恶化。美国担心按照《京都议定书》要求，美国需要削减排放的水平将对美国经济造成严重损害，其中包括失业、贸易的弊端，抬高了能源和消费的成本。[②] 因此，在对待新崛起的发展中国家的温室气体减排问题上，美国两党始终保持一致立场：迫使中国、印度承担相应的减排或限排义务。这个目标从来没有改变，改变的只是实现目标的方式。当然，小布什时期采取的是"鸵鸟政策"，而奥巴马政府则竭尽所能诱使中国、印度、巴西等发展中大国参与美国主导的减排框架，试图弱化、模糊发达国家与发展中国家

---

① Dale Jamieson, "Ethics, Policy, and Global Warming", *Science, Technology, & Human Values*, Vol. 17, No. 2 (spring, 1992), pp. 139–53.

② 【美】S. 弗雷德·辛格和丹尼斯·T. 艾沃利：《全球变暖——毫无由来的恐慌》（林文鹏、王臣立译），上海科学技术文献出版社，2008年版，第78页。

的"责任"与"能力"差别。①

三、美国利益集团的阻碍

美国国内既得利益集团对气候政策的出台一直强烈地反对。美国众多利益集团,尤其是石油、煤炭电力、汽车制造业等传统产业利益集团,为了本集团的利益想方设法阻扰节能减排政策的实施。美国的利益集团通过合法渠道,不仅仅游说国会参议院和众议院议员来反对有关气候变化政策提案,还拨巨款作为政治献金来支持总统候选人。特别重要的是,利益集团通过科研拨款等形式来资助美国国内的科学研究团体,并通过发表研究报告来影响舆论,从而增加了政策制定的模糊性。不可否认,美国在全球变暖方面的研究是相对深刻和历史悠久的,处于世界领先和主导地位,美国境内建立了多个专门探讨监测气候变化的政府或非政府的学术研究机构和组织,以及组织大批学者和科学家数十年来从事这方面的研究。然而,美国国内对"全球变暖"这一问题的看法,却不如其他国家那样,已经达成普遍共识并以政府为主导,而是分成截然相反的两大派别,他们在各自的学术论著中展开针锋相对地激烈争论。比如,《全球变暖——毫无由来的恐慌》与《炎热的地球——气候危机,掩盖真相还是寻求对策》,分别是全球变暖"怀疑派"和"主流派"相互斗争的代表作(详细研究参见本书第一章)。《全球变暖——毫无由来的恐慌》一书指出,全球变暖并非由人为因素所造成,全球变暖是处于两个冰期之间的间冰期的地球发生的正常现象。作者还质疑《京

---

① 王邦中:"美国气候变化政策初探",《气候变化通讯》,2009年第1期,第21页。

都议定书》对于减缓全球变暖的实际作用,认为实施减排将大大削弱甚至抵消科学技术对人们生活的有利影响,降低目前的生活水准。① 相反《炎热的地球》一书则对气候怀疑派的做法与论调做出针锋相对的驳斥和批判,该书指出了气候变暖怀疑派求助于不确定性,他们不过是接受石油和煤炭界的资助去从事研究,继而为其服务。②

第四节 结语

美国的气候变化政策是复杂、矛盾的混合体,是美国政治制度与经济理念的产物。美国的政治文化导致了美国气候政策政出多门且自相矛盾。而美国经济理念中占主导地位的新自由主义思潮一方面让美国政府觉得有必要抓住机遇,鼓励低碳技术与可再生能源的研究,以迎接未来的产业革命;与此同时,新自由主义又要政府不能过度干预市场,最终导致了美国气候政策是一种多层面、多版本的大杂烩。③

作为当今世界上最有影响力的国家,美国气候政策的调整对

---

① 【美】S. 弗雷德·辛格、丹尼斯·T. 艾沃利:《全球变暖——毫无由来的恐慌》(林文鹏、王臣立译),上海科学技术文献出版社,2008年版,第55页。

② 【美】罗斯·格尔布斯潘:《炎热的地球——气候危机,掩盖真相还是寻求对策》(戴星翼等译),上海译文出版社,2001年版,第22—24页。

③ 新自由主义经济思潮的基础是亚当·斯密的古典自由主义理论体系,其完整形态是所谓的"华盛顿共识",强调市场作用,反对政府干预。详细讨论请参见:Robert MacNeil, *Neoliberal Climate Policy in the United States: From MarketFetishism to the Developmental State*, PhD degree dissertation, Ottawa, University of Ottawa, Canada, 2012.

第四章 美国的气候变化政策

于气候问题起着至关重要的作用。小布什政府于2001年宣布退出《京都议定书》加剧了发达国家内部以及发达国家与发展中国家之间的矛盾。美国的表现为在气候合作中以短期国家利益取代国际责任开了先例。[①] 此外，美国还试图抹杀"共同但有区别的责任"原则，积极鼓动对发展中国家之间的分化：一方面弱化对发展中国家提供资金和转让技术的义务；另一方面又试图将减排负担转嫁给发展中国家。[②]

以中国和印度为代表的新兴经济体国家，温室气体排放总量大、增长快，因此一直是美日加等国家关注的对象，更是欧盟等气候变化积极行动者的关注重点。一旦美国转变对于气候谈判的立场，就必然会同欧盟国家达成一定共识，转而对中国和印度等新兴经济体国家施加环境型压力。[③]

[①] 【英】安东尼·吉登斯：《气候变化的政治》（曹荣湘译），社会科学文献出版社，2009年版，第148页。

[②] 赵行姝著：《美国在气候变化问题上的政策调整与延续》，北京人民出版社，2009年版，第124页。

[③] 李淑俊："气候变化与美国贸易保护主义——以中美贸易摩擦为例"，载《世界经济与政治》，2010第7期。

第五章

加拿大的气候变化政策

在气候变化问题上,加拿大从政府到国民都处于尴尬境地:一方面,如果顺应时代潮流,参与国际气候谈判,承诺并实施相应的温室气体减排责任,自然会好评如潮。当年加拿大在签署《联合国气候框架公约》之后,积极参加《京都议定书》的谈判,并主动承诺到 2008—2012 年,温室气体排放量比基准年 1990 年减排 6%,仅排在欧盟的 8% 和美国的 7% 之后,同日本一道成为第三层次国家①。但从另一方面来讲,加拿大民众觉得非常委屈,因为本国一向重视环境问题,人均温室气体排放量居于世界前列。同时,加大力度减排所带来的减排成本、降低产业竞争力,特别是与近邻美国的相对收益等问题,会影响加拿大国内的经济发展和就业水平。加拿大在外交政策和国际事务、特别是在安全与军事问题的立场上,一向有追随美国的传统,但在环

---

① 实际上,加拿大时任总理克雷蒂安曾试图承诺减排 13%,可见其雄心。相比之下尽管匈牙利和波兰也承诺减排 6%,但两国属于"正在向市场经济过渡的国家",故而在减排基准年及其排放标准的确定上具有较大的自由度。

境保护、气候变化方面,加拿大自认国际声誉和传统均高于美国,故一直希望以优于美国的减排表现彰显自己在"国际环保主义"方面的领导地位,一如当年在臭氧层保护领域所做的一样。加拿大议会早在2002年就批准了《京都议定书》,但是减排成效较差;就业率与经济发展的考量最终占了上风,2007年政府换班之后,加拿大宣布无法遵守承诺目标,在履行承诺问题上犹豫不决。2011年德班气候大会上加拿大正式宣布退出《京都议定书》。

第一节 加拿大温室气体排放概况

　　加拿大的地理环境、自然状况、人口总数以及产业政策决定了其温室气体排放总量相对不突出,但人均温室气体排放量却名列前茅,因此成为世界各国特别是发展中国家指责的对象。与俄罗斯的情况相类似,加拿大国土面积为世界第二位,人口约为3000万,明显属于人口密度低的国家。加拿大幅员辽阔、物种丰富、资源充足,但是冬季漫长。加拿大年均温室气体排放量为6—7亿吨之间,位于世界前十位,但是由于人口因素,人均排放量一直排在前三位。

　　1990年以来,加拿大温室气体排放总量总体呈现上升趋势,尽管期间有反复,而由于土地利用产生的二氧化碳排放则呈下降趋势。(如图5—1)

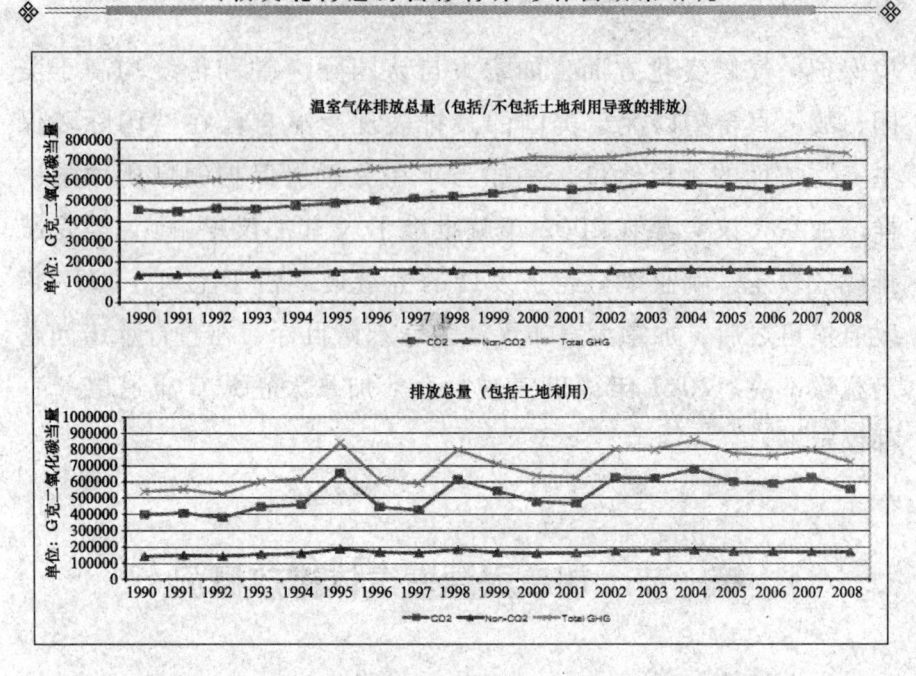

图5—1 加拿大1990—2008年温室气体排放量趋势曲线图。
（上半部分不计入土地利用排放，下半部分计入土地
利用排放。）

（资料来源：UNFCCC Annex 1 Parties Green House Gas Emission Data, 1990 - 2008, http://unfccc.int/files/ghg_emissions_data/application/pdf/can_ghg_profile.pdf）

进入21世纪以来，加拿大的温室气体排放增加趋势比20世纪90年代有所放缓；如果计入土地使用、土地使用转换及造林（LULUCF）吸收二氧化碳的数据，则已比排放高峰期的1995年明显下降。但到2011年为止，加拿大非但未能达成《京都议定书》中所规定的比1990年减排6%的目标，反而增加了28%。[①]

---

① 参见加拿大环境部（Environment Canada）在退出《京都议定书》前的最后一份检验减排成果的报告：http://www.climatechange.gc.ca/Content/4/0/4/4044AEA7 - 3ED0 - 4897 - A73E - D11C62D954FD/COM1410_KPIA%202011_e%20 - %20May%2031%20v2.pdf

第五章 加拿大的气候变化政策

从 1990 年与 2020 年预期排放的对比来看，如果按照历史水平增长的话，2020 年肯定比 1990 年高出不少，但是如果采取一定措施的话，结果还是比较乐观。（见图 5—2）

如果从排放趋势来看，将加拿大与其邻居美国相比较而言，数据显示，1990—2005 年间，加拿大与美国的 GDP 增长水平接近，人口增长水平相当，但加拿大排放增幅要远远高于美国，前者为 25.3%，后者仅为 16.3%（见表 5—1）。由此说明加拿大经济增长中能源密度较高，能源效率较低。

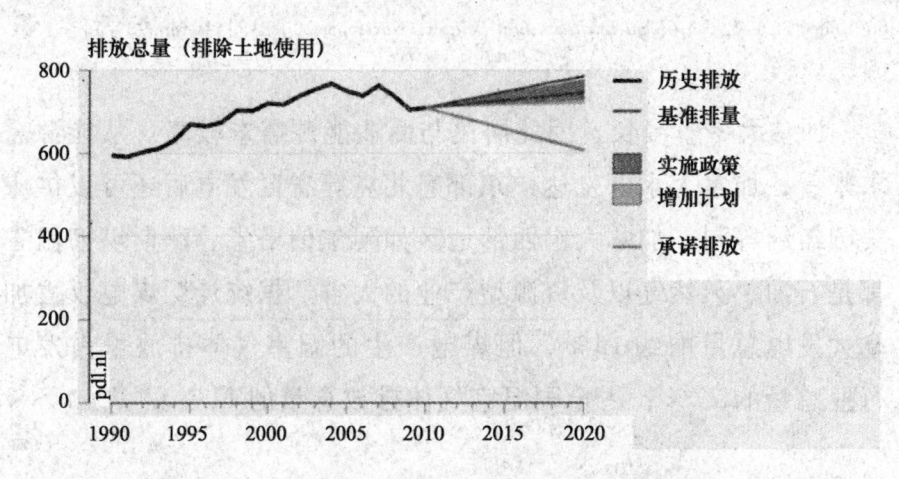

图 5—2 加拿大 1990—2020 年温室气体排放
（土地利用产生排放不计，单位百万吨二氧化碳当量）

（资料来源：Höhne, N, et al, "Greenhouse gas emission reduction proposals and national climate policies of major economies: Policy brief", Ecofys, Utrecht, PBL Netherlands Environmental Assessment Agency, Hague, the Netherlands, November, 2012.）

表 5—1　2005 年美加两国排放总量及共趋势对照

	美国	加拿大
2005 年温室气体排放（不包括土地使用）单位为：吨净化碳当量	7260	747

续表

	美国	加拿大
2005年人均排放量（不包括土地使用）（t CO2 eq）/person	24.6	22.8
2005 排放强度（Mt CO2 eq/BSUSGDP）	0.58	0.58
人口增长，1990-2005	18%	18%
GDP 增长，1990-2005	55%	52%
排放递增，1990-2005	16.3%	25.3%
排放强度相对于 GDP 的减少，1990-2005	-25%	-18%

（资料来源：Kathryn Harrison, "The Road not Taken: Climate Change Policy in Canada and the United States", on *Global Environmental Politics*, November 2007, 7: 4, pp. 92-117.）

加拿大冬季漫长，因此居民与商业能源需求较高。从能源需求来看，加拿大水电发达，东部魁北克等省区发电后还可以供应美国纽约等州。加拿大中西部地区如阿尔伯塔省、萨斯堪彻温省都是石油、天然气以及资源型产业的大省。据统计，煤电仅占加拿大发电总量的约 15%，但煤电产生的温室气体排放量占发电行业总量的 77%，占全国温室气体排放总量的 11%。[1]

第二节 加拿大气候变化政策的演变

作为一个典型的中等强国（Middle Power），加拿大非常乐意通过参与国际事务，发挥与本身权力资源"不成比例"的影响力[2]。

---

[1] "加拿大限制温室气体排放"，中国煤炭网，2012 年 9 月 10 日，来源 http://www.ccoalnews.com/101773/103222/194312.html

[2] 钱皓："中等强国参与国际事务的路径研究——以加拿大为例"，《世界经济与政治》，2007 年第 6 期，第 47—54 页。

第五章 加拿大的气候变化政策

在环境保护议题上,加拿大有着国际主义的深厚传统,例如1987年9月,由 UNEP 组织的"保护臭氧层公约关于含氯氟烃议定书全权代表大会"在加拿大蒙特利尔市召开,9月16日签订旨在保护臭氧层的《蒙特利尔议定书》,在此后十多年中,这一议定书大大减少了氟利昂等气体的排放量,对保护臭氧层发挥了重大作用。从20世纪80年代末到90年代初中期,许多加拿大人在国际政府和非政府环境保护组织中担任要职。当气候变化、温室气体减排等话题日益受到国际关注时,加拿大也不甘人后,积极参与到国际谈判和执行进程中,期望继续发扬传统,特别是希望制衡美国在国际机制中的作用,从而扩大自身在国际事务中的影响力。但是,加拿大气候政策的制定与实施过程并不一帆风顺。近20年来加拿大参与国际气候谈判和减排机制,至少经历了以下几个阶段。

一、雄心与承诺:从批准《联合国气候变化框架公约》到迈向《京都议定书》

尽管在1980年代末,加拿大仍然由保守党马尔罗尼(Brian Mulroney)政府执政,但鉴于国内高涨的环保呼声,马尔罗尼政府早在1990年即提出"绿色计划"(Green Project),拨出超过30亿加元的款项用于环保事业,其中17.5亿用在24项减排政策上,政策的主要内容是通过向企业和民众普及科学知识,推动他们自愿采取减排行动。加拿大也设立了"全球变暖国家行动战略"(National Action Strategy on Global Warming,NASGW),推动地方政府的减排行动。1992年,加拿大是最积极参与 UNFC-CC 谈判和草拟的国家之一,虽然由于国内也开始出现对减排的质疑之声,加拿大做出的承诺还是比较温和的(特别是对 UNF-

CCC 中各国不作具体减排额承诺的坚持),但鉴于 UNFCCC 的自愿性,不需要本国付出太多成本,故加拿大签署和批准 UNFCCC 的过程相对比较顺利①。

1993 年新上任的克雷蒂安(Jean Chretien)政府持自由派立场,希望比马尔罗尼政府更进一步,故一度向国际承诺到 2005 年比 1990 年温室气体减排 20%。这一承诺引起了国内各省的强烈反对;而联邦政府最终也没有彻底落实。1995 年加拿大在 NASGW 的基础上提出"全球变暖行动计划"(National Action Program on Climate Change, NAPCC),这次加入了一定量的补贴计划。其中最重要的是"自愿减排计划"(Voluntary Challenge and Registration, VCR),企业通过向政府提出减排目标、自愿定期上交减排,可以获得政府补贴。计划还包括将加拿大企业和 NGO 在海外的减排活动计入加拿大的减排值、改进联邦政府办公地点的减排措施,以及教育加拿大民众②。但这一计划的实施成效相当有限。1995 年柏林峰会,加拿大签署了《柏林宣言》,呼吁 1997 年的京都会议要通过具约束力的协议。

1997 年京都会议召开前,为协调各省立场,加拿大政府召开联邦及各省环境部长联席会议。当时的抽样调查显示:盛产石油、天然气和油页岩的艾尔伯塔省反对任何形式的国际减排承诺;以汽车工业为经济支柱的安大略省表示只能接受"不损害本省利益"的减排目标;英属哥伦比亚、萨斯喀彻温、纽芬兰、新斯科舍省表示谨慎观望;水资源丰富的魁北克和风景优美的曼

---

① Jaccard, M., N. Rivers, et al, *Burning Our Money to Warm the Planet: Canada's Ineffective Efforts to Reduce Green House Gas Emissions*, Technical Report and Commentary, No. 234. Ottawa, ONTARIO: C. D. Howe Institute, May 2006, http://www.cdhowe.org/pdf/commentary_234.pdf.

② Rivers et. al., *Burning Our Money*. pp 25 – 30.

第五章 加拿大的气候变化政策

尼托巴则赞同减排①。在联席会议上,联邦政府同意加拿大在京都会议的立场是承诺在 2010 年减排到 1990 年水平。1997 年 11 月中,加拿大召开省长和总理的磋商会议,总理克雷蒂安保证:没有地区会承担"不合理的减排负担"(结果此条日后被各省大肆滥用);成立专门机构研究减排的成本和收益;各部部长与各省省长和地区长官共同组成"国家气候变化进步委员会"(National Climate Change Progress),商议制定批准议定书后的实施办法(这被阿尔伯塔省长称为"省对国家有权投否决票")。11 月 12 日,总理正式向外界公布此决定。随后成立的专门机构在短期内开会十多次"咨询公众意见",总计出席者达数百人次,加拿大航空公司的班机频频接载公务人员到全国各省开会,却并无实质性成果,故一度被讽刺为"加拿大航空补贴计划"②。可能受减排影响的各行业商会也开始组成游说集团向政府施加压力,并公开由自己出资赞助的研究成果,力陈减排所带来的经济损失,一时间加拿大国内对于是否进一步推动温室气体减排议论纷纷③。

但京都会议开会之际,联邦政府于 12 月 3 日突然单方面宣布将减排 3%;再后来更进一步在京都议定书中提出要在 2008—

---

① Douglas Macdonald and Heather A. Smith, "Promises Made, Promises Broken: Questioning Canada's Commitments to Climate Change", *International Journal*, Winter 1999/2000, 55: 1, pp. 107 - 111.

② 关于加拿大在京都会议前国内各级政府磋商的详细情况,参见 Barry Rabe, "Moral Super-Power or Policy Laggard? Translating Kyoto Protocol Ratification into Federal and Provincial Climate Change Policy in Canada", Paper presented at the Annual Meeting of the Canadian Political Science Association, June 2005.

③ 关于当时商界的游说策略和公开文件,参见 Douglass Macdonald, "The Business Campaign to Prevent Kyoto Ratification", paper presented at the Annual Meeting of the Canadian Political Science Association, May 31, 2001, http: //www.cpsa-acsp.ca/paper - 2003/macdonald.pdf.

2012年间把温室气体排放减少到1990年标准的6%。据媒体传言，当时美国和欧盟由于承担减排额过多（美国7%、欧盟8%）而不肯签署议定书，谈判陷入僵局；克雷蒂安接到了美国总统克林顿的电话，要求加拿大跟随美国的步伐，提升减排数额至"紧随美国和欧盟"，起带头作用，以减少京都会议的阻力[①]。而据不少政府官员事后的回忆，总理克雷蒂安个人原本对减排目标并无明确表态，但在和美国方面接触后开始每天听取加国赴京都代表团的汇报，甚至直接无视内阁的分歧，利用总理的权限把减排额定在"不论美国减多少、都只比美国少减排1%"，最后拍板决定签署议定书。[②]

在签署了《京都议定书》后，加拿大改进了NAPCC计划，提出到2010年要大幅削减单位排放二氧化碳等气体的排放量。然而到2000年，形势已经很明确，加拿大实行的NAPCC政策，由于其中的核心VCR制度的缺陷（Pembina Institute的报告指出，在493家主要企业中只有102家在规定期限前上报，其中三分之二的企业上报资料要求增加排放二氧化碳，并拖延时间且有虚假陈述。1992年的UNFCCC要求加拿大在2000年将排放稳定到1990年水平；结果由于VCR的自愿性放纵了国内企业，2000年统计显示实际排放量比1990年增加24%），无法达成《京都议定书》预定的减排目标，而必须寻找新的减排政策，是否批准《京都议定书》成为加拿大国内最重要的政治话题之一。[③]

---

① Macdonald and Smith, "Promises Made, Promises Broken", pp. 111 – 112.

② Kathryn Harrison: "The Struggle of Ideas and Self-Interest in Canadian Climate Policy", in Harrison et. al. eds., *Global Commons, Domestic Decisions*. pp. 169 – 200.

③ Matthew Bramley, *The Case for Kyoto: The Failure of Voluntary Corporate Action*, Pembina Institute Report, October 2002, http://pubs.pembina.org/reports/VCR_publication_101702.pdf

二、困境与内讧：批准《京都议定书》及执行的困局

2001年美国宣布撤出《京都议定书》之后，加拿大政府由于其慷慨的减排承诺受到国内的强烈批评。当时，《京都议定书》需要日本和俄罗斯的批准方能达到生效标准，作为日本在气候谈判中的盟友，克雷蒂安政府通过积极斡旋获取了日本批准议定书的保证，同时获得优惠条件：不限制其使用CDM等国际减排补助机制的份额，并允许部分碳捕获也计入减排指标，等等。

2002年，加拿大在批准《京都议定书》之前提出2010年要总计减少1亿吨二氧化碳等值的排放，主要措施是由各行业协会和大企业领头提出本行业减排目标，在此基础上进行国内的减排指标交易。其他措施包括对企业自愿减排的补贴、公交系统技术更新、支持新能源等等。加拿大政府估计，利用这一行动计划，除企业集中减排外，还可以让加拿大每位居民平均每年减少1吨CO_2等值的碳排放[1]。但这一减排目标还远远达不到加拿大在《京都议定书》中承诺的目标。

2002年的约翰内斯堡峰会期间，一直希望尽快批准《京都议定书》的克雷蒂安总理获得了机会：加拿大国内100多名参众议员联名写信要求克雷蒂安尽快批准《京都议定书》。其实当时加拿大国内、甚至克氏内阁内部都对是否批准尚存分歧；但克氏根据议员的联名信、数个省和地区的私下保证、以及内阁意见分歧需要本人权威去解决的需要，决心在国际上做出批准《京都议定书》的姿态，克雷蒂安在峰会行将结束的时候突然宣布：本年底之前将把批准议定书的议案提交国会。但此消息却被国际

---

[1] Harrison: "The Struggle of Ideas and Self-Interest", pp. 170–180.

社会误读为"加拿大承诺将批准《京都议定书》",[1] 这导致2002年秋天加拿大国内分歧进一步加剧；10省中仅有曼尼托巴和魁北克兑现支持承诺，安大略省长公开表示"要是减排使本省减少哪怕1个就业机会，都不会支持"。[2] 与此同时，总理克雷蒂安和内阁财长、自由党元老之一保罗·马丁（Paul Martin）的关系日趋紧张，2002年6月，马丁向克雷蒂安提出辞职，这在自由党阵营内引起轩然大波，不少议员表达了不满。

在国内不满声音强大的情况下，克雷蒂安遂宣布，他个人期望加拿大能在2004年前实施一套激进的减排政策，并宣布将在2003年末退休。因此国会能否通过批准议案，将视为对内阁的信心投票（不通过就解散国会重选内阁），迫使自由党党团领导人出面协调议员的投票。克氏的这一做法被认为是利用其在任期间最后一点时间，而阁员又不希望在克氏领导下进行国会大选，故克雷蒂安得以最后一次行使总理权力做出重大决定。2002年12月10日，加拿大众议院以195：77通过批准《京都议定书》的议案，所有自由党议员全部投了赞成票；12日参议院通过；13日内阁一致通过决定并签字批准；[3] 17日环境部长斯图尔特

---

[1] Rivers et. al., *Burning Our Money*. pp. 31－33.

[2] 当时加拿大各省的表态参见 Wiktor Adamowicz, "Reflections on Environmental Policy in Canada", on *Canadian Journal of Agricultural Economics*, 2007, 55, pp. 1－13.

[3] Tim William, "The Climate Change Convention and the Kyoto Protocol", the Parliament Information and Research Service of the Library of Parliament（加拿大国会图书馆信息与研究服务部），January 30, 2009, http：//www. parl. gc. ca/Content/LOP/ResearchPublications/prb0721－e. pdf, 当时投赞成票的议员名单见: Journal No. 42, the House of Commons of Canada, 37th Parliament, 2nd Session, http：//www. parl. gc. ca/HousePublications/Publication. aspx? Language＝E&Mode＝1&Parl＝37&Ses＝2&DocId＝628746&File＝0#Div－30.

第五章 加拿大的气候变化政策

亲自将签字文件递交联合国。

签字之后加拿大向国内企业承诺，它们承担的减排费用不会超过每吨二氧化碳 15 美元，减排比例不会超过 15%。但根据 NCCP 的报告显示，首先补贴国内企业减排 2000 万吨二氧化碳（即比现有的企业界排放水平减少 15%），减排费用就已经高达每吨 250 美元，而且要达到《京都议定书》需要企业减排 30%。故加拿大政府实际上必须花费大量纳税人的钱财来补贴企业，或者在国际上购买碳排放交易的指标[1]。这引起了国内强烈的反对声音。对于批准议定书的议案，全国各省只有魁北克和曼尼托巴明确表示支持；艾尔伯塔和安大略省反对最激烈。加拿大政府随即提出执行计划，要求在 2010 年前减排 1.8 亿吨二氧化碳等值的温室气体（距离达成《京都议定书》规定的目标其实仍然缺 6000 万吨）。但是，该计划的内容极其不清晰。在艾尔伯塔、萨斯喀彻温、新斯科舍省的主张下，各省长集体签署了一份声明，认为联邦提出的执行计划极不完善，而且没有和省政府协商，要求联邦政府重新制定计划[2]。克雷蒂安表示不接受各省意见，导致执行陷入停滞[3]。

这个僵局直到克雷蒂安 2003 年退休才被打破。继任者马丁上任后，在数月内都没有提出新的气候和减排政策。2004 年夏

---

[1] Kathryn Harrison, "The Road not Taken: Climate Change Policy in Canada and the United States", on *Global Environmental Politics*, November 2007, 7: 4, pp. 92 – 100.

[2] 客观地看，当时加拿大政府制定的计划，除了一个减排目标和几个实施原则，其余细节确实极不完善，有学者形容是"用来定出计划的计划"（A plan to make a plan）。即使得到各省支持，也无法在短期内迅速见效。Harrison, "The Road not Taken", pp. 105 – 107.

[3] Heather Smith, "The Provinces and Canadian Climate Change Policy", *Policy Options*, May 1998, pp. 28 – 30.

天，洛克菲勒基金会和加拿大 Sage 基金会赞助加拿大环保人士在国内开展环保活动，在 2004 年秋天制定了全新的执行计划"绿色计划"（Project Green），且获得总理马丁的首肯。但计划中实施的行业碳排放封顶和交易计划，仅能完成《京都议定书》承诺13%，70%多的减排需要动用纳税人的钱进行补贴。而且，该计划没有向民众交代清楚需要从国际上购买减排指标的花费。在最后通过的时候内阁又把工业减排目标从15%下调为12%，否决了原来的"汽车尾气规范计划"（因为安大略省的反对声音太大）。并且明确提出要从国际上购买1亿吨减排指标，相当于40%减排目标。此外还提议设立"气候基金"（Climate Fund）补贴商业、"伙伴基金"（Partnership Fund）补贴省政府[1]。"绿色计划"比较照顾各省的诉求；而"卡特里娜"飓风给美国新奥尔良造成毁灭性破坏，一定程度上也唤起了加拿大民众对气候变化和极端天气的关注，"绿色计划"因而获得比较高的公众支持，实行较为顺利[2]。

三、徘徊与争论：哈珀上台与放弃《京都议定书》目标

然而，"绿色计划"刚刚开始实施没多久，加拿大国内政治情势发生重大变化。2006年马丁率领的自由党政府由于政治丑闻，决心解散国会进行重新选举，结果大败，右翼保守党上台组建政府，自由党则联合新民主党及以支持魁北克独立为政治资本

---

[1] Kathryn Harrison, "Challenge and Opportunities in Canadian Climate Policy", in Harrison et. al. eds., *Global Commons, Domestic Decisions*. pp. 336–342.

[2] Clare Demerse and Matthew Bramley, *Choosing Greenhouse Gas Emission Reduction Policies in Canada*, Pembina Institute Report for TD Bank Financial Group, October 2008, http://pubs.pembina.org/reports/pembina-td-final.pdf.

第五章 加拿大的气候变化政策

的"魁人政团"等组成自由党阵营,企图凭借手中的多数议席(三党加起来共有183席,保守党124席)制衡保守党。新上台的总理为史蒂芬·哈珀(Steven Harper),[①] 政治大本营为石油产量丰富的艾尔伯塔省。哈珀本人反对国际气候减排机制的立场相当鲜明,甚至曾公开指责《京都议定书》为"社会主义势力从富有国家釜底抽薪的国际阴谋"。[②] 当选数周后,哈珀就宣布加拿大不可能达成议定书的目标,除非让全国"汽车停驶、飞机停航、工厂停工";但考虑到《京都议定书》作为国际承诺文件的影响力,哈珀强调加拿大绝不会"完全停止温室气体减排措施",而只是强调找到议定书规定以外的"新(减排)目标",并宣布打造"加拿大制造"(Made in Canada)的减排政策。[③]

新政府着手制定的计划出台后,遭到环保人士的一致批评(参见图5—1)。但当时"卡特里娜"飓风引起的效应已经逐渐消退,加拿大国内民意是更关注环境污染问题,对气候变化则不太关注。[④] 许多自愿性的注册、减排计划,包括企业注册减排、家庭能源补贴均被取消。"气候与伙伴基金"则被完全弃置。反

[①] 2011年5月的加拿大众议院大选中保守党大获全胜,一举成为多数党,哈珀仍然是加拿大总理。

[②] Harrison: "The Struggle of Ideas and Self-Interest", pp. 180 – 190.

[③] Environment Canada(加拿大联邦环境部),"The Costs of of Bill C – 288 to Canadian Families and Businesses", April 2007, http: //www. ec. gc. ca/doc/media/m_123/toc_ eng. html.

[④] 加拿大采用的单名选区(first-past-the-post)制度使执政党必须关注最广泛选民的共同需求,即"最大政治公约数"(the maximum political common factor),气候变化这一类议题只有当能够和其他议题充分揉合、进入选民视野的时候,才有可能引起关注。Kathryn Harrison and Lisa McIntosh Sundstrom, "Conclusion: The Comparative Politics of Climate Change", in Harrison et. al. eds., *Global Commons, Domestic Decisions*, pp. 261 – 290.

而政府投入 22 亿加元补贴公共交通，2.2 亿加元补贴公共交通使用者，由于这些计划减排成效有限，加拿大每吨二氧化碳等值减排的成本大幅上升到 2000 加元①。唯一带强制性执行的计划，是必须在汽油中加入 5% 乙醇，而为此又要付出 3.45 亿加元的补贴给炼油工业。政府在具体减排承诺方面大幅度退缩：2011年才在国内开始磋商对终端排放者和汽车尾气的规范，到 2025年才能停止碳排放增长②。

反对派随即行动起来：2006 年 10 月 31 日，众议院中的自由党阵营提出《京都议定书执行法案》（当期国会议案编号 C - 377），议案文本宣称其目的在于"确保加拿大政府履行《联合国气候变化框架公约》中做出的国际减排承诺，到 2050 年比 1990 年减少温室气体排放量 80%，到 2020 年比 1990 年减少排放量 25%"，而这一目标的参考标准则是"其他工业化国家在相关国际条约中做出的类似承诺"；并要求总理在通过后 6 个月内提出执行《京都议定书》目标的具体方案和目标③。这种强硬要求的议案在威斯敏斯特国会制度下极其罕见，而在没有政府（虽然只是少数派政府）支持下反对派能通过如此重要的议案，在加拿大国会上也是首次。但政府做出的回应方案却明文表示：不可能接受《京都议定书》的目标。环保分子和反对派极其不满，甚至有环保组织向联邦最高法院提出诉讼，控诉政府违反加

---

① "Transit Tax Credit Proposal Expensive Way to Cut CO2", *Edmonton Journal*, April 7, 2006.

② Harrison: "The Struggle of Ideas and Self-Interest", pp. 191 - 195.

③ Bill C - 377 of the 39th Parliament, 1st Session, House of Commons of Canada, http://www.parl.gc.ca/HousePublications/Publication.aspx?DocId = 2453105&Language = E&Mode = 1

拿大宪法；虽然最终败诉，但哈珀政府被迫做出一定的政策调整[①]。

2007年1月，哈珀政府提出50亿加元执行方案，其主要部分实际上是前自由党政权的政策，重新包装后安上了"生态行动"（ECOACTION）的头衔。政府也承诺提供15亿加元给"清洁空气与气候变化基金会"（和先前"伙伴基金"类似的机构）。但总体而言，保守党政府的政策更倾向投入科学技术和新能源开发，不可能在短期内有显著的减排效果：这套措施仅能到2020年减排7000万吨二氧化碳等值的温室气体，使加拿大超出《京都议定书》目标34%。2007年春天，哈勃政府又提出到2012年稳定排放量，到2020年比2006年减少20%（仍比1990年提高2%）。但这一措施成本巨大，而且前提是企业会自愿减排或向海外购买排放指标，如果没有这一前提，加拿大到2020年排放将会比1990年提高30%[②]。而与此同时，各个省份态度有所转变：英属哥伦比亚、曼尼托巴和魁北克自愿把汽车尾气的排放标准向美国加州看齐，促使加哈珀政府在全国推广这一目标。英属哥伦比亚自行通过法案在2020年比1990年减排10%。艾尔伯塔省的政策仍然滞后：省政府只承诺到2050年比2005年减排14%，比1990年反而增长18%[③]。

四、调整与放弃：加拿大退出议定书

2008年美国总统大选落幕，奥巴马成为美国第一位黑人总

[①] Demerse et. al., *Choosing Greenhouse Gas Emission Reduction Policies.*
[②] Harrison: "The Struggle of Ideas and Self-Interest", pp. 190.
[③] Rivers et. al., *Burning Our Money.* pp. 37 – 48.

统。上任伊始,他一改布什政府对《京都议定书》的冷淡立场,暗示可能会批准议定书,并开始制定政策,以更积极参与全球气候变化和减排机制①。因此加拿大又开始积极参与气候谈判,来显示自己在"国际环保主义"方面的领导地位。然而在实际行动上甚至落后于美国(参见表5—1)。

2009年1月奥巴马首次访问加拿大,仅仅和哈珀共同提出清洁能源对话,分别出资35亿加元发展碳捕获和存储技术,并且主要应用在火力发电(美国温室气体排放的主要源头)而不是油页岩(加拿大新兴的化石燃料产业)方面。此后,加拿大自行在国内推出一系列减排政策,包括补贴运输业提高能耗效率;投资发展清洁和可再生能源;推广碳捕获和储存(CCS)技术等②。这些措施长远来看有利于加拿大平衡经济发展和环境保护之间的关系,但短期内不能达成显著的减排。而在国内实行的"生态行动"计划,成效也非常平庸。2009年6月,在哥本哈根会议之前,环境部长潘迪思宣布原定2010年生效的加拿大碳排放交易计划无限期停止,直到美国制定出计划详情为止。

2009年2月10日,新民主党议员海尔(Bruce Hyer)将C-377议案的条文略作修改后,在众议院中作为当期国会编号C-

---

① 尽管美国联邦政府和各州(特别是加利福尼亚州)均积极推出各种环保、减排和清洁能源发展的措施,事实上正在逐步回应《京都议定书》的要求,但直到目前,在最核心的《京都议定书》批准问题上,美国仍未有实质性行动;迫于国内压力,奥巴马的立场也变得模糊。参见 Elizabeth Rosenthal,"Obama's Backing Raises Hope on Climate Pact", *The New York Times*, Feb. 28 2009, http://www.nytimes.com/2009/03/01/science/earth/01treaty.html。

② 裴阳、黄军英:"加拿大应对气候变化新举措",《全球科技经济瞭望》,2011年第3期,第18—22页。

第五章 加拿大的气候变化政策

311议案提交[①]。C-311比C-377议案更强调国际气候和减排机制的参考意义：指出议案所定的2050年减排80%、2020年减排20%目标是"以达成《联合国气候变化框架公约》中的承诺为最终目的"[②]；强调政府在制定2015—2040年减排目标的时候，必须考虑"IPCC的报告及其他国家制定之最严格的减排目标"，还要说明这些目标"与加拿大在UNFCCC中对其最终目标——防止人类行为对气候系统的危险的干扰，以及国会对于《京都议定书》的坚定承诺保持一致"[③]；确保加拿大以这些目标为根据，在UNFCCC的COP中做出进一步承诺。[④]该议案于4月份在众议院中以141∶128的票数通过二读，提交众议院环境与可持续发展委员会审核。但保守党政府采取拖延策略，利用自己在该委员会中的多数地位，迟迟不开会审核议案，迫使参众议院在10月份投票同意延长议案的审核期[⑤]。这使C-311议案必须经过2009年末的议会休会期，才有机会在2010年重新进入议程，故议案无法对加拿大政府在12月份于哥本哈根召开的UNFCCC第15次缔约方大会（COP15）上的立场产生任何影响。

在哥本哈根会议中，加拿大承诺追随美国，到2020年在2005年的基础上温室气体减排17%。但这难掩哥本哈根会议整

[①] Bill C-311 of the 40th Parliament, 2nd Session, House of Commons of Canada, http://www.parl.gc.ca/HousePublications/Publication.aspx? DocId = 3662654&Language = E&Mode = 1&File = 24

[②] Section 5, "COMMITMENT", Bill C-311.

[③] Section 6 (1), "INTERIM CANADIAN GREENHOUSE GAS EMISSION TARGET PLAN", Item (b) (c), Bill C-311.

[④] Secton 9 (1), "GOVERNMENT IN COUNCIL", Item (b), Bill C-311.

[⑤] Legislative History of the Bill C-311 in the 40th Parliament, 2nd Session, House of Commons of Canada, http://www.parl.gc.ca/LegisInfo/BillDetails.aspx? Bill = C311&Language = E&Mode = 1&Parl = 40&Ses = 2&View = 0.

体上失败的事实；而加拿大消极应付各国质疑、处处跟随美国的立场，也在国内引起媒体的批评①。随着美国逐渐转向加强温室气体减排，加拿大政府也开始面临越来越强大的国内压力，要求其跟上美国的步伐②。

2010年4月14日，在海尔等人的推动下，加拿大众议院以155：137的票数决议将C-311法案重新加入辩论议程③，旋即于5月5日以149：136票通过三读提交参议院④。议案在参议院引发激烈辩论。在6月6日的二读辩论中，自由党议员米切尔（Grant Mitchell）作了长篇发言，指出加拿大各地已经开始受到全球变暖的危害，而美国在补贴清洁能源、采用更清洁火电技术等方面已经超越了加拿大，直斥保守党政府夸大了实现减排的经济代价，"漠视对加拿大后代们的承诺"；保守党议员（曾任英属哥伦比亚省能源厅厅长）吕伟程（Richard Neufeld）则反指自由党是"伪君子"，"在克雷蒂安和马丁领导下在减排方面均毫无建树"，而且没有等政府与美国协商就施加"太严苛的减排标

---

① 参见 Sandra Contenta, "Canada: A Climate Change Loser", *Global Post*, December 16, 2009, http://www.globalpost.com/dispatch/canada/091216/canada-lags-climate-change.

② Andy Blatchford, "Canada Won't Follow New US Plan to Slash Industrail Greenhouse Gases: Baird", *The Canadian Press*, November 28, 2010, http://www.citytv.com/toronto/citynews/news/national/article/101547 - canada-won-t-follow-new-u-s-plan-to-slash-industrial-greenhouse-gases-baird.

③ Debates of the House of Commons of Canada, 40th Parliament, 3rd Session, April 14, 2010, http://www.parl.gc.ca/HousePublications/Publication.aspx? Doc = 25&Language = E&Mode = 1&Parl = 40&Pub = Hansard&Ses = 3#SOB - 3092434.

④ Debates of the House of Commons of Canada, 40th Parliament, 3rd Session, May 5, 2010, http://www.parl.gc.ca/HousePublications/Publication.aspx? Doc = 40&Language = E&Mode = 1&Parl = 40&Pub = Hansard&Ses = 3#SOB - 3144365.

第五章 加拿大的气候变化政策

准",强调必须正视本国工业"与美国同行竞争、争取打入美国市场的压力"①。在10月26日的辩论中,自由党议员彼得森(Robert W. Peterson)更是直指保守党政府在气候变化议题上一向不负责任,在国际会议中"用公关专家而不是科学家和谈判专家组成代表团","屡次无视国际合作,让加拿大在世界上蒙羞……使加拿大从国际气候变化中的先锋堕落成懒汉。"② 其他自由党参议员也纷纷援引 UNFCCC,指责保守党政府逃避责任③。但由于吕伟程多次采用拖延战术,要求参议院暂停辩论议案,导致议案在参议院延宕达5个多月。最终,2010年11月16日,参议院以43:32的票数否决 C-311 议案,自由党的又一次努力以失败收场④。

2011年3月25日,加拿大众议院一个委员会根据自由党议长梅里根(Peter Milliken)的控诉,裁定保守党政府隐瞒了部分议员竞选费用开支等事项,构成蔑视国会;众议院通过由自由党提出的对保守党少数政府的不信任动议,迫使总理哈珀解散下议院重新进行大选。5月2日进行选举投票,结果出乎

---

① Debates of the Senate of Canada, 40th Parliament, 3rd Session, June 1, 2010, http://www.parl.gc.ca/Content/Sen/Chamber/403/Debates/032db_2010-06-01-e.htm?Language=E#48.

② Debates of the Senate of Canada, 40th Parliament, 3rd Session, October 26, 2010, http://www.parl.gc.ca/Content/Sen/Chamber/403/Debates/059db_2010-10-26-e.htm?Language=E#41.

③ Debates of the Senate of Canada, 40th Parliament, 3rd Session, June 8, 2010, http://www.parl.gc.ca/Content/Sen/Chamber/403/Debates/035db_2010-06-08-e.htm?Language=E#63.

④ Debates of the Senate of Canada, 40th Parliament, 3rd Session, November 16, 2010, http://www.parl.gc.ca/Content/SEN/Chamber/403/Debates/065db_2010-11-16-E.htm?Language=E&Parl=40&Ses=3#43.

意料，保守党一举夺得众议院多数党地位（从143席上升到166席），自由党阵营崩溃，其中自由党首次丢失国会第二大党的位置（从77席下降到43席），为新民主党（从36席大幅上升到103席）取代，叶礼庭被迫辞职，回到多伦多大学教书。魁人政团几乎全军覆没（从47席暴跌到只有4席）。哈珀得以稳固地掌握加拿大政权。鉴于保守党以往在气候变化议题上的立场，加拿大政府很可能仍然会抗拒遵守和参与国际气候与变化机制；但起源自左派势力（温和的共产主义者和社会主义者）的新民主党一向积极支持加拿大在减排方面做出更积极的努力，而党魁林顿（Jack Layton）在选举后也第一时间重申了这个立场[1]。

加拿大保守党的全面胜利投射了从《京都议定书》全面撤退的信号。2011年12月12日，在南非德班召开的第17次COP大会上，在与各国代表进行激烈争论后，加拿大会议代表、环境部长肯特正式宣布加拿大决定退出《京都议定书》机制，在完成2008—2012年减排周期后，2012年12月开始不再受议定书减排目标的约束[2]。尽管这一举措马上受到中国、南非、日本等国的强烈谴责[3]，却得

---

[1] Ed Vulliamy, "The New Democratic Party: The Rag-Tag Alliance that Became Canada's Official Opposition", The Guardian, May 8, 2011, http://www.guardian.co.uk/world/2011/may/08/jack-layton-new-democratic-party.

[2] "Canada Formally Abandons Kyoto Protocol on Climate Change", the Globe and Mail, 2011年12月11日, http://www.theglobeandmail.com/news/politics/canada-formally-abandons-kyoto-protocol-on-climate-change/article4180809/.

[3] "China, Japan Say Canada's Kyoto Withdrawal Regrettable", The Globe and Mail, 2011年12月13日, http://www.theglobeandmail.com/news/world/china-japan-say-canadas-kyoto-withdrawal-regrettable/article4180917/.

第五章 加拿大的气候变化政策

到加拿大民众的默许①。虽然加拿大退出《京都议定书》并不代表其退出 UNFCCC，加拿大国内的各种减排措施仍在持续，但它已经同国际机制彻底切断了联系②。

客观地讲，加拿大在退出《京都议定书》后依然推出了一系列减排措施，使得碳排放数目基本稳定了下来，但没有减少。保守党政府推出了更为严苛的限制汽车尾气排放措施；私人企业和协会也制定了一些减排目标。故加拿大退出《京都议定书》之后，国内的减排努力还是在推展，但作用有待观察，且拒绝再把国内减排政策同国际承诺联系起来。有更激进的观点认为，加拿大的减排成就其实一直依靠各省的自觉努力，加拿大政府的作用并不大③。更值得注意的是，气候变化议题在加拿大国内政治生活中的地位已经明显下降。减排政策不再成为国会两院中的热点

---

① 在加拿大宣布退出《京都议定书》之际，《环球邮报》（The Globe and Mail）的民调显示，全国范围内仍然有75%的加拿大民众愿意以高能源价格为代价减排，但"强烈支持"的人数从38%下降到26%。而且保守党用了迂回战术：反对在其他国家不做进一步承诺的前提下加强京都议定书，但愿意在国内向新民主党和自由党让步，加强能源监管和节约力度，部分抵消了民众对于退出《京都议定书》的疑虑。"Support for Climate Action Still Strong in Canada, Poll Finds", *The Globe and Mail*, 2011 年 11 月 30 日, http://www.theglobeandmail.com/news/politics/support-for-climate-action-still-strong-in-canada-poll-finds/article4179920/

② 参见阿尔伯塔（Alberta）大学商学院教授 Andrew Leach 的评论：http://www.theglobeandmail.com/report-on-business/economy/economy-lab/the-nuts-and-bolts-of-kyoto-withdrawal/article619868/

③ "BC Responds to Kyoto Protocal withdrawal with a Shrug", *The Globe and Mail*, 2011 年 12 月 13 日 http://www.theglobeandmail.com/news/british-columbia/bc-responds-to-kyoto-withdrawal-with-a-shrug/article4247624/

辩论话题，近三年来只有一部针对气候减排的法案出台。① 连媒体和环保组织的相关讨论和研究数量也在逐渐下降。② 反对派阵营试图通过诉讼的方式促使加拿大最高法院推翻哈珀政府退出《京都议定书》的决定，但并不成功。③ 2013 年 3 月，加拿大又成为全球首个退出联合国全球抗干旱协议的国家。④ 目前加拿大

---

① 在加拿大国会的法案记录中可以发现，近三年来针对全国性减排政策所出台的法案，真正通过的除了直接和《京都议定书》相关的 C-288 号议案（见注 65），只有一个约束力甚低的 C-474 号议案，其他的要么被搁置（两年来一直处于众议院一读过程），要么缓慢地进行中，都没有明显的结果。参见加拿大国会网站：http://www.parl.gc.ca/LegisInfo/BillDetails.aspx? Language = E&Mode = 1&billId = 3075383http://www.parl.gc.ca/LegisInfo/Result.aspx? SearchText = carbon&Language = E&Mode = 1&Page = 1http://www.parl.gc.ca/LegisInfo/BillDetails.aspx? Language = E&Mode = 1&billId = 3075383。

② 例如加拿大最著名的气候变化与资源研究机构 The Pembina Institute，其气候变化研究部分虽然持续有许多成果，但关于国际承诺机制的研究，最新一份还是停留在南非德班谈判的分析。近一年来，气候变化方面主要的研究报告，谈到加拿大也几乎不提"国际承诺"，而是集中在国内减排政策的成效上。参见 http://www.pembina.org/climate/international-commitments。

③ "Federal Court Upholds Ottawa's Right to Pull out of Kyoto Accord", *the Globe and Mail*, 2012 年 7 月 17 日，http://www.theglobeandmail.com/news/politics/federal-court-upholds-ottawas-right-to-pull-out-of-kyoto-accord/article4423067/。有政治团体曾经上告加拿大联邦法院，要求审查哈珀政府的退出决定是否违反加拿大国际承诺和宪政原则（因其事先没有咨询各省和国会），但法庭认为退出有效，强调"加拿大行政部门拥有在国际事务方面的独断权力"。

④ "Harper Accused of Turning Canada into North Korea of Environmental Law after UN Drought Treaty Withdrawal", *National Post*, 2013 年 3 月 28 日，http://news.nationalpost.com/2013/03/28/harper-accused-of-turning-canada-into-north-korea-of-environmental-law-after-un-drought-treaty-withdrawal/。

第五章 加拿大的气候变化政策

在国际气候治理中唯一的活跃点是以资金援助发展中国家减排[①]。

总之,加拿大参与国际气候谈判与实施减排的进程,可谓一波三折。在国际气候谈判的初期,加拿大积极参与,期盼借助新形成的国际机制扮演重要角色;但接受了《京都议定书》之后,加拿大在国内政策的执行上面对严重困难,被迫在不完全放弃国际承诺的前提下调整实际施行的减排政策。随着国内政治形势的变化,加拿大一度声明放弃《京都议定书》的目标,并顺应国际和国内形势又做出了微调;最后,加拿大的参与逐渐转向以国内的呼声为中心,在国际上完全追随美国的步伐。

第三节 加拿大气候变化政策的动力与阻碍因素

与其他国家类似,加拿大气候政策的波动原因非常复杂,既有推动因素,又有阻碍因素,相互作用,相辅相成。

一、加拿大政治制度的因素

尽管加拿大已经批准了《京都议定书》,但在具体实施过程中,经常受到各省的阻挠。这是加拿大独特的政治和经济结构所造成的。

从政治体制上分析,加拿大没有一部系统成形的宪法,1867

---

① "Canada to Offer Millions in Climate Change Financing at Durban Summit", *Financial Post*, 2011 年 11 月 28 日, http://business.financialpost.com/2011/11/28/canada-to-offer-millions-in-climate-change-financing-at-durban-summit/.

年英国和英属殖民地达成的《英属北美法案》(British North America Act 后称"宪法法案")及其后的一系列法案和议会议案,构成了加拿大的建国原则。法案中规定各省有责任保护本省公民的生命和财产安全,拥有公共地产和一切矿产、土地、矿物等公共资源,所以,加拿大各省的权力比美国各州的权力还要高。联邦政府名义上有维持"和平、秩序和善治"(Good Governance)的广泛权力,实际上根据加拿大联邦最高法院的判决,联邦政府仅在省政府无力治理环境问题的时候才能干预,以防止问题扩散到其他省份。故联邦政府平时主要是做信息收集、协调各省行动等工作[①]。而加拿大的议会内阁制,一方面继承了英国议会的传统,议事规程极其复杂;另一方面参议院又更类似美国国会中的参议院,比英国上议院权力更大,往往可以否决下议院提交的议案,如此来回反复,使得加拿大国会对于触及主权问题的国际条约和机制的辩论特别冗长。

总之,加拿大"联邦制+议会内阁制"的政治制度,使其成为全世界环境政策执行"最为分散和拖沓"(most decentralized and protracted)的国家之一;而各省政府执行环保和气候变化政策的积极性,很大程度上取决于本省在政策执行中的成本和收益。在加拿大的经济结构中,艾尔伯塔省和萨斯喀彻温省的化石燃料出口、新斯科舍省的新能源、安大略省的汽车制造,都和英属哥伦比亚省的森林木材一样,不仅是本省而且是加拿大一国的重要经济支柱。加拿大作为原油和天然气的净出口国,批准《京都议定书》必定影响国家的经济状况;而根据《北美自由贸易协定》(NAFTA),加拿大相对于美国(主要贸易伙伴)的产

---

① Ahmed Shafiqul Huque and Nathan Watton, "Federalism and the Implementation of Environmental Policy: Changing Trends in Canada and the United States", *Public Organization Review*, 2010, 10, pp. 71 – 88.

第五章 加拿大的气候变化政策

业竞争力也会下降。故加拿大面临着双重困境：到底是照顾国内产业竞争力的需要，抗拒减排以在经济全球化的浪潮中维持相对于美国的竞争优势，还是尽快协助国内实行减排，发展新能源和绿色经济，以适应全球新的绿色环保经济模式？[①] 在这种两难下，要用具有明确惩罚机制的"硬法"机制去规范加拿大的减排政策，无疑会极大地提高加拿大参与国际机制的经济代价和主权成本，降低其参与意愿。

威斯敏斯特（Westminster）式的国会制度（议会责任制、多数党组阁）又使得总理个人有权代表国会，进而代表本国做出国际承诺，签署国际条约。加拿大批准 UNFCCC 及《京都议定书》的进程中，克雷蒂安总理个人的投入和决定发挥了巨大作用，但不能否认的是，国际气候和减排机制的"软法"特征，降低了主权成本，更能为民主国家的民众和考虑民意的领导人所接受。虽然他的继任者马丁和哈珀与他立场有所不同，但由于加拿大已经被"绑定"在"软法"机制中，即使极端如哈珀也只能宣布放弃议定书的目标，形式上还是要宣布寻找新的减排目标，终究没有脱离国际寻求控制气候变化的努力。与此同时，国际气候和减排机制也鼓励加拿大国内的环保组织（特别是 Pembina Institute 等智库）及环保人士参与各种会议和活动，为其开辟了传递专业知识、评议本国政策的国际平台，激励了他们监督本国政府的积极性。

需要指出的是国际气候和减排机制具有某种"软法"的特性，可以引申出某种"软执行"的规则，该机制能容忍加拿大在某些特定时候（例如政党轮替、政策方向大转变的时候）偏

[①] Bernstein, "International Institutions and the Framing of Domestic Policies", pp. 210 – 215.

离（diverge from）国际机制，尽量地缓和加拿大面临的国内现实同参与国际机制之间的冲突，并通过 CDM 等机制，使加拿大能通过国际交易实施更有效率的环保政策。加拿大作为一个发达国家及主要温室气体排放国，尽管态度几经反复，一直最低限度保持着对国际机制的认可和基本参与，最后才启动 UNFCCC 和《京都议定书》的退出机制。另外，加拿大在自身不愿意承担减排责任的时候，仍然通过多种方式参与国际温室气体减排的努力。例如，即使哈珀政府宣布无法达成《京都议定书》目标，仍然在 2009 年拨出大量资金通过议定书的 JI 机制去帮助发展中国家实施气候减排。[①]

二、国际气候谈判的合法性与声誉效应

国际气候谈判所形成的制度安排，具有一定的有效性和合法性，从而促使国家参与到国际社会的"学习"过程中去，并最终通过国家间的互动，创立一种能让其他国家或国际组织衡量国家声誉的"新基准"（a new benchmark of reputation），并使国家出于对合法性和权威的认可，自觉遵守国际机制的约束[②]。正因为这个原因，国际气候谈判目前已经获得世界各国的普遍认可。也正因为其合法性程度较高，各国也采用 UNFCCC 和《京都议定书》机制的规则和标准来衡量别国的声誉，评判别国的行为。加拿大也不例外。

---

① 裴阳、黄军英："加拿大应对气候变化新举措"，载《全球科技经济瞭望》，2011 年 3 月，第 26 卷，第 3 期，第 18 页。

② 关于合法性在国际政治和国际机制中的作用综述，参见 Ian Hurd, "Legitimacy and Authority in International Politics", *International Organization*, Spring 1999, 53: 2, pp. 379–408.

第五章 加拿大的气候变化政策

加拿大每一项减排政策,都会被别国政府和全球的环保组织和人士以《京都议定书》的减排目标去评判。当年克雷蒂安总理顶住国内压力签署批准 UNFCCC 和《京都议定书》,部分是因为如果作为 UNFCCC 的缔约方不签署《京都议定书》或签署而不批准,会对加拿大"国际环保先锋"的形象造成很大损害,克雷蒂安希望向国际和国内传递加拿大在行动的信息。而哈珀政府宣布不能遵循议定书的目标,马上引起国内外的强烈反应,特别是众议院议员提出的相关法案均以 UNFCCC 和《京都议定书》的减排目标作为批评依据。总之,一旦接受了"软法"的合法性,进入了"软法"机制,加拿大的减排政策就被置于以 UNF-CCC 和《京都议定书》为参照物的参照系中被评判和批评,无形中迫使加拿大也根据这两个框架去调整本国政策。

另外,国际气候变化的谈判,能产生对于特定议题的重要知识和信息,推动在特定议题上国际合作的发展。国际气候和减排机制中的 IPCC 报告,尽管曾经遭受批评,到目前为止仍然是国际上最权威的关于气候变化和温室气体减排的信息。除了针对气候变化和温室气体减排,这一机制也在相当程度上结合了有约束力的减排目标和灵活的市场机制。CDM、JI 和 ET 这三个机制依赖市场或者说激励的力量,通过价格信号传递信息(激励)、带动投资;通过为减排份额设定财产权、形成市场交易机制,可以将减排任务转移到效率最高的国家或地区实施[①]。这种灵活的实施机制,实现了经济发展和温室气体减排的聚合,开启了实现减排的新模式。在呼吁加拿大批准《京都议定书》的环保人士中,就有采用经济学的观点论述加拿大的批准如何能促进(而不是

---

① Bernstein, "International Institutions and the Framing of Domestic Policies", pp. 217–223.

削减）本国的竞争优势[①]。同时，相对完备的咨询和研究体系，也鼓励了学科间交流，令气候变化议题逐步同经济发展、公民权利、非传统安全等议题实现聚合，相互关联的关系使得温室气体减排能作为一个政策目标在其他领域的政策中也得到照顾。例如，加拿大国内有研究指出，加拿大政府在促进就业时可以加强新能源、废物分类处理、森林养护等产业和社区环保等事业的相关补贴和技能培训，这样不仅能增加就业机会，还能减少温室气体排放[②]。

第四节 结语

加拿大的气候和减排政策，历经数度反复和调整，始终未能完全履行《京都议定书》规定的减排目标。其最直接的后果则是加拿大温室气体排放量的逐年上升，尽管从总体上看加拿大并没有完全脱离国际气候和减排机制的约束。

当然，由于国际气候谈判及其减排机制不具备强制性、UNFCCC/《京都议定书》并无明确的惩罚（强制性）机制，就为各国实施与遵守协定留下了余地。而 UNFCCC 中的"例外条款"（各国在考虑本国的承受能力前提下遵守特定的减排目标）也成为许多国家逃脱责任的借口。更重要的是，从建构主义的角度来

[①] Sylvie Boustie, et al, *How Ratifying the Kyoto Protocol Will Benefit Canada's Competitiveness*, Pembina Institute Report, June 2002, http：//pubs. pembina. org/reports/competitiveness_ report. pdf.

[②] Clare Demerse, *Reducing Pollution, Creating Jobs：The Employment Effects of Climate Change and Environmental Policies*, Pembina Institute Report, March 2011. http：//pubs. pembina. org/reports/reducing-pollution-creating-jobs. pdf.

第五章 加拿大的气候变化政策

看,强制化程度高的机制下,国际机制创制出一种新的谈判和沟通话语,使各国在谈判中忌讳使用权力、利益等概念和计算得失的标准;逐步摒弃政治、权力、斗争等"赤裸裸的原则"(naked principles),而是采用对规则条文和目的的解读、例外情况的分析、应用具体条文等等[1]。

容易理解的一点是,由于国际无政府状态,国际机制谈判中行为体反悔或搭便车的问题要比国内机制严重很多。从加拿大的例子不难看出,无论加拿大国情如何特殊、国内形势如何变化,一个简单直接的现实是:加拿大不仅没有达成《京都议定书》中承诺的减排目标,温室气体排放量反而大为增加。这种在"硬法"机制下必定受到其他参与国家或国际组织惩罚的行为,在当前"软法"式的国际气候和减排机制中,却只受到国际舆论和非国家行为体的谴责,加拿大可以 UNFCCC 缔约方的身份,持续游离于《京都议定书》机制之外,按照自己的需要去制定国内的温室气体减排政策。

---

[1] Young, "The Behavioral Effects", pp. 28 – 29.

第 六 章

日本的气候变化政策

　　日本在国际气候领域的政策与态度是非常矛盾的。作为对气候变化极具敏感性和脆弱性的国家,加上环境保护意识普遍存在,决定了日本从政府到民众对气候变化问题的异常关心。20世纪90年代以来,日本的政策与态度在国际气候变化谈判中占据了举足轻重的地位,甚至一度成为国际应对气候变化问题的风向标。具有里程碑意义的UNFCCC框架下的《京都议定书》的签订与生效,更是提升了日本在气候变化问题上的国际地位。然而,在步入20世纪90年代之后,日本的国内经济持续不景气,政府面临着尴尬局面。因此,日本政府维持或者推进在应对气候变化问题上的先锋地位,自然缺乏持续的动力。特别是2011年3月日本大地震引发海啸所导致的核电站灾难,对日本国内的低碳能源转向(偏重核电能源模式)产生了重大的影响。之后,日本应对气候变化政策的转向问题日益模糊,对于国际气候谈判进程甚至产生消极的影响。2011年12月,加拿大宣布退出《京都议定书》,2012年欧盟各国由于自身经济问题而无暇关注减排问题,2013年澳大利亚亲碳税政策的工党的下台,上述事实让

第六章 日本的气候变化政策

国际社会普遍感受到，以《京都议定书》为基础的国际应对气候变化框架具有土崩瓦解的危险。在这样的时代背景下，在国际气候变化谈判中历来表现积极的日本的立场取向，将会变得尤为关键。因此，在研究日本气候变化政策的演变及其背后深层次原因的基础上，对日本今后的气候变化政策选择进行战略预判，具有非常的必要性与紧迫性。

第一节 日本温室气体的排放概况

日本的温室气体排放概况，是政府制定减排目标的重要依据，同时也最为直观地反映出日本实施减排措施是否有效。日本的温室气体主要来源是能源消耗。作为资源与能源稀缺的国家，日本能源消费的主体还是化石燃料。以2008年为例，化石能源占总能源消耗的88%，其中石油占35%，煤炭占29%，天然气占24%。[①] 根据《京都议定书》规定，作为附件一国家，日本的温室气体减排目标是2008—2012年排放总量比排放基准年1990年减少6%。20世纪90年代以来，日本采用了诸多措施来控制温室气体的排放，但是从数据中判断，结果却不甚乐观。

如图6—1所示，在1993年以后，日本温室气体的年排放量一改之前持续较低的态势，急剧上升，在短短两年间增长了1亿多吨。之后，从1995年开始到2007年的十几年间，尽管日本温室气体年排放量有所起伏，但总体上与《京都议定书》所规定的基准年（1990年）相比，一直处于相对较高的水平。2007

---

① 日本国能源经济研究所《能源与经济统计概要》，转引自冯冲：《日本的气候变化政策研究》，华东师范大学硕士论文，2011年，第37页。

年，日本温室气体的年排放总量达到1364.86百万吨，形成了90年代以来的最高峰。在此之后的两年时间内，由于金融危机效应，日本的温室气体排放总量急剧下降，到2009年与1990年基本持平。也就是说，在最近这20年间，日本在减排上并未取得实际性成果，其中大部分时间的碳排放甚至远远高出了1990年的标准。

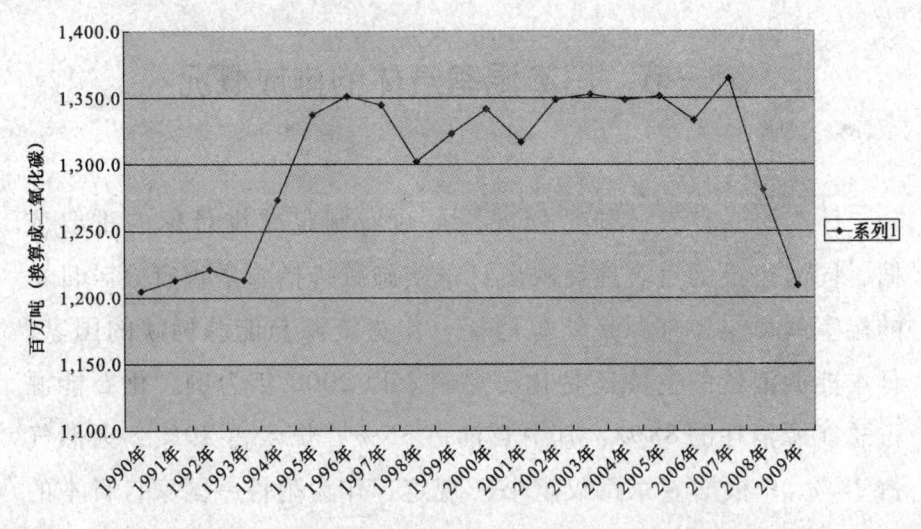

图6—1 20世纪90年代以来日本温室气体年排放量

资料来源：日本《环境统计集》，第二章"地球环境"、"温室气体排放"。

把上面日本的数据与欧盟相比较，不难发现自1990年代之后，欧盟的温室气体排放量总体上呈现出较为明显的下降趋势。[①] 也就是说，尽管日本在国际气候变化谈判中表面积极，但减排成果却不尽如人意。欧盟取得的成绩充分说明，诸如日本、美国这样的后工业化国家，在现阶段温室气体的减排并非不可能

---

① 对于欧盟温室气体减排的详细研究可以参见本书第二章、第三章。

第六章 日本的气候变化政策

实现。由此不难得出这样的结论：日本减排效果的不理想，应该从日本自身入手去寻找原因。而在影响减排效果的各种因素之中，政府所采用的减排措施无疑是最为直接和重要的因素之一。因此，如若想要找出这一现象的原因所在，就必须对日本的减排措施进行分析。

第二节 日本气候变化政策的演变

从20世纪60年代开始，经历了环境灾难的日本政府与民众就开始高度重视环境保护。日本的环境保护政策经历了数十年的发展演变过程，由最开始处于污染防治法时期的《公害对策基本法》和《自然环境保全法》，到90年代处于环境保全时期的《环境基本法》，最终到21世纪以后的《建设循环性社会基本法》，已经基本形成了一个完备的法律政策体系。[①] 作为环境保护的一个方面——气候变化政策，在20世纪90年代以前都是作为其环境保护政策的一个方面而存在的。进入90年代以后，日本的气候变化政策呈现出了新的态势。

一、日本的气候问题立场与减排措施

（一）日本国内的气候问题立场

在应对气候变化的专门性法律出现以前，日本的气候变化立法主要是通过其环境保护法律的制定体现出来的。在1993年日

[①] 于琳："日本环境基本法的发展历程"，《法制与社会》，2009年12月。

本所制定的《环境保护法》中，明确规定了关于开展保护全球环境的国际合作的具体措施，尽管没有关于应对全球气候变化的具体规定，但实际上已经将全球变暖对策纳入到了环境法体系之中。同时，该法在第15条中新设了环境基本计划这一政策，并对其运作方式做出了明确规定。在1994年制定的《环境基本计划》中，日本将有关应对全球气候变暖的对策置于重要地位，并且明确规定了应在国际协作下，以实现《联合国气候变化框架公约》规定的"减少温室气体排放、减少人为活动对气候系统的危害、减缓气候变化"目标为宗旨。[1]

1998年10月，日本通过了世界上首部应对气候变化的专门性法律——《全球气候变暖对策推进法》。该法在第一章中明确规定，其目标是："通过制定比如界定中央政府、地方政府、企业和公民之间在采取措施应对全球气候变暖方面的职责，建立应对气候变化措施方面的基本政策等措施，来实现推进应对气候变化对策的目标，从而有助于确保国民当前和未来健康和文化的生活，并且为全人类的福祉做出贡献。"[2] 基于这样的目的，该法在中央、地方政府、企业以及民众之间明确界定了各自的责任，并且在内阁设立了"全球气候变暖对策推进本部"，具体落实政府层面的职责。除此之外，《全球气候变暖对策推进法》还详细规定了诸多有利于限制温室气体排放的具体措施，极大地增强了该法的有效性和可操作性。

在此之后，日本通过一系列法律规定了环境省的职能。日本环境省下设地球环境局，"负责推进实施政府有关防止地球暖化、臭氧层保护等地球环境保全的政策。此外还负责与环境省对

---

[1] 罗丽："日本应对气候变化立法研究"，《法学论坛》，2010年9月。

[2] Law Concerning the Promotion of the Measures to Cope with Global Warming, 来源：日本环境省网站：http://www.env.go.jp/en/laws/global/warming.html

口的国际机构、外国政府进行协商与协调，与发展中地区环保合作"，从而实现"把自然丰沛的地球环境留给下一代"的目标。①

2010年3月，日本内阁会议向第174届国民议会提出新的《地球暖化对策基本法案》，但由于在国会结束时仍然未能审议完毕而被迫弃案。同年10月，内阁会议在第176届国会上再次提出该法案。《地球暖化对策基本法案》包括了应对气候变暖的基本原则，中央政府、地方政府、企业和公民之间的责任界定，减少温室气体排放的中长期目标以及气候变化对策基本计划和基本措施。② 实际上，1998年的《全球气候变暖对策推进法》距离现在已有很长的时间，国际国内的形势已经发生了很大的变化，许多新问题的产生需要重新寻找新该法；另一方面，当时的《全球气候变暖对策推进法》本身的漏洞和不足也需要进行填补和修改。因此，新法案的提出，是在其基础上所做的进一步发展和深化。

不难看出，从国内立法层面而言，日本的气候变化政策相对于世界大多数国家来说起步较早，发展速度也相对较快，积累了丰富的立法经验；在其发展过程中基本没有较大的退步或摇摆，总体上呈现出直线上升的态势，至今已经形成了较为完备的应对气候变化的法律体系。

（二）日本的减排方法与措施

20世纪70年代的石油危机给西方留下了深刻的警示，日本由于严重缺乏能源而更为震惊。加上日本在二战后经历了一段举世瞩目的工业高增长时期，导致国内环境严重退化。对此，日本

---

① 日本环境省网站：http://www.env.go.jp/cn/aboutus/index.html
② 《地球温暖化対策基本法案の閣議決定について（お知らせ）》，日本环境省网站：http://www.env.go.jp/press/press.php? serial = 13017

政府和民众开始反思，寻求治理之道。经过长时间的摸索和发展，日本推行了整套环境政策，形成了全社会支持的环境友好型理念。就气候变化而言，日本一开始就非常重视该话题，并结合自身特点，逐步形成了一系列有特色的环保方法和措施，基本涵盖了生产和消费的各个层面：

第一，在技术层面，日本着力于发展减少二氧化碳排放量的技术对策，从产生二氧化碳的源头上着手减排。其中，最为重要的便是提高能源的使用效率，减少化石燃料消耗，从而降低二氧化碳排放量。此外，使用替代燃料是日本减排的另一措施。当生产同样单位的电时，使用天然气产生的二氧化碳仅为用煤的1/2、为石油的2/3，因而使用天然气燃料，便能大大降低二氧化碳的排放量。除了上述两种措施之外，日本还采用了利用太阳能、风能等清洁能源，开发生物质能以及原子能发电等诸多技术对策。

第二，日本还从行政政策层面采取了一系列措施，用以鼓励用能单位积极节能减排。这主要表现在对财税政策的制定上，包括在资金上提供补助、设立减排基金、实施税收优惠等等。对于使用国家指定节能设备的企业，不仅可以申请低息贷款，还可以按设备购置费从所得税中扣除7%或采用特别折旧政策。2008年，日本政府又出台了新能源补助金制度，对符合规定的节能项目给予资金补助。与此同时，政府本身也会优先采购节能产品，增加企业进行节能改革的动力。[1]

第三，日本还注重鼓励、推动民众的环保意识，在民众日常生活的节能减排方面同样获得了瞩目的成就。政府通过多种传播途径，向民众灌输节能减排的理念，减少因人类日常生活造成的

---

[1] 刘宇光："日本采取多项措施推进节能减排"，《石油和化工节能》，2010年第2期。

第六章 日本的气候变化政策

二氧化碳排放。譬如，日本对空调实行"限温令"，空调温度不能低于25℃，而从2011年6月份开始，更是要求政府部门办公室内的空调限温28℃。除此之外，日本已经对加工食品实施了碳标签制度，而由于在肥料和农药的生产过程中会排出二氧化碳，日本农林水产省还计划把这一制度扩大，将农产品也涵盖在内。如此一来，便使得民众在日常消费时可以在不同商品之间进行比较，潜移默化地增强了节能减排的意识和习惯。①

第四，值得特别关注的是日本的核能问题。早在京都会议之前，日本政府就试图依靠核电站来代替能源消费中的化石燃料。1997年联合国气候大会京都会议之后，日本政府与日本电力公司乘势推进核电站的动议，建议到2010年之前，增加20座核电站来替代化石燃料能源，以缓减温室气体排放。② 但是，日本的核电政策在2011年福岛核泄漏事件之后被打破了。根据日本原子能委员会在2005年10月制定的、旨在明确之后10年日本原子能政策基本框架的《原子能政策大纲》的规定，在2030年以后，日本的核能发电量应该在2005年现有水平之上，并达到2030年当年总发电量的30%—40%；明确指出了"增殖反应堆以从2050年左右开始引进商业基础为目标"等基础方针。2010年11月，日本在该大纲的基础上，准备策划制定新大纲。③ 然而，受到核泄漏事故的影响，原大纲所规定的目标很可能会被废弃。2011年5月10日，日本首相菅直人宣布中止该大纲，对国

---

① 对于日本应对气候变化而推行的各种行业政策措施的详细研究参见冯冲：《日本的气候变化政策研究》，华东师范大学硕士论文，2011年，第35—60页。

② Kochi Hasegawa, "Global Climate Change and Japanese Nuclear Policy", *The International Journal of Japanese Sociology*, No. 8: 183–197.

③ 《エネルギー白書2011》，"第3部 平成22年度においてエネルギーの需給に関して講じた施策の概況"，第179页~180页。

家能源发展战略重新进行研究和检讨。① 同年9月14日,日本环境省国家环境局局长近藤昭一在参加夏季达沃斯论坛时表示,到2012年5月份,日本可能要停止所有新兴核能电厂的审批工作。② 然而,核能在2010年日本全国发电量中位列榜首,高达30.8%;况且核能作为一种高效清洁能源的使用,对减少碳排放来说具有重要的意义,核能产业发展陷入困境,对于日本经济的发展和减排目标的实现来说显然是巨大挑战。

从上述一系列减排措施中我们不难发现,与欧洲的强制性减排不同,日本主要采用了鼓励性的减排措施,其减排手段很少带有惩罚性质。相对而言,这种自主性的减排措施更能为产业界和民众所接受,实施中所遇到的阻力也相对较小。除此之外,自主性减排措施在实施的同时,有利于变化民众的环保意识,因此,随着减排进程的不断深化,民众自主减排的动力和愿望会随之上升,减排的阻力也会越来越小。然而,自主性减排措施也存在着难以弥补的缺陷。与强制性减排措施相比,自主性减排明显力度不够,难以在短时间内实现预定目标,甚至有可能出现排放量不减反增的结果。这便是日本进入90年代以后减排效果极为不理想的重要原因。

二、日本在国际气候谈判与合作中的角色

(一)起步阶段的犹豫

20世纪80年代中后期,由于气候变化所带来的一系列环境

---

① 《日本首相宣布中止核能源发展计划》,新华网,http://news.xinhuanet.com/world/2011-05/11/c_121403172.htm
② "日本计划于明年5月停止审批所有的新核电厂",中华人民共和国商务部网站,http://www.mofcom.gov.cn/aarticle/i/jyjl/j/201109/20110907740968.html

第六章 日本的气候变化政策

问题越来越严峻,已经开始威胁到人类的生存和发展,因此,国际社会逐渐认识到气候变化问题的严重性,要求在气候变化问题上进行国际合作的呼声也随之日益高涨。国际气候变化谈判开始进入起步阶段。1989年11月,国际大气污染和气候变化部长级会议在荷兰诺德韦克(Noordwiik)举行并通过了《关于防止大气污染与气候变化的诺德韦克宣言》,这对于启动气候变化公约谈判具有重要的推动作用。

而日本自二战以后,其外交一直紧紧跟随着美国,在诺德韦克会议上亦是如此。然而,美国对于国际气候变化合作却表现出了异乎寻常的冷漠。由此可想而知,日本的态度也就难以称得上积极了。[1] 因此,在诺德韦克会议上,日本以其人均排放量比大多数工业国家要低为由,反对荷兰和瑞典等欧洲国家制定二氧化碳排放具体标准的提议。[2] 这一消息传回国内以后,遭到了日本民众的强烈批评。因此,一方面迫于国内民众的压力,另一方面也开始看到了国际气候变化谈判中的机会和利益,日本政府的立场发生了重大转变。进入90年代以后,在应对气候变化问题的国际合作上,日本迅速改变在诺德韦克会议上的消极与被动,开始在国际舞台上发挥出积极作用。

(二)《京都议定书》与日本先锋地位的确立

随着国际气候变化谈判的不断深化,日本逐渐确立了自身在气候变化问题上的先锋地位。1992年6月,《联合国气候变化框架公约》(UNFCCC)在巴西里约热内卢举行的联合国环发大会

---

[1] 丁金光:《国际环境外交》,中国社会科学出版社,2007年版,第177页。
[2] YASUKO KAMEYAMA, "Climate Change and Japan", *Asia-Pacific Review*, May 2002, pp. 34–36.

（地球首脑会议）上得到了通过。在此会议上，日本积极充当应对气候变化的急先锋，不仅承诺限制有害气体的排放，还承诺在5年内为国际环保事业提供1万亿日元的援助，远远超过了欧盟承诺的40亿美元和美国承诺的10亿美元援助额。[1] 日本的此种积极作为，为其赢得了良好的国际声誉，为其在国际气候问题上谋求领导地位打开了新局面。

1997年12月，日本京都成为《联合国气候变化框架公约》缔约方大会的主办地。在京都会议上，日本一方面以主办方的身份积极发挥协调者的作用，在美欧之间展开斡旋，以缩小美欧之间的分歧；另一方面则做出了相应的妥协，努力推动议定书的达成。会议最终通过了在国际气候变化合作中具有里程碑意义的《京都议定书》。对于日本来说，以日本地名来命名的国际议定书的生效，无疑会让日本在环保领域所做出的贡献得到彰显。反之，议定书流产则意味着第三次缔约方大会的失败，日本的环境外交也会面临重大挫折。[2] 因此，尽管在推动《京都议定书》生效的进程中屡屡受挫，但是渴望通过积极表现来掌握谈判主导权的日本依然乐此不疲。

然而，2001年3月，小布什政府以会影响到美国经济发展和发展中国家应该承担减排义务为由，退出议定书；随即澳大利亚霍华德政府也追随美国宣布退出，对议定书的生效造成了重大打击。[3] 但是，与美澳同为"伞形集团"成员的日本却依旧坚持在气候问题上的积极性，多次敦促美国重新考虑其放弃议定书的

---

[1] 张玉来："试析日本的环保外交"，《国际问题研究》，2008年第3期。
[2] 陈刚："《京都议定书》与集体行动逻辑"，《国际政治科学》，2006年第2期。
[3] 邵冰："日本的气候变化政策"，《学理论》，2010年第33期。

第六章 日本的气候变化政策

决定。[①] 最终，几经波折《京都议定书》终于在2005年2月正式生效，成为第一份设定强制性减排目标的国际气候问题协议。

纵观20世纪90年代日本参与国际气候变化合作的表现，我们发现：与80年代末国际气候谈判启动阶段相比，日本总体上表现出了积极主动的态度。日本不仅主动在制定减排目标方面做出让步，还不遗余力地斡旋于世界各国之间，努力推动《京都议定书》的实施。而《京都议定书》的正式生效，最终也确立了日本在气候变化问题上的领导者地位。因此，可以说，在20世纪90年代，日本始终在应对气候变化上扮演着先锋角色，这种现象直到"后京都时代"才有所改变。

（三）"后京都时代"日本立场的修正

《京都议定书》在为日本赢来良好国际声誉的同时，也对其经济发展造成了一定的压力。对于其中所规定的6%的温室气体减排目标，日本产业界一直颇有微词；日本政府也未能找到切实可行的方法，既实现减排承诺，又不影响经济景气。而当时美国撤出《京都议定书》更加引发了日本国内反对减排的声音[②]。因此，在国际气候变化合作进入"后京都时代"以后，日本政府逐步对其在气候变化谈判中的立场进行了一系列修正，以便确保自身在应对气候变化问题上先锋地位的同时，一定程度舒缓减排带来的成本与压力。

2005年12月，在加拿大蒙特利尔召开了第十一次缔约方会

---

① 王之佳编著：《对话与合作：全球问题和中国环境外交》，中国环境科学出版社，2003年版，108页。

② Kathryn Harrison and Lisa McIntosh Sundstrom eds., *Global Commons, Domestic Decisions: The Comparative Politics of Climate Change*, Massachusetts Institute of Technology Press, 2010. pp. 144–145.

议，决定启动"后京都"谈判，国际气候变化谈判进入新一轮博弈之中。在"后京都时代"，日本逐渐开始尝试进行立场修正。2008年，日本首相福田康夫在"美丽星球促进计划"中提出修改"减排基准年"和采用"行业减排方法"两项主张：前一个是主张把减排基准年从1990年修改到2000年以后，后一个则是主张在2013年以后，各国减排目标应该通过评估各产业领域可能减排量并依此决定减排总量的方式设定。日本产业界拥有先进的节能技术，而近年来排放总量有增无减。上述两项建议显然具有实质性的减负作用[①]，同时也意味着迫于温室气体减排所招致的非议与压力，日本政府开始修正自身在应对全球气候变化中的先锋角色。

　　此后，日本政府围绕减排目标的设定左右摇摆，犹豫不决。福田内阁迟迟不肯公布日本的中期减排目标，而代之以2050年比2005年减排60%—80%的长期目标。2009年6月，首相麻生太郎正式宣布了2020年要比基准年1990年减排8%的中期减排目标，与《京都议定书》中规定到2012年减排6%的目标仅仅增加了2%。日本民主党上台以后，相比自民党表现出较为积极的态度。鸠山由纪夫上任伊始，便宣布了25%的中期减排目标，展现日本为国际社会做贡献的积极姿态。然而，继任的菅直人内阁立场又趋于保守，甚至在墨西哥坎昆大会期间宣布将不再就《京都议定书》第二阶段做出有约束力的承诺。而更为突出的是，2010年5月日本众议院环境委员会通过了日本中长期减排目标，并且提出，当前减排的前提在于"主要国家就构筑公平的、具有实效性的应对气候变化国际框架和设定积极的

---

① 刘晨阳："日本气候变化战略的政治经济分析"，《现代日本经济》，2009年第6期。

第六章 日本的气候变化政策

减排目标达成一致"。① 实际上日本是希望将发展中国家也吸纳进这个框架中来。

2011年3月日本发生地震，福岛核电站泄漏事件给日本以巨大的冲击，直接导致日本核电计划改变。因为石油危机之后，日本的能源效率已经处于世界最前列，如果大幅度提升能效则边际成本极高。日本能源、资源短缺，也希望增加可再生能源来填补空白，但是短期内使可再生能源完全主导能源需求不太现实。于是日本希望通过核电来填补缓冲期间。由于核电属于零碳能源，所以日本最初估计是可以承诺减排责任的。但是福岛核电事故彻底堵死了零碳化的道路。日本又不具备欧盟国家内部的EUETS，未来新兴低碳科技与低碳能源具有很大的不确定性。而且，非常关键的是，新兴经济体大国兴起，尤其是日本周边国家如中国、韩国强劲的经济发展，让日本这个20多年经济不振的国家感到了产业竞争的压力。由于不属于《京都议定书》附件一国家，韩国、中国都没有减排义务，这让日本感觉失去了产业竞争优势。因此，日本尽管在德班会议表态，批评加拿大退出，但是在多哈会议上却支持俄罗斯的表态。在华沙会议上也表示，如果其他主要经济体国家不参与，日本不承诺第二期减排。

由此可见，进入"后京都时代"以后，日本对气候变化政策的修正进行了数次尝试，其主要目的在于分散减排负担，减轻自身的减排压力，因而一而再、再而三地推迟减排最终年限。但另一方面，日本又实在不愿意放弃其在气候变化问题上的先锋地位。因此，在"后京都时代"，日本的气候变化立场总体上呈现出左右摇摆的态势。

---

① 邵冰："日本的气候变化政策"，《学理论》，2010年第33期。

第三节 日本气候变化政策的动力与阻碍因素

全球气候变化的趋势，给日本这个人口密度大、人口总数多、能源稀缺的岛国产生了巨大影响。全球变暖造成的海平面上升会直接威胁到日本的国土面积与国民生存，对于日本的经济结构包括渔业、农业在内都会造成致命的打击。[①] 本文着重从政治（国际政治与国内政策）层面来解读日本的气候政策及其动因。从前面的论述我们可以看出，在扮演"减排先锋"以维护良好国际声誉与减少国际责任以缓解减排负担之间，日本政府始终摇摆不定。日本的气候政策就是在两种心态、两股势力的博弈中产生的。

一、日本试图维持先锋地位的主要因素

（一）日本开展环境外交的需要

1989年，日本首次将环境问题纳入《外交蓝皮书》之中。在第二章的第一节"国际政治的变动与各国的立场"中，首次将"全球环境问题"与"东西方关系、中苏关系"以及"军备缩减"等国际关系中的重大问题相提并论，甚至排在了"国际恐怖主义问题"和"联合国活动"等重大国际议题之前。而在第五节中，则加入了"环境等全球问题"一项，与"合作促进

[①] 全球变暖态势对于日本的影响参见马慧萍：《日本应对气候变化的政策研究》，山西大学硕士学位论文，2012年，第10—11页。

第六章 日本的气候变化政策

和平、扩大官方发展援助（ODA）"和"强化国际文化交流"等一同构成了"促进国际合作的构想"。① 这标志着日本正式将"环境外交"纳入了国家对外政策的范畴。进入 90 年代以后，日本的环境外交更加活跃，而日本在应对气候问题上坚守先锋地位，在很大程度上正是出于开展环境外交的需要。

1. 后冷战时期环境因素的凸显

在冷战时期，对安全的定义基本集中在了军事方面。由于美苏之间的长期剑拔弩张，许多国家都有着对战争的强烈预期。甚至到了 20 世纪 70 年代，日本的一些国际问题评论家还做出了譬如"美苏争夺的结果必将发生第三次世界大战"之类的论断。② 然而，随着冷战的结束，传统的安全观念在迅速改变，对非军事安全的关心不断增强，并且有越来越多的人主张把环境、人权、艾滋病等非传统安全因素看作安全问题。在这样的历史潮流下，"以维护全球生态安全、保护生态环境为核心的安全体制成了 20 世纪末到 21 世纪国际新秩序的主要内容。而一直被视为'低级政治'的环境问题在国际关系中的紧迫性和重要性首次超过了以核威慑与核战争等为代表的'高级政治'。"③ 因此，在日本的外交战略选择中，环境外交的地位越来越重要。

事实上，尽管没有明确强调环境因素的重要性，但日本对非传统安全因素的重视可以追溯到上世纪 80 年代以前，这为其更好地应对 90 年代初环境作为非传统安全因素地位的崛起奠定了

---

① 《外交青書——わが外交の近況》1989 年版（第 33 号），日本外务省网站：http://www.mofa.go.jp/mofaj/gaiko/bluebook/1989/h01 - contents - 1.htm

② 比如日本的松冈洋子曾经发表著作：《第三次世界大战会发生》（辛冬柏译），商务印书馆，1977 年版。

③ 蔡亮："日本环境外交的战略意图及其特点"，《当代世界》，2008 年第 6 期。

理论基础。在二战以后的安全战略实践中，日本逐渐产生了"综合安全"的思想，即在制定安全政策时，无论是目标还是手段，都要考虑到军事方面和非军事方面；不仅要考虑到国外的威胁，也要考虑到国内和自然的威胁。这一思想在1980年大平正芳首相研究综合安全问题的政策研究会报告书中得以最后定型。因此，由于拥有了这样的思想基础，当国际格局发生翻天覆地的变化、非安全因素的地位急剧上升时，相较于其他国家而言日本呈现出了较强的应对能力。

与此同时，虽然冷战结束以后环境因素在国际政治中的地位与之前相比有了很大改变，但是我们不得不承认，其威慑力仍然远远比不上军备、核力量等传统安全因素。而日本作为二战的战败国，其军事力量被严格限制。也正是由于军事力量本身的敏感性，日本的任何一次细微变化都会牵动国际社会的神经。因此，在军备、核力量等传统安全因素上，日本实在难以有所作为。于是，日本只能在相对不那么敏感的非传统安全因素上做文章。

总而言之，后冷战时期环境因素在国际政治中的地位得到显著提升，因而开展环境外交才具有了现实的政治意义。而在环境因素的国际博弈之中，气候变化谈判无疑是最为重要的一环，因而成为环境外交博弈的重要战场。

2. 国家声誉与国际地位的诉求

在战后初期，作为战败国的日本几乎完全丧失了独立自主的外交，基本上一味地追随美国。这种现象整整持续了几十年的时间，直到20世纪60年代末70年代初，日本迎来了经济上的腾飞才有所改变。1973年石油危机以后，在西方经济大多不景气的情况下，日本的经济仍然持续增长，从而给日本民众带来了从未有过的自信。① 经济上的高速腾飞催生了新的政治诉求,因此,一种被称为"新民族主义"的思潮开始壮大。它主张突破日本宪法对战争和武装的限制,公开并且全面地扩充军备,谋求与自身经济实力相称的军事大国和政治大国地位。② 而与此同时,日本通过经济赔偿、经济合作和援助、参与区域性组织等多种途径淡化侵略形象,实现了与东南亚国家关系的正常化,建立起了新的政治、经济和文化往来。③ 这大大增强了日本谋求政治大国地位的信心。1983 年,中曾根康弘内阁首次公开提出了日本要成为"政治大国"的目标。90 年代初期,"日本经济正处在巅峰状态,其欲建立'日、美、欧三极世界'的自信溢于言表……日本首次提出了圆'常任梦'的时间表",争取在 1995 年成为联合国的常任理事国。④

然而,正当日本争取"入常"的外交开展得如火如荼、在国际上获得越来越多的支持时,在 1995 年联合国成立 50 周年之际却宣告了日本冲击"入常"的失败。而在此之后,1997 年和 1998 年联合国大会两次均未能就"扩大安理会"这一问题达成共识,日本的"入常"梦也不得不暂时搁浅。在"入常"问题上日本屡遭挫折,从根本上看,原因在于其长期以来"小国外交"的政治姿态。在国际舞台上,日本在经济援助、文化交流等方面发挥着积极的作用,得到国际社会的广泛赞誉;然而,在政治外交上对美国亦步亦趋,始终追随在美国身后,缺乏作为一个

---

① 高增杰:《日本的社会思潮与国民情绪》,北京大学出版社,2001 年版,第 106 页。

② 同上,第 89 页。

③ 陈奉林:"战后日本与东南亚国家关系的恢复和发展",《外国问题研究》,1997 年第 4 期。

④ 金熙德:"日本联合国外交的定位与演变",《世界经济与政治》,2005 年第 5 期。

世界大国所应具有的独立性。在这样的情况下，一旦日本成为安理会常任理事国，就等于增加了美国在安理会中的话语权，使美国的霸权愈发膨胀。因此，日本如果想要成为安理会常任理事国，就必须改变其"美国的附庸"这样的国际形象，在国际事务上更多地呈现出只属于日本本身的、有别于美国的独立的政治态度。

而国际气候问题谈判正是日本实现这一目标的一个重要机遇。一方面，在气候变化问题上，日本积极扮演先锋者的角色，主动在各方之间展开斡旋，甚至以自身的让步为代价来推动国际合作的达成，赢得了国际上的广泛赞誉，对其国家形象塑造具有重要作用。另一方面，日本的积极主动与美国的消极应对形成了极为强烈的反差，这就等于在向国际社会发出"日本并非对美国惟命是从"的信号。综合上述两方面原因，国际气候变化谈判成为了日本改善国家形象、争取国际认可，甚至成功实现"入常"目标的一个重要机遇。基于这样的情况，尽管面临着诸多方面的难题，日本也不会轻易放弃在气候变化问题上已经取得的先锋地位。

3. 提升软实力摆脱美国的突破口

在二战后长达数十年的时间里，日本始终难以完全摆脱美国的操控。在20世纪70年代以前，日本对美国表现出了完全依赖的特点；进入70年代以后，随着经济的发展，日本逐渐不甘心屈居于美国之下，于是，日本开始逐步谋求摆脱美国的约束；而进入90年代以后，这种趋势更为明显。然而，冷战的终结使美国成为了独一无二的世界霸主，在经济、政治、军事等诸多领域占据了绝对统治地位。虽然日本经济的强势崛起，使其已然成为当今世界格局中不可小觑的一强。但是，即使是在经济方面，日本也难以撼动美国的霸主地位，更不用说在政治和军事等其他领域，日本更是难望其项背。美国以自身强大的实力，在全球范围内布下了一张巨大的"铁幕"。在这样的情况下，日本如果想要

第六章 日本的气候变化政策

获得更高的国际地位,就必须在美国主导的世界格局中寻求一个相对薄弱的突破口,并在此方面有所作为。

美国政府由于受到国会和产业界的强烈反对而无法深入参与全球气候变化领域,而这恰好为日本提供了一个大展身手的机会。早在1989年的诺德韦克会议上,美国便反对制定碳排放的具体标准;2001年更是宣布退出《京都议定书》,引起了国际社会的强烈谴责。美国在应对气候变化上所表现出来的与其世界霸主地位不符的消极态度,给它的全球霸权体系留下一个缺口,同时也给了日本一个提高国际地位的可乘之机。而另一方面,原本在气候问题上能与日本争夺主导权的欧洲却因其自身的事务而无暇分身,被日本抢占了先机。1993年欧盟诞生,欧洲一体化进程进入了一个新的阶段。但是这也使得欧洲主要国家都忙于自身事务,以应对欧盟框架下所产生的新问题,因而在应对气候变化问题上即使心有余也力不足。而纵观当今世界,除了欧美之外,其他国家实则难以在应对气候变化上与日本争夺主导权。

日本本身在应对气候变化上具有明显优势。首先,在20世纪60年代以后日本就致力于环保立法,形成了较为完善的环保法律体系。其次,日本十分重视对环保技术研发的投入,并形成了成熟的环保产业,这在世界上处于绝对领先的地位。最后,日本拥有雄厚的资金作为经济基础,因而有足够的能力在应对气候变化问题上担当主导者角色。因此,不论是国际形势还是自身条件,都有利于日本掌握国际气候变化谈判的主导权。因此,有日本研究员表示,既然美国已经成为落伍者,欧洲又忙于欧洲的事情,那么,在全球环境问题上,日本将不能不成为领导和中心。①

---

① [日]《世界日报》1992年11月17日;转引自丁金光:《国际环境外交》,中国社会科学出版社,2007年,第177页。

· 199 ·

(二) 国内政治力量的影响

日本作为一个高度发达的民主国家，无论是在国内事务还是国际事务中，民众都是一股不容小觑的政治力量；而随着时代潮流的发展，非政府组织对政府决策的影响力也在不断增大。在气候变化问题上，日本民众和有关非政府组织对日本政府的立场选择产生了深刻影响。因此，尽管面对着诸多的困难，日本仍然不愿放弃先锋地位，其国内政治力量的影响不容忽视。

1. 日本民众的环境意识

第二次世界大战结束以后，作为战败国的日本百废待兴，急于实现经济的复苏和发展。20世纪60年代，日本创造了经济超高速增长的奇迹，然而正是由于片面追求经济增长，使日本忽视了环境问题。这种通过以牺牲环境为代价来保证工业发展的方式，对日本的生态环境造成了极大破坏。举世闻名的世界八大公害事件，有四起发生在日本：四日市哮喘事件，造成感染哮喘病的患者多达817人；九州市、爱知县一带的米糠油事件，患者超过5000人，实际受害者高达1.3万人；熊本县的水俣病事件，导致汞中毒者283人，而食用了水俣湾中被污染鱼虾的人数高达数十万；富山县的骨痛病事件，从1931—1968年神通川平原地区共258人患此病，其中大部分因医治无效而死亡。面对如此严重的危机，日本政府痛定思痛，采取大量措施改善国内环境。经过了几十年的努力，取得了显著成效。[①]

然而，这些记忆对于日本国民来说，却是永远都无法忘却的

---

① 关于日本公害问题研究参见：马书春："日本的公害与环境治理对策及对我国的启示"，《新视野》，2007年第3期；以及"四大公害诉讼改写日本环境诉讼"，《南方周末》法制版，2012年11月14日。

第六章 日本的气候变化政策

惨痛教训。这种历史的教训以民众为传承的载体，并通过民众的声音得以表达，深刻影响着政府的决策。早在1987年，首相办公室的一项民意调查便表明，有32%的被调查者对气候变化问题表示非常担心、42%的被调查者表示有些担心。[1] 1989年日本在诺德韦克会议上反对制定具体减排标准的消息传回国内后，民意哗然，受到国内民众的强烈批评。[2] 日本政府不能不充分考虑民众的意见，因此，在进入90年代以后，对应对气候变化问题表现出了截然相反的立场，在次年便通过了《防止全球变暖行动计划》，并且明确提出了"应使二氧化碳人均排放量在2000年及其以后，大体稳定在1990年同样水平"的目标。[3] 1997年《京都议定书》的签署又在更大程度上提高了日本民众对气候变化问题的关注。首相办公室在1998年的民意调查表明，高达82%的被调查者关心气候变化问题。[4] 随后，在决定是否批准《京都议定书》的过程中，民众的意见再次发挥了非常重要的作用，日本政府利用包括网络等多种途径积极听取民众意见，

---

[1] Inoue Takashi, "Yoronchosa ni miru chikyu ondanka no henyou," Mitsubishi Research Institute Eco Weekly, 21 August 2006, http：//www.mri.co.jp/CONLUMN/ECO/INOUET/2006/0821IT.html 转引自：Kathryn Harrison and Lisa McIntosh Sundstrom eds., *Global Commons, Domestic Decisions: The Comparative Politics of Climate Change*. Cambridge, MA: Massachusetts Institute of Technology Press, 2010, p. 154.

[2] YASUKO KAMEYAMA, *Climate Change and Japan*, Asia-Pacific Review, May 2002, p. 36.

[3] 张坤民："防止全球变暖的行动计划：日本政府全球环境保护有关大臣会议决定（1990年10月23日）"，《世界环境》，1991年第4期。

[4] Inoue Takashi, "Yoronchosa ni miru chikyu ondanka no henyou," Mitsubishi Research Institute Eco Weekly, 21 August 2006, http：//www.mri.co.jp/CONLUMN/ECO/INOUET/2006/0821IT.html 转引自：Kathryn Harrison and Lisa McIntosh Sundstrom eds., *Global Commons, Domestic Decisions: The Comparative Politics of Climate Change*, Massachusetts Institute of Technology Press, 2010. P154.

民众也表现出了较高的积极性。① 2002年，由日本内阁办公室开展的一项民意调查显示，有49.8%的被调查者认为，即使美国不批准《京都议定书》，日本也要在议定书的批准上保持领导地位；有26.4%的被调查者表示，只有在美国参与的情况下才支持议定书的批准；仅有9.3%的被调查者因为经济发展方面的考虑而反对《京都议定书》。② 由此我们不难看出，日本民众对于气候变化问题有着非常之高的关注度；而《京都议定书》本身的重大意义，更是在很大程度上加深了民众的这一诉求。

与此同时，经过战后数十年的构建，日本已经拥有了较为成熟的国内政治体制。民众的诉求能够通过畅通的渠道，自下而上进行传递，从而最终影响政府的政策选择。在应对气候变化问题上，日本民众普遍希望政府能有所作为，从而使得日本政府由起初的消极应付转变为积极参与，尽管其中有过动摇与修正，但最终依然不愿放弃先锋者的角色。

2. 非政府组织的影响

随着国际组织的不断发展和完善，非政府组织在国际事务中的影响越来越突出，在全球环境政治中日益发挥着重要作用。非政府组织开始在全球气候谈判中作为独立的和有价值的行为体出现，并且与国际政府间组织以及国家之间形成了密切的互动关系，而这种互动关系又影响和改变全球气候谈判的进程，推动以

---

① YASUKO KAMEYAMA, *Climate Change and Japan*, *Asia-Pacific Review*, May 2002, P42.

② "50% Say Japan Should Ratify Kyoto Protocol without US," *Nikkei Net Interactive*, 2 February 2002, http://www.nni.nikkei.co.jp/.

第六章 日本的气候变化政策

国家为中心的环境治理模式向多元中心的全球环境治理模式转变。① 可以说,在当今世界,由各个国家和政府间组织完全操控国际事务的局面已不复存在,非政府组织已经在全球性事务上表现出举足轻重的作用和影响力。在这样的时代潮流下,日本国内的非政府组织在应对气候变化问题上的积极作为,也在很大程度上影响了日本政府。

1996 年,日本第一个有关气候变化的非政府组织——Kiko 论坛成立,并逐渐发展成为了日本气候网络(Kiko Network),其主要目标是为防止地球暖化而进行提案、宣传及实际行动。Kiko Network 不仅限于个人行为,更旨在对涵盖了产业、经济、生活、地域等社会各方面产生影响,因而也致力于与防止地球暖化相关的专业政策提案、消息发布,以创造以地域为单位的防暖化模型、人才培养及教育等各方面工作。② 而在经过了十多年的发展之后,如今 Kiko Network 已经成为具有一定影响力的非政府组织,它一方面积极参与国际应对气候变化合作,仅在 2010 年一年间便四度参加应对气候问题的国际会议;另一方面则积极为政府决策提供意见并履行监督的职责,同时向民众普及气候问题的有关知识,起到上传下达的作用。③ 因此,Kiko Network 实际上已经兼具了国际和国内双层面的影响力,使得日本政府在进行政策选择时,不能对其意见置之不顾。在 2008 年福田康夫首相宣布准备提出新减排计划时,Kiko Network 的负责人羽田直行(Naoyuki Hata)便直接提出了自己的批评:"我不能不认为福田

---

① 徐步华、叶江:"浅析非政府组织在应对全球环境和气候变化问题中的作用",《上海行政学院学报》,2011 年第 1 期。
② KiKo Network 官方网站:http://www.kikonet.org
③ "特定非営利活動法人気候ネットワーク2010 年度事業報告書",http://www.kikonet.org/about/archive/2010KikoReport.pdf

是被产业界左右，他们不太情愿减排。"①

另一个具有代表性的非政府组织则是日本产业代表组织——日本经济团体联合会（经团联）。由于日本各大企业、商社的董事长或总经理几乎都参加了经团联，并担任各种领导职务，因而它对日本政治、经济发展有举足轻重的影响，更是组织日本产业部门进行自主减排的最为重要的非政府组织。1997年，经团联制定出《经团联环境自主行动计划》，确立了"2010年二氧化碳排放量控制在1990年以下"的自主行动计划，并设定了分行业的减排目标。经团联每年都会组织对该计划的实施情况进行检查，以便对各产业部门的减排情况进行有效监督。截至2000年，日本全国总共有34个产业部门参加了经团联的"自主行动计划"，这些部门1990年二氧化碳的年总排放量高达4.79亿吨，占全国同期总量的42.6%。② 由此可见，在行业自主减排的过程中，经团联发挥了不可替代的重要作用，其对政府政策选择的影响力更是不言而喻。

因此，日本在应对气候变化问题上所表现出来的积极性，在一定程度上也是受到其国内非政府组织的影响。非政府组织的这种影响力也许可以分为两种类型，并且恰好与上文所列举的两个例子相对应。其一是如 Kiko Network，其自身所掌握的实际权力几近于零，其职能的发挥和目标的达成主要通过发展自身在国际国内的影响力，通过舆论和民意向政府施压来完成；其二则是如经团联，本身就掌握着莫大的权力，能对日本的政治经济产生直接影响，连政府也要让其三分。但是，不管是其中哪一种类型，都充分体现了日本国内的非政府组织在应对气候变化问题的立场

---

① 《福田新减排计划毁誉参半》，人民网环保频道2008年6月18日，http: //www.weather.com.cn/climate/jnjp/06/11785.shtml

② 王焱侠："日本应对气候变化的行业减排倡议和行动——以日本钢铁行业为例"，《中国工业经济》，2010年第1期。

第六章 日本的气候变化政策

选择上,对日本政府有着重要的影响。

(三) 经济利益的推动

日本在减排方面所面对的问题,主要是来自于国内经济发展停滞所带来的压力。然而,问题的矛盾性在于,减排又能在一定程度上推动经济发展,为日本获得经济利益。当然,减排带来的收益是局部性的,远远比不上减排所要付出的代价。但是,那些可以从中获得经济利益的产业或利益集团,自然会不遗余力地支持日本政府维持在国际气候变化合作中的先锋地位。

1. 提高能效以获得经济效益。

日本是一个岛屿国家,国土面积仅为37.7万平方公里,自然资源贫乏。自然条件的不足,使日本不可能开展大规模的农业生产,只能以发达的工业作为经济支柱。因此,早已成为发达工业化国家的日本,对能源具有极高的依赖性,而日本的资源储量又极为有限。以石油原油为例,2010年日本原油年产量仅为872,963千升,而原油进口量却高达215,381,251千升。[①] 由此可见,能源对日本工业发展,乃至整个宏观经济的发展都具有战略性意义。日本在能源上大量依赖进口,也使得能源的价格长期居高不下,而不论是政府还是产业,在能源价格上也是束手无策。

因此,日本产业在无法降低能源价格的情况下想要降低生产成本、提高经济效益,最为有效的方法莫过于增加能源的利用率。而提高资源的利用率,便可以减少单位产出的能源投入,在

---

① 経済産業省生産動態統計表一覧(資源・エネルギー統計),平成22年 (2010) 年報,日本经济产业省网站:http://www.meti.go.jp/statistics/tyo/seidou/result/ichiran/07_shigen.html

另一方面就意味着可以减少温室气体的排放。无论如何,产业的最终目标都只会指向经济效益,因此,"产业真正减排的动机是来自于日本能源价格居高不下,企业投资各种节能技术的回报率大部分为正值,使得从企业经营的眼光而言,投资节能技术、提高资源使用效率能增加产业的获利能力,因此投资欲望比较强烈。"①

最终日本政府与产业界达成了共识,以减排为契机,推动产业界开展进一步的提升与再造。也就是说,日本由于其在应对气候变化问题上坚持先锋地位所带来的减排压力,同时也成为国内企业进一步发展和转型,以获得更多经济利益的动力。一旦政府与产业界在此问题上能够达成一致,日本或许在未来的国际气候变化谈判中会有更加积极的表现。

2. 以环保产业来拓宽国际市场

环保产业作为一个新兴的产业,在 21 世纪拥有着良好的发展前景。随着全球气候变暖问题得到越来越多国家的重视以及气候变化谈判的不断深入,为了实现节能减排,各个国家都必须依靠先进的科学技术。因此,节能减排技术以及相关的减排工艺和装备设施乃至经营管理模式,将会有一个非常广阔的前景。此外,欧盟决定从 2012 年 1 月开始将航空业纳入碳排放交易体系,英国也正在全面推广碳认证体系,碳关税、碳标签和碳认证等"三碳"问题得到了越来越多国家的重视。"而世界贸易组织技术性贸易壁垒协定鼓励成员在国际贸易中使用国际标准。如果国际标准化组织或发达国家制定的碳排放标准上升为国际标准,其

---

① 王焱侠:"日本应对气候变化的行业减排倡议和行动——以日本钢铁行业为例",《中国工业经济》,2010 年第 1 期。

第六章 日本的气候变化政策

对国际贸易和投资的影响不容忽视。"[1] 广大发展中国家为了适应新的贸易规则，只能加强环保技术的应用以便其产品能符合碳排放标准，这必然创造出新的需求。可以说，环保产业在未来前景一片光明。日本已经认识到环保产业背后巨大的经济利益，在2006年经济产业省制定的《新经济成长战略》的第二章"国际竞争力的强化（国际产业战略）"中，便将"能源和环境合作"列为具体政策，包括了："推广节能合作、促进化石燃料的清洁利用、引进和推广促进石油储备系统"，以及"在气候变化问题上的积极贡献"。[2] 由此可以判断，日本在国际气候变化问题上的积极作为，其背后是离不开经济利益的推动的。

与此同时，日本的环保产业产生较早，并且一直致力于开发环保技术，发展速度相对较快，在国际上已经处于领先地位，相对优势极为明显。"目前，日本环境产业的业务种类已超过900种，参与企业达4000家，2000年的市场规模达299,444亿日元，从业人员为768,595人。"[3] 强大的环保产业在未来很有可能成为日本的另一经济支柱。再加上环保产业作为一个新兴产业，在国际市场上存在着大片真空地带，是否能夺得先机，对今后的发展尤为重要。因此，日本力图维持在国际应对气候变化上的主导地位，并加强与其他国家在环保领域的合作，为本国的环保产业更好地占领国际市场奠定基础。

---

[1] 徐清军："碳关税、碳标签、碳认证的新趋势，对贸易投资影响及应对建议"，《国际贸易》，2011年第7期。

[2]《新経済成長戦略（平成18年6月）》http://www.meti.go.jp/press/20060609004/senryaku-hontai-set.pdf

[3] 安藤真：《新地球环境产业》，产学社，2007年版，第14—15页。转引自：李冬："日本环境产业的发展"，《东北亚论坛》，2009年第1期。

二、日本推行减排政策的阻碍因素

(一)"经济发展优先"与"积极减排"之间的徘徊

事实上,早在20世纪90年代初期泡沫经济崩溃之后,日本经济便进入了一个漫长的调整时期,经济增长迟缓。特别是在1997年亚洲金融风暴以后,日本经济增长更是陷入泥潭,举步维艰,乃至一度出现了自战后从未有过的负增长。经济上的持续低迷,同时也造成了减排的困境。

日本是一个岛屿国家,国土面积狭小,自然资源匮乏,因此,其经济主要依靠高度集中的高能耗工业产业。这种产业结构,在生产过程中需要大量能源的消耗,碳排放量自然居高不下。然而,日本经过了战后数十年的经济发展,其经济结构已经趋于完善,形成了一套适应本国特色并能较为持续稳定运行的经济体系。在这样的情况下,要对经济结构实现根本性的重大变革,不管是可行性还是可能性都是极为有限的。况且,与西欧国家90年代后才开始引进节能措施不同,日本早在20世纪70年代石油危机之后,便开展了大规模的节能运动,到1990年时温室气体排放量已经降低到相对较低的水平。[①]因此,同样以1990年作为基准年,日本实现减排目标的难度要远远超过欧盟。基于这样的情况,要在保证经济增长不受影响、产业竞争力得以维护的前提下达到《京都议定书》中所规定的减排6%的目标,便只能在环保科技上寻求突破。

[①] 官笠俐:"日本在国际气候谈判中的政策变化及其原因",《日本研究集林》,2009年版(上)。

第六章 日本的气候变化政策

在当今世界诸国之中，日本的环保科技迈步较早，发展也较为完善。在日本政府不断加大对环保技术研发和相关产业投入的推动下，日本的环保技术在近二三十年取得了突飞猛进的发展，废弃物处理、烟尘脱硫和太阳能发电等多项技术均处于世界领先地位。[①] 这些世界一流的环保技术，对于减少碳排放具有极为重要的作用。但是，问题也随之产生。由于日本的环保科技目前已经达到了很高的水平，根据边际收益递减的原理，即使继续加大投入也很难获得足够的收益。因此，要依靠发展环保科技来大幅降低日本的碳排放量，在目前看来似乎是难以实现的。

因此，2009年在鸠山内阁提出减排25%的中期目标之后，日本经济界的测算表明，如果仅仅依靠国内节能降耗来实现这一目标，那么2020年的GDP将要比2009年下降3.2%，将会有77万人失业；生活成本将会大幅上涨，到2020年每户居民每年的用电负担将增加36万日元。[②]

基于上述分析，尽管日本政府制定了一系列应对气候变化的政策，实施了一系列减排措施，但实际上却收效甚微，预期中的效果依旧可望而不可即。而在国际上，日本减排的成果也远远落后于意大利、西班牙等按《京都议定书》规定处于同等地位的国家，还面临着需要以130亿美元的代价在国外购买碳排放额度以完成指标的困境。[③] 这对于原本就深陷泥潭难以自拔的日本经济来说，无疑更是雪上加霜。

[①] 刘晨阳："日本气候变化战略的政治经济分析"，《现代日本经济》，2009年第6期。

[②] The Institute of Energy Economics of Japan, *Japan Energy Brief*, No. 3, September 2009, 1 - 2.

[③] 王焱侠："日本应对气候变化的行业减排倡议和行动——以日本钢铁行业为例"，《中国工业经济》，2010年第1期。

（二）日本国内政局频繁更迭导致政策的断层

1955年11月，为了抗衡呼声日涨的左翼政党社会党，日本的两大保守政党——自由党和民主党——实现了合并，组成自由民主党。而由于自民党稳定而持续的政策，并且能适时地进行调整来满足国民的需要，从而自成立以后便一直掌握着政权。而左翼政党社会党则长期处于在野地位，这便使得名义上为多党制的日本，实际上长期处于一党制的统治之下，这便造成了日本战后政党政治中一党独大制的突出特点。[①]

然而，进入90年代以后，日本的政党政治发生了巨大改变，自民党由于内部派系斗争加剧而导致分裂，最终丧失了长达38年之久的执政地位。1993年8月，日本国会召集临时会议商讨内阁总理大臣的人选，在提名选举中，由社会党、新生党、公明党、日本新党、先驱新党、民社党和社民党联合推选的候选人、日本新党领袖细川护熙击败了自民党总裁河野洋平，当选为日本第79届内阁总理大臣。尽管细川护熙仅仅在任不到9个月的时间，而之后继任的新生党的羽田孜和日本社会党的村山富市也如昙花一现，但毕竟打破了自民党长期独大的政治局面，"五五体制"宣告瓦解，日本也终于成为一个真正意义上的多党制国家。

在在野党实力和影响力得到明显增强的情况下，日本的政党政治格局呈现出了新的特征。各个政党无论从政纲上还是在组织上都经历着更新和交替，而不同政党间也在不断地进行着调整和整合，政党之间所组成的联合阵营依然不很牢固。[②] 因此，日本

[①] 田为民、张桂琳：《外国政治制度理论与实践》，中国政法大学出版社，1996年版，第236页。

[②] 田为民、张桂琳：《外国政治制度理论与实践》，中国政法大学出版社，1996年版，第238页。

第六章 日本的气候变化政策

内阁更迭频繁，从 1990 年 2 月海部俊树开始第二个任期，到 2011 年 9 月上任的野田佳彦，这 21 年间，日本前后经历了 15 位首相，其中大多数在任时间极为短暂。这种频繁更替对日本政策的连贯性造成了极大影响，往往现任内阁许下的承诺尚未达成之时便已卸任，而继任的新一任内阁便又重新订立目标，尽管这些新目标同样难以被实现。这一特征对日本气候变化政策的影响在 2006 年小泉纯一郎下台之后表现得尤为明显。2007 年，安倍晋三首相提出"美丽星球 50"战略，以较为积极的姿态呼吁到 2050 年将全球的温室气体排放减少一半；然而，在次年的 1 月，继任首相福田康夫就在"美丽星球推进计划"中企图通过新的减排方案来减轻日本的减排义务；紧接着，同为自民党的麻生内阁制定了减排中期目标，即 2020 年比 2005 年削减 15% 的碳排放（换算成 1990 年则仅为 8%）目标，与国际社会的期望相去甚远；随即，2009 年民主党的鸠山由纪夫在出任首相之后不久，便提出了减排的中期目标，看起来似乎民主党政府在气候变化政策上要比自民党政府积极得多；但是，在菅直人接任首相以后，日本在气候变化问题上的立场又趋于保守，甚至在 2010 年墨西哥坎昆联合国气候变化大会期间宣布不再就《京都议定书》第二阶段做出有约束力的承诺。由此我们不难看出，由于国内政局的频繁更迭，使得日本在国际气候变化问题上的立场也时常朝令夕改，难以从一而终。

因此，这种国内政局的不稳定，使日本始终难以确立一个能够被贯彻的计划，而日本也企图以此来拖延减排进程从而达到缓解减排压力的目的。然而，立场上的左右摇摆、政策上的朝秦暮楚，不可避免地使得日本的国际声誉受到一定程度的影响。当日本政府就气候变化问题在国际社会上展露积极姿态时，人们不禁会怀疑下任政府是否能坚持这一态度。如上所述，国内政局的频繁更迭，亦是日本在国际气候变化问题上坚持先锋地位的一大阻碍因素。

（三）美国的消极态度对日本的压力

2001年3月，小布什总统宣布美国退出《京都议定书》之后，日本方面表示了强烈不满。不久，日本首相森喜朗便致信小布什总统，表达了他对美国这一行为所造成的国际影响的深切关注，并敦促美国与日本一同来保证议定书的生效。时任内阁官房长官的福田康夫也在同一天宣称："日本政府必须继续敦促美国（批准议定书），并且保持促使《京都议定书》生效的外交努力。"[1] 同年5月30日，继任首相小泉纯一郎在戴维营与小布什总统会晤，小泉声明日本希望"在气候变化问题上能与欧盟和美国共同合作"，并且"如果美日之间能进行亲密合作，那么将会有更大的影响力从而最终能使全世界获益"。[2]

从政府的角度而言，日本特别不希望美国彻底退出应对气候变化的国际框架。因为日本知道，一个缺乏美国支持的国际条约前途渺茫。而且，美国的退出与不作为，导致了发达国家的减排义务会分摊到日本和欧盟头上。从总体来看，这将意味着日本会面临着更为严峻的减排压力。这样的局面显然是日本政府所不愿

---

[1] Kathryn Harrison and Lisa McIntosh Sundstrom eds. , *Global Commons, Domestic Decisions: The Comparative Politics of Climate Change*, Cambridge, MA: Massachusetts Institute of Technology Press, 2010. pp. 151 – 152.

[2] Ministry of Foreign Affairs, *Japan-US Summit Meeting*, 20 June 2001 at Camp David, *The United States of America: Outline of the Talks on Climate Change*, 2 July 2001. 转引自: Kathryn Harrison and Lisa McIntosh Sundstrom eds. , *Global Commons, Domestic Decisions: The Comparative Politics of Climate Chang*, . Cambridge, MA: Massachusetts Institute of Technology Press, 2010, p. 153.

第六章 日本的气候变化政策

意看到的。从产业界来看,当下美国产业界主要的减排措施是自主性而非强制性减排,因此日本产业界便可以此为由反对政府的强制性减排措施。如果美国接受《京都议定书》,那么日本产业界或多或少地可以得到庇护,减轻议定书所施予的压力。因此,日本产业界担心一旦美国选择了退出,便不得不被要求接受强制性的减排措施。基于这样的情况,日本产业界反对《京都议定书》的力量开始上升,给日本政府维持在气候变化问题上的先锋角色造成阻碍。[①]

第四节 结语

尽管20世纪90年代日本开始在国际应对气候变化问题上扮演先锋者角色,但日本国内的温室气体减排情况却并不理想,两者形成了鲜明的反差。温室气体减排承诺无法兑现,与日本所采取的自主性减排措施固然不无干系,但这显然不是其根本原因所在。日本所采用的减排措施之所以带有浓厚的自主性色彩,而几乎不见带有强制力的措施,其根本原因在于日本在应对气候变化上的立场并非其表面所呈现的那般积极。在国际气候变化谈判的进程中,尽管日本持续扮演着减排先锋的角色,但是其立场却几经波折,十分纠结。从根本上看,由于国内经济长期停滞、政治更迭频繁、以及国际上美国的缺席等因素,日本在气候变化问题

---

① Ministry of Foreign Affairs, *Japan-US Summit Meeting*, 20 June 2001 at Camp David, *The United States of America: Outline of the Talks on Climate Change*, 2 July 2001. 转引自: Kathryn Harrison and Lisa McIntosh Sundstrom eds., *Global Commons, Domestic Decisions: The Comparative Politics of Climate Chang*, . Cambridge, MA: Massachusetts Institute of Technology Press, 2010, p. 144.

上坚持先锋地位存在着诸多阻碍；然而，国内国际的舆论压力和扮演先锋角色所带来的丰厚收益又使得日本始终不愿放弃这一地位。因此，也正是由于这种矛盾性，导致了日本在应对气候变化问题上立场纠结，摇摆不定。

2011年3月11日，日本东部发生里氏9.0级地震并引发海啸，造成了重大人员伤亡和财产损失，使原本便停滞不前的经济状况进一步恶化，国家竞争力由2010年的全球第六位降至第九位。① 急需大量资金进行灾后重建的日本，使得原本就十分艰巨的减排目标变得更加遥不可及。与此同时，受大地震影响，日本福岛第一核电站发生核泄漏事故，造成了严重的安全和环境问题，同时也在很大程度上制约了日本核能产业的发展。2011年9月14日，日本环境省国家环境局局长近藤昭一在参加夏季达沃斯论坛时表示，到2012年5月份，日本可能要停止所有新兴核能电厂的审批工作。② 核能作为一种高效清洁能源的使用，对减少碳排放来说具有重要意义，核能产业发展陷入困境，对于日本减排目标的实现显然是有弊无利的。

2011年德班气候会议上，日本确定不参加《京都议定书》第二承诺期。在2013年华沙气候会议上，日本宣布了2020年的目标：在2005年排放量的基础上减少3.8%。而由于日本原先承诺为到2020年比1990年减排25%，因此新目标也意味着日本计划在1990年的基础上排放再增加3.1%，日本环境省还表示，日本今后将每两年提交一次"隔年报告"，实施无惩罚条例约束的自主减排。这是否意味着日本准备放弃在应对气候变化问

---

① "日本国家竞争力排名降至全球第九位"，中华人民共和国商务部网站，http://www.mofcom.gov.cn/aarticle/i/jyjl/j/201109/20110907740606.html
② "日本计划于明年5月停止审批所有的新核电厂"，中华人民共和国商务部网站，http://www.mofcom.gov.cn/aarticle/i/jyjl/j/201109/20110907740968.html

第六章 日本的气候变化政策

题上所取得的先锋地位？本文认为，2011年福岛核电站泄漏事件对核能产业发展的限制，的确使日本实现减排目标变得愈发艰巨。美国和加拿大的退出，俄罗斯等国不参与第二期减排承诺，新兴经济体不轻易承担责任，让日本有了放弃责任的保护伞。但是，日本迫于国内国际的舆论压力和在气候变化问题上的声誉建构，不会轻易放弃环境外交的路径。

第七章

俄罗斯的气候变化政策

　　无论是加入 UNFCCC 以及《京都议定书》，还是后续的减排谈判，俄罗斯的气候变化政策都是完全出于发展本国经济的考虑。俄罗斯幅员辽阔、能源充沛、资源富足、人口适度、天气寒冷，上述几个因素决定了俄罗斯对于气候变化具有一定的敏感性，但是不具有脆弱性。俄罗斯政府的气候变化政策，虽然经历了叶利钦、普京和梅德韦杰夫再到普京共四任总统，但是各个时期的气候变化政策具有内在的一致性和连贯性，即：温室气体的减排并不是俄罗斯政府优先考虑的事项，不管在哪个政府时期，俄罗斯气候变化政策都呈现出高度的实用主义的现实考虑，都以获取实在的经济收益为前提。2004 年俄罗斯政府举行工作会议，批准《京都议定书》，让京都气候机制得以生效，弥补了美国退出的遗憾。之后，随着俄罗斯能源产业布局的推开与经济发展的上行，国内温室气体排放猛增。日益高企的减排压力和减排成本，美国、加拿大等国家的不作为，以及新型经济体国家经济的强势发展，让俄罗斯顺势而为对《京都议定书》采取了日益消极的态度，明确表示不参加第二承诺期。

第七章 俄罗斯的气候变化政策

第一节 俄罗斯的国情与温室气体排放概况

一、俄罗斯的基本国情

俄罗斯是世界上领土面积最大的国家，国土从南部炎热的里海沙漠到北部寒冷的北极圈地区，东西横跨11个时区。对于拥有巨幅的国土和漫长海岸线的俄罗斯来说，气候变化的影响较大但不具有脆弱性。俄罗斯陆上领土由欧洲部分和亚洲部分两块组成，其欧洲部分占据了欧洲东部40%的土地，其亚洲部分则覆盖了整个亚洲北部。俄罗斯也是世界人口第九大国家，根据俄罗斯联邦国家统计局2011年4月的数据，全国人口有1.4亿。[①] 与此同时，俄罗斯是世界第一大能源生产国与出口国。国际能源署2009年的统计数据表明，俄罗斯是世界上能源储藏最丰富的国家之一，已探明的天然气储量是127万立方米，煤炭可开采储量超过2000亿吨，石油总储量约为440亿吨。目前，俄罗斯是世界上最大的天然气生产国、第二大原油生产国，其产量分别占世界总产量的20.9%和12.3%，其煤炭产量位居世界第六。[②]

---

① Федеральная служба государственной статистики (Federal State Statistics Service) (2011) . "Предварительные итоги Всероссийской переписи населения 2010 года (*Preliminary results of the 2010 All-Russian Population Census*)" (in Russian) . *Всероссийская перепись населения 2010 года* (*All-Russia Population Census of 2010*) . Federal State Statistics Service. http: //www. perepis – 2010. ru/results_ of_ the_ census/results-inform. php. Retrieved 2011 – 04 – 25.

② "Key World Energy Statistics", IEA, 2009.

1991年苏联解体，俄罗斯联邦成立，在国民经济上采用"休克式疗法"启动了私有化改革。此后经济一路下滑，直到1998年因为世界经济危机跌至最低谷。1999年以后，随着世界经济形势的好转，特别是以中国为代表的新兴国家经济体对能源的巨大需求，俄罗斯经济开始了恢复性增长，年均增长率约为7%的直线式增长，直到2008年金融危机才逐步放缓（见图7—1）。俄罗斯的经济增长主要是靠能源与资源出口拉动，石油、天然气、矿产和木材占俄罗斯出口贸易的80%以上。单石油出口就使俄罗斯的外汇储备从1999年的12亿美元增长到2008年8月的5973亿美元，位居世界第三位。以名义GDP计算，俄罗斯是世界第十大经济体，以购买力平价（PPP）来计算则是世界第六位。

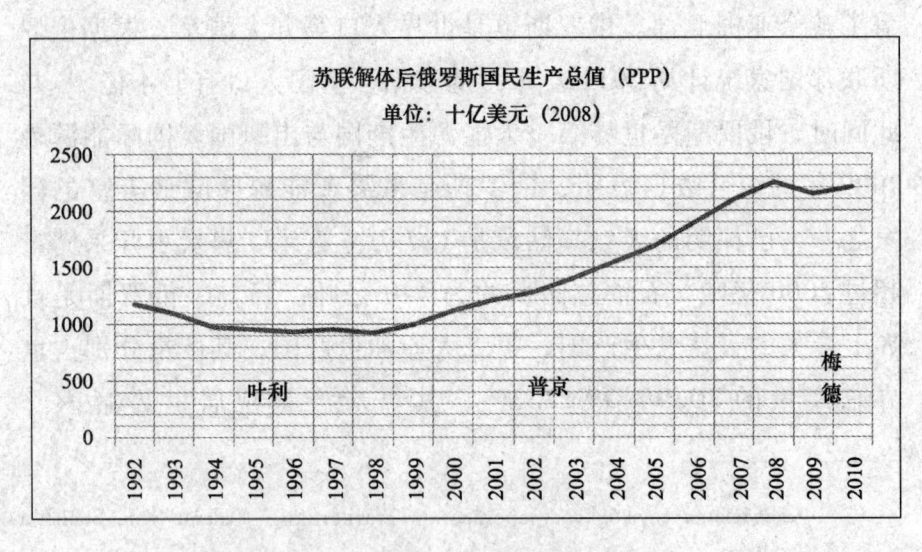

图7—1 苏联解体后俄罗斯国民生产总值

（资料来源：国际货币基金组织《国际经济数据展望2010》，http：//www.imf.org。）

二、俄罗斯温室气体排放概况

（一）俄罗斯的温室气体排放

冷战时期，苏联粗放型工业模式导致其温室气体排放排在美国之后，稳居世界第二位。苏联崩溃之后，俄罗斯的总排放量一直下跌，目前又回归到世界前5位。世界能源署对俄罗斯未来排放总量所占世界比重评估的结论是6.4%，而且很长一段时间将在6—7%之间摇摆。[①]

在叶利钦执政期，俄罗斯的温室气体排放量从1990—1994年迅速减少，下降幅度超过40%。1994—2000年下降速度开始放缓，直到2000年开始回升。之后，温室气体排放量开始逐年增加，即便如此，到2007年底，排放量也只有1990年标准的66%（见图7—2）。

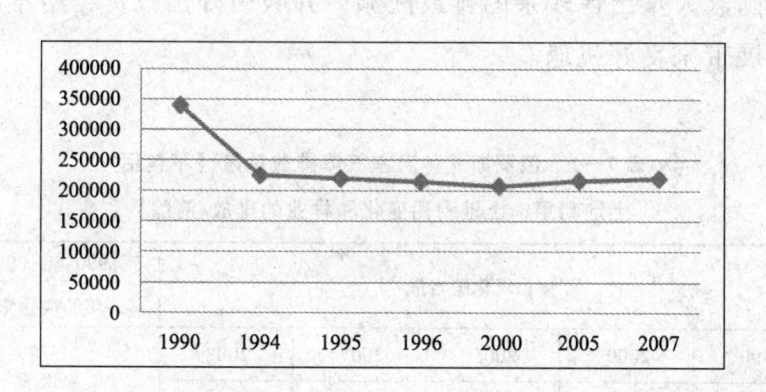

图7—2 俄罗斯温室气体排放，1990—2007年，单位：万吨二氧化碳当量

资料来源：联合国气候变化框架公约组织数据参考，2009年12月；http://unfccc.int.

[①] RenatPerelet, SergueyPegov, Mikhail Yulkin, *Climate Change: Russia Country Paper*, July 2007. P. 8.

与世界大多数国家一样，俄罗斯温室气体排放中二氧化碳是主要成分。而且，无论是6种温室气体还是二氧化碳的排放量，在2000年以后都呈现出上升趋势，尽管增长的速度缓慢（见表7—1、表7—2）。依照当前的经济发展模式和能源效率，俄罗斯温室气体排放总量上升是必然的。自1999年开始，俄罗斯政府开始考虑提高能源效率、减少碳强度。《京都议定书》给附件一国家中的经济转型国家设定的减排任务是，在2005年时比1990年的水平低35%，在2008—2012年再减少2%，但规定俄罗斯可以保持1990年的排放水平。实际上，1990年苏联的排放总量占全世界的16.4%，1991年苏联解体之后，由于经济崩溃而导致温室气体排放量猛降。因此，俄罗斯履行承诺会相对轻松，在国际气候谈判中可以保持超然独立的态度。而且俄罗斯内部很多人认为批准议定书可以让俄罗斯利用JI、ET等制度向欧洲、日本等国家大量出售多余的排放配额，并吸引外国投资，给本国经济发展带来良好机遇。

表7—1 俄罗斯6种温室气体排放总量（不包括土地利用、土地利用变化和林业的排放/清除）

万吨二氧化碳当量					1990年—2008年的变化%
1990	2000	2005	2007	2008	-32.9
332171.8	202484.8	211540.7	218778.1	222956.5	

（UNFCCC：《1990—2008年期间温室气体清单数据》，2010年11月4日，第18页；）

第七章 俄罗斯的气候变化政策

表7—2 俄罗斯二氧化碳排放总量（不包括土地利用、土地利用变化和林业的排放/清除）

万吨二氧化碳当量					1990—2008年的变化%
1990	2000	2005	2007	2008	−35.4
249971.9	147139.3	152610.2	158024.9	161511.7	

（联合国气候变化公约：《1990—2008年期间温室气体清单数据》，2010年11月4日，第20页）

（二）俄罗斯的森林碳汇

另外，值得注意的是俄罗斯的森林碳汇（Carbon Sink）资源。俄罗斯森林储量居世界第一，占世界森林总储量的近1/4，约820亿立方米。据联合国粮农组织林业委员会统计，俄罗斯、巴西、加拿大和美国一道占世界森林总量的50%，其中俄罗斯占22%。《京都议定书》提到三种活动，即植树造林或重新造林、毁林、森林管理，将影响到森林的碳平衡。2010年，《京都议定书》附件二的缔约国提交了2008年温室气体排放的年度数据。这些数据明确显示了森林在碳循环中的作用，以及森林在碳交易市场中拥有的新的经济价值。2008年俄罗斯在植树造林和重新造林方面吸收了0.04亿吨的二氧化碳，在森林经营方面吸收了4.6亿吨二氧化碳，而因为毁林排放了0.27亿吨二氧化碳，这样的话就有4.37亿吨二氧化碳被森林所吸收。[①] 如果这些二氧化碳都可以在市场上出售，假设每吨二氧化碳当量价格为20美元，每年总额将达到88亿美元。俄罗斯抓住自己森林碳汇这一优势，不遗余力地置换为经济收益。从表7—3中可以看出，

[①] 联合国粮食及农业组织：《2011年世界森林状况》，2011年，罗马，第59页。

俄罗斯碳汇配额比其他国家高出不少。当时的情况是,由于美国缺席《京都议定书》,俄罗斯是否批准该议定书决定着京都减排机制是否生效的问题。俄罗斯也借此优势趁机在2001年7月的"波恩协议"中争取到17.63百万吨/年的额度,在2001年11月的"马拉喀什协定"中又将其额度提高到33.00百万吨/年的额度(见表7—3)。

表7—3 主要国家碳汇配额定量

	百万吨/年	占1990排放量比例	1990年至1999年 CO_2 排放量成长率	京都议定书减排目标
加拿大	12.00	10%	19%	-6%
日本	13.00	5%	14%	-6%
俄罗斯	33.00	(6%)(1992年)	(-30%)	(0%)
美国	28.00①	2%	12%	-7%

在2010年12月,UNFCCC缔约方就将"REDD+奖励"机制纳入未来的《京都议定书》中的有关框架达成协议。这一机制可以在战胜气候变化以及加强更广泛的可持续发展中发挥重要作用。"REDD+奖励"机制已经引起世界各国政府的重视。虽然政治上突出强调了发展中国家的森林问题,但有关土地利用、土地利用变化和林业的谈判成果也影响到减排承诺的实现,对工业化国家和经济转型国家的森林管理产生了影响。俄罗斯推动森林因素在国际气候政治谈判中的分量,力图为自己谋求更大的回

---

① 此表格原为空白,因为美国没有参与商议。但按 FCCC/SBSTA/2000/MISC.6号文件中的数据和联合国粮农组织在 TBFRA-2000 (UN-ECE/FAO) 号文件中提供的数据估算,美国的定量约为28.00百万吨/年。参见蔡勋雄、郭博尧:《全球温室气体排放趋势》,NPF研究报告(台湾国政研究基金会),2001年12月17日。

第七章 俄罗斯的气候变化政策

报。2009年,时任总理普京在哥本哈根会议召开前夕表示,新气候变化协议要想获得俄罗斯的支持,就必须满足两个前提条件:主要工业国家都要做出相应的承诺,并提出各自量化的减排目标;新气候协议中要把俄罗斯境内森林碳汇考虑在内——这一点尤为重要。①

(三)"热空气"问题

"热空气"(Hot Air)是人们对《京都议定书》规定的发达国家在第一承诺期里可排放指标节余额度的通俗表达。按照规定,如果一个国家温室气体的排放总量低于议定书的规定额度,那么盈余的那一部分就可以拿来出售获利。20世纪90年代东欧剧变、苏联崩溃,该地区各个国家的经济大幅度下滑。经济崩溃导致温室气体排放量随之猛降。由于《京都议定书》的参考年份(也就是减排基准年)是1990年,因此在第一承诺期结束之际(2008—2012年),它们手中仍握有巨量的"排放盈余"。对于是否可以将排放纹盈余带入下一个减排承诺期的问题。在不少缔约方看来,"排放盈余可售卖"的安排目的是奖励减排行为。东欧诸国现有的"盈余"属于特殊历史产物,和其自身减排努力无关,而且这部分"盈余"一旦被带入第二承诺期,其他发达国家就可以通过购买"热空气"来兑现减排承诺,从而大大降低减缓的效果。另外,"热空气"的交易获利也的确让人眼红。世界银行预测,2012年以后全球碳交易市场年交易额将达到1500亿美元。2002年12月,欧盟建立了一个温室气体排放交易机制,交易配额包括6种关键行业:能源、钢铁、水泥、玻

---

① 关健斌:"俄罗斯为何能轻松提高温室气体减排目标",载《中国青年报》,2009年12月5日。

璃、制砖和造纸，交易价格从 2005 年的 40 欧元每吨涨到 2008 年的 100 欧元每吨。由此可见，碳排放国际交易市场在未来的可观获利。①

《京都议定书》谈判期间，东欧与原苏联国家被定义为"转型国家"，尽管承担一定的减排责任，但是在基准年份的确认等各个层面都给予优惠。随着时间的推进，转型国家中很多加入欧盟，将减排指标以及余额也一起带入欧盟的 EUETS。随着《京都议定书》第一承诺期在 2012 年走向尾声，多哈必须达成第二承诺期。对遗留下来的大量排放配额如何处置——是取消还是带入第二期，成为亟须回答的问题。在第二承诺期谈判过程中，俄罗斯、白俄罗斯、乌克兰以及哈萨克斯坦等国坚持认为，它们手中的"热空气"属于合法所得的主权财富，坚决要求带入第二承诺期，以抵扣未来减排承诺。单单俄罗斯自己就要保留 60 亿吨的"热空气"，用来与将加入第二承诺期的国家进行交易获利。②发展中国家要求在第二承诺期里面，应该禁止"热空气"的交易，以保证减排的有效性。而且第二承诺期结束的时候，所有剩余的"热空气"也应被全部取消。但欧盟内部出现严重的立场分歧。波兰由于严重依赖煤炭，减排预期压力比较大，坚持要将"热空气"全部带入第二承诺期乃至 2020 年之后，而大部分西欧国家则更加倾向于保有《京都议定书》的实际减排效力，对"热空气"加以限制。为平衡各方利益，参加会议的各方做出妥协，允许发达国家通过购买"热空气"来冲抵其 2% 的减排指标。这种妥协并没有让俄罗斯、白俄罗斯、乌克兰等国满意，

---

① 毛艳："俄罗斯应对气候变化的战略、措施与挑战"，《国际论坛》，2010年第 6 期。

② "南方日报记者专访中国代表团首席谈判代表苏伟"，《南方日报》，2012年 12 月 3 日，A8 版。

第七章 俄罗斯的气候变化政策

纷纷威胁不再参加第二承诺期。结果多哈会议在大会主席的支持下，不顾俄罗斯等国家的反对，强行通过决议，决定不把第一期减排目标带入第二期。俄罗斯在多哈大会上的抗议被忽视，感觉遭受到了侮辱，所以在2013年华沙气候会议上宣布拒绝履行任何减排义务。[1]

第二节 俄罗斯气候变化政策的演变

一、苏联时期以及叶利钦总统时期的气候变化政策

二战之后，快速工业化的过程使苏联面临着严重的工业污染和自然环境破坏问题。1972年联合国召开了人类环境会议，呼吁世界各国在促进经济增长的同时重视环境保护问题。以此为契机，苏共中央委员会、部长会议颁布《关于强化自然保护和改善自然资源利用》的决议，这是规定联邦环境保护的纲领性文件。根据该纲领，在联邦层面形成了由16个部委组成的环境行政管理体制，其中大气环境保护就涉及4个部委，并在政府部门中设立相关的管理机构，颁布了一系列法律法规和政策文件。但是受到计划体制的影响，苏联时期的气候变化政策没有发挥实质作用：国民经济高度依赖能源消耗的重工业和能源矿石采掘业，致使大气污染和石油污染十分严重，而1986年的切尔诺贝利核

---

[1] Edward King, "Belarus, Ukraine, Kazakhstan and Russia meet to discuss Kyoto", RTCC, 18 January 2013, http://www.rtcc.org/2013/01/18/belarus-ukraine-kazakhstan-and-russia-meet-to-discuss-kyoto/#sthash.SxPXk7Ir.dpuf。

电站的放射性污染更是骇人听闻。①

1991年苏联解体，俄罗斯不仅继承了苏联成为联合国安全理事会常任理事国，而且在碳排放量上也继承了苏联的排放标准。苏联粗放型的产业结构崩溃，反而为俄罗斯留下了巨大的温室气体排放量空间。1996年8月14日，俄环境部和自然资源部成立，成为政府负责气候变化治理问题的机构。叶利钦总统为了获得西方的政治和经济支持，在1992年宣布俄罗斯加入《联合国气候变化框架公约》。1999年俄罗斯政府公布的新的《俄罗斯联邦国家安全构想》中，首次将环境安全作为国家利益的一部分提了出来，但是俄罗斯所理解的"环境安全"范围非常宽泛，它主要涉及的是国内环境保护，而非战略上的考虑。② 在整个叶利钦执政期间，由于俄罗斯经济呈负增长态势，相应的温室气体排放也随之逐年下降。

二、普京总统时期的气候变化政策

2000年，普京接替叶利钦出任俄罗斯总统。2002年1月，俄罗斯政府颁布实施《俄罗斯联邦环境保护法》。普京当政期间，俄罗斯在权衡利弊之后，与欧盟达成协议，批准了《京都议定书》。2004年9月30日，俄罗斯政府举行工作会议，通过了批准《京都议定书》的法律草案。10月22日，国家杜马投票通过《京都议定书》。接着在10月27日，俄罗斯联邦委员会通过了《京都议定书》。最后在11月5日，普京在联邦法律128-F3号，即《关于批准联合国有关气候变化的京都议定书》

---

① 范纯："俄罗斯环境政策评析"，《俄罗斯中亚东欧研究》，2010年第6期。
② 参见丛鹏：《大国安全观比较》，时事出版社，2004年版，第115页。

上签字,使其正式成为俄罗斯的法律文本。正是由于俄罗斯的这一努力,联合国在2005年2月16日宣布,人类历史上首次以法规形式限制温室气体排放的《联合国气候变化框架公约——京都议定书》正式生效。

在《京都议定书》中,俄罗斯承诺削减6种温室气体的排放。除了《京都议定书》之外,2006年3月1日普京还颁布了政府法令278 – R——《关于建立一个俄罗斯的评估人类温室气体排放的标准》,同年6月30日,又颁布了国家水文气象部法令141号——《关于俄罗斯评估人类温室气体排放标准的确认》。这两部法令是俄罗斯联邦国内气候变化政策形成的重要文件。

总的来看,普京虽然在任内推进气候政策的发展,普京任期也是俄罗斯气候变化政策形成的重要阶段,但这并不能说明他已认识到气候变化给俄罗斯或者世界带来的危害;相反,他更多是出于实际的政治需要和经济利益的计算。这种实用主义的态度使得他对气候变化的态度是乐观其成。因此,俄罗斯在气候变化政策的执行力度和效果上便大打折扣。

三、梅德韦杰夫总统时期的气候变化政策

梅德韦杰夫是目前俄罗斯三位总统中最积极地推行气候变化政策的领导人,在国内和国际各个场合大力支持应对全球气候变化的行动。2008年5月,梅德韦杰夫宣誓就任俄罗斯联邦第三任总统,同时任命原总统普京担任总理。相对于普京在气候问题上的实用主义立场而言,梅德韦杰夫认为,气候变化是真实存在的问题,全球变暖正在威胁着俄罗斯的未来,俄罗斯有责任通过国内和国际双渠道解决这个问题,并且这样做可以带来经济上的收益。当年7月,俄罗斯批准通过了新的《俄联邦外交政策构

想》作为外交施政理念，其中气候变化问题和恐怖主义、地区冲突、人口问题、非法移民问题共同被列为全球性问题。为了保证环境安全和应对全球气候变化的挑战，俄罗斯联邦主张扩大国际合作，包括使用新型的能源、资源储存技术，实现整个国际社会的共同利益。"在这些方面，俄罗斯首先应该进一步发展新技术，用于保持健康良好的自然环境，在自然保护议题上同世界各国展开合作，目的是确保当代人和后代的可持续发展。"①

为了更好地执行气候变化政策，2008年5月28日，联邦政府将原先的自然资源部和环境部合并为新的资源环境部，负责国内的环境保护和监控。2009年4月23日，在普京总理的主持下讨论《俄罗斯联邦气候策略》的草案，围绕着气象水文服务局出版的一份科学报告展开了争论。这份报告认为，有效地实施《策略》有利于俄罗斯经济发展，因为近年来气候变化对俄的潜在影响至少为每年损失GDP的2%–5%。预计到2050年，极端天气带来的损失会上升至600亿卢布（约合14亿欧元）。实际上，早在2007年12月，俄罗斯政府就已经制定出一份气候变化策略，尽管一直没有公布，但还是引发了对未来气候变化政策的讨论，而这次政府高层的讨论为《策略》的最终出台做好了准备。② 2009年12月，俄罗斯政府正式颁布了《俄罗斯联邦气候策略》，这份报告的出台标志着俄罗斯第一次把气候变化政策机制化。《策略》承认了气候变化的不利影响，表明在制订经济、社会和其他政策方面需要考虑与气候变化相关的问题。与此同

---

① *The foreign policy concept of the Russian Federation* (2008). http://www.denmark.mid.ru/vnpol_e_01.html

② Anna Korppo, "The Russian Debate on Climate Doctrine: Emerging Issues on the Road to Copenhagen", Finnish Institute of International Affairs Briefing Paper 33, June 2009.

第七章 俄罗斯的气候变化政策

时,罗列了实施的具体办法,例如如何解决永久性冻土融化带来的危害、基础设施损坏、自然灾害传播等问题。《策略》包括"总则、气候政策的目标和原则、气候政策、在解决气候变化问题时需要特别考虑的俄罗斯联邦特点、气候政策的实施、气候政策的执行机构"6部分。在总则的第一段就写道:"该文件是俄罗斯联邦发展和实施气候政策的纲领。"《气候变化策略》包括政府针对气候变化问题的目标、原则和方法。根据这份《策略》,气候变化政策的战略目标是实现俄罗斯联邦安全和可持续发展,包括在气候不断变化和出现新的危机的背景下制度、经济、环境和社会及人口各个方面的协调发展。《策略》中列举的气候变化政策的主要实施内容有:第一,建立法律法规和政府在气候变化领域的规定。第二,逐步发展针对适应和减少人类对气候不利影响的方法相配套的经济体制。第三,鼓励针对适应和减少人类对气候不利影响的方法的科学、技术和个人支持。第四,鼓励针对适应和减少人类对气候不利影响的方法的国际合作。[①]《俄罗斯联邦气候策略》对于政策制定来说依然是不充分的,它没有制定适应和减少的具体目标、完成减排任务的机制和国际合作的框架。更进一步来看,《策略》更多的是强调"适应"而非"减少"。总的来说,《策略》还是一个重要的信号,明确地表现出俄罗斯政府确实非常关心气候变化,但是从概述的方案来看,又没有真的打算解决这个问题。

在2009年12月举行的哥本哈根气候变化大会上,俄罗斯再次展现了积极的姿态,高调宣布到2020年将本国的温室气体排放量在1990年的水平上减少25%,而就在当年的八国集团峰会

---

① 毛艳:"俄罗斯应对气候变化的战略、措施与挑战",《国际论坛》,2010年第6期。

上，梅德韦杰夫刚刚承诺在1990年的排放水平上减少15%。短短一个月内就提高了10%的排放量，这个大手笔引起了国际社会的轰动。可是，在2010年1月俄罗斯提交的报告中减排任务又有所倒退，将减排量定为15%—25%这个浮动不定的数值。①

四、普京第二次执政时期的气候变化政策

2012年3月，普京再次当选俄罗斯联邦总统。在梅德韦杰夫总统后期，俄罗斯在国际气候谈判中的立场已经开始松动。在普京第二次执政期间，俄罗斯的气候变化立场大幅度地倒退。当前，俄罗斯对待温室气体减排的态度是所谓的"待机模式"：除非美国、加拿大、日本等国家开始启动减排，除非中国等新兴经济体也开始量化减排，否则俄罗斯拒绝参与。②在2011年的德班会议上，俄罗斯就支持加拿大退出《京都议定书》的举动。在2012年多哈气候会议上，因为"热空气"问题而宣布参加第二承诺期。在2013年华沙气候会议上，俄罗斯干脆宣布不参加下一个减排承诺期。

不过，俄罗斯政府也认为国内存在碳强度太高、能源效率低下的问题，的确试图抓住契机实施对策，促进增效节能。为此，普京在当总理期间就主持制订了《2030年前的能源战略》，修改了《节能法》。2009年11月12日，梅德韦杰夫在联邦议会发表演说，提出要实现俄罗斯的经济现代化，就应优先实现能源产业

---

① 孙超："前行中的困顿：京都时代与后京都时代的俄罗斯气候环境外交"，2010年第6期，第95页；

② Alexey Kokorin, Anna Korppoo, "Russia's Post-Kyoto Climate Policy: Real Action or Merely Window-Dressing?", *FNI Climate Policy Perspectives*, No. 10, May, 2013.

第七章 俄罗斯的气候变化政策

现代化。演讲后第二天,俄政府就发布了《2030年前的能源战略》,该战略在2003年的《2020年前的能源战略》的基础上,提出能源安全保障、经济的能源效率性、能源预算的效率性、能源领域的环境安全保障四个主要战略方向。[①] 因此,在国际层面不承担责任,同时加紧节能减排以提高能效,是俄罗斯近期的策略与方向。

第三节 俄罗斯气候变化政策的动力与阻碍因素

尽管俄罗斯的几位总统执政的时间不一样,所面临的任务也不同,气候变化政策的侧重点会有很大区别。但是,俄罗斯政府制定的气候变化政策具有内在一致性和连贯性,各种因素在每个阶段相互发生作用,共同影响了俄罗斯的气候变化政策。

一、俄罗斯气候变化政策的推动因素

(一) 国际政治与经济维度

从国际政治的维度来讲,俄罗斯积极参与国际气候谈判,首先会树立负责任大国的形象,甚至会取得对气候变化议题的主导权,引领议题讨论的走向。而且,从经济收益的维度来讲,俄罗斯力图依靠国际碳交易市场,创造新的经济利益增长点。事实上,俄罗斯是温室气体交易市场第一大排放额度的供给国,这为俄罗斯带来巨大的经济收益。

---

① 范纯:"俄罗斯环境政策评析",《俄罗斯中亚东欧研究》,2010年第6期。

俄罗斯在叶利钦执政初期签署了《联合国气候变化框架公约》，但并不是从国家政策层面来考虑气候变化，更多的是一种政治姿态，目的是换取西方对处在经济和政治转型时期的俄罗斯的支持。因为在整个执政期间，叶利钦事实上是积极支持能源产业发展的，因为考虑到国家经济不断下滑，能源产业作为支柱性产业的发展有利于走出经济困境，因此并不真正实施气候政策和环境监控。此后，俄罗斯以参与温室气体减排来换取欧盟在其他国际政治议题上（比如加入世界贸易组织）的支持。2004年在俄罗斯决定批准《京都议定书》之前，政府内部曾展开了激烈的讨论，在权衡了能源产业发展、国内经济转型、国际形象建构、碳排放贸易以及欧盟关系等因素后，普京还是决定批准议定书。

《京都议定书》允许附件一国家之间可以进行碳排放额交易，这就产生了一个全新的国际交易市场——温室气体排放交易市场，温室气体排放权成为一种新的商品在国际市场流动。普京早在2002年的时候就曾表示会批准通过《京都议定书》，国际社会对2003年9月在米兰召开的《联合国气候变化框架公约》第九次会议上俄罗斯的立场充满着乐观的期待。而会上俄罗斯却出人意料地明确地表示不批准《京都议定书》，因为美国宣布退出《京都议定书》。美国的退出导致国际市场温室气体排放额的需求一落千丈，每吨二氧化碳交易额大幅跳水，从20美元下挫到5—10美元。同时，欧盟国家优先实施联盟内国家间调节，即让新加入或申请加入欧盟的不发达国家出售其碳配额给德国、法国这样的发达工业国。俄罗斯经济发展与贸易部副部长奇卡诺夫表示，俄罗斯如果现在签署《京都议定书》将得不到任何经济

第七章 俄罗斯的气候变化政策

收益。①《京都议定书》生效之后，通过碳排放权出售，俄罗斯就能获得丰厚利润。2009年2月，俄罗斯政府授权其最大的银行机构对外出售温室气体减排指标，正式进入市场交易阶段。

（二）国内政治与经济维度

就国内政治层面而言，俄罗斯联邦政府力图以此为契机，提高制定和实施公共政策的能力。长期以来俄罗斯国内政治波动比较大，高层变动频繁，不利于国内和国际政策的制定与实施。现在随着国家逐步稳定，经济恢复性增长，政府的政策制定也呈现出连贯性和一致性，水平方向上注重领导人变更时的承接，垂直方向上注重政策的有效执行。而且，从俄罗斯国内经济层面而言，推行减排政策可以让俄罗斯在不影响经济发展速度的前提下，提高现有的能源使用效率，引进先进的清洁生产的工业技术，建立新型的环保产业。俄罗斯以其发达完整的重工业著称于世，但是这类工业污染严重，耗能巨大，并且产品经济附加值低，缺乏经济竞争力。俄罗斯希望以实施气候变化政策为契机改革经济发展结构，培养新的经济增长点。

除了从国际碳交易市场获得丰厚的利润之外，从世界经济发展模式的趋势来看低碳高效经济是未来的主流。发达国家和发展中国家都在大力投资清洁能源技术的开发，对传统的工业发展模式进行调整，淘汰污染严重、效能低下的产业。尽管俄罗斯希望继续依靠化石燃料的出售获得利润，但是实现经济现代化和可持续发展是保证未来俄罗斯国际竞争力的重要举措。采用碳强度（以美元为单位计算生产每单位GDP排放的温室气体量）为衡量

---

① 雨杉："配额交易无利可图，俄罗斯拒签《京都议定书》"，《青年参考》，2003年12月10日。

指标，俄罗斯的碳强度是德国、法国或英国这类先进的欧洲国家的 3.8 倍，是转型国家的 2.6 倍，是美国的 2.4 倍，是加拿大的 2 倍。所有加入《京都议定书》的发达国家和转型国家中，只有乌克兰生产单位 GDP 产生的温室气体要高于俄罗斯。[1] 这表明俄罗斯的产品和企业在世界市场上竞争力缺乏，但从另外一方面看，这也为温室气体减排提供了有利的成本效益。气候政策的形成与制订是推动俄罗斯经济转型的途径之一，俄罗斯可以以此为契机，在低碳技术开发和产业改革等方面与世界各国展开国际合作。

普京政府时期俄罗斯颁布的《2020 年前俄罗斯能源发展战略》，就要求降低生产过程中的能源消耗，采用鼓励性措施减少能源开采和使用过程中对环境的不利影响，并将与此相关的技术列入能源战略的优先发展方向。这些技术的发展不仅仅鼓励国内的科研机构参与，还要注重和国外科研机构的合作和技术引进。为了更好地发展能源产业，服务于国民经济转型的需要，俄罗斯政府在 2009 年 8 月 27 日通过了《2030 年前俄罗斯能源战略》，取代之前的《2020 年前俄罗斯能源发展战略》。相比较于前一份文件，新的政策报告要求最大限度地提高能源利用率，确保经济稳定发展，提高居民生活质量和巩固俄罗斯在国际能源市场的地位。新能源战略分三个阶段实施：2012—2015 年为第一个阶段，主要任务是克服能源危机，为后危机时期加速能源发展、实现能源综合体现代化创造条件；2020—2022 为第二个阶段，主要任务是实施燃料能源行业创新发展计划，提高经济领域的能源利用率；2030 年之前的一阶段为第三阶段，主要任务是大力提高传

---

[1] RenatPerelet, SergueyPegov and Mikhail Yulkin, *Climate Change: Russia Country Paper.* July 2007. Page 10.

第七章 俄罗斯的气候变化政策

统能源的利用效率,并为向新能源过渡创造条件。[1]

此外,尽管俄罗斯对于气候变化不具有脆弱性,但是敏感性却相当强。2008年俄罗斯联邦水文气象与环境监测服务局公布了一份内容详实的报告指出,西伯利亚的监测数据表明,当地的气温在过去120—150年间上升了2℃—3℃,与此同时,全球的平均气温在同一时期值上升了0.7℃。[2] 这份报告证明了全球变暖对俄罗斯的影响要远远高于其他国家。近几年俄罗斯正在经历更加频繁的洪水、冬季的暴风雪、夏季的热浪和融化的冻土的威胁。在雅库茨克由于永久性冻土的融化造成的地表开裂,破坏了几所大型公寓建筑物、一个发电站的结构和一条地方机场的跑道。相比较于上个10年,整个20世纪90年代由于地面塌陷而导致建筑物结构发生变化的事件增加了61%。[3] 气温上升对于冻土地区的影响十分明显,而俄罗斯60%的国土都是永久性冻土。冻土的融化使得社会和经济风险增加,因为大量的石油和天然气基础设施都集中建设在这一地区,93%的天然气生产和75%的石油生产都是在冻土地区。所以,气候变化已经成为能源产业的直接威胁,而能源在国民经济中有着举足轻重的影响力。大多数的石油精炼和其他设施都是建在冻土上的,因此设施的稳定性依赖于冻土不融化。根据2007年的一份报告,在西西伯利亚地区与冻土融化有关的事故已经超过7400起,全年有180亿美元资

---

[1] 戚文海:"全球气候变暖背景下俄罗斯加强低碳经济发展的路径选择",载《俄罗斯中亚东欧市场》,2011年第1期。

[2] Federal Service for Hydrometeorology and Environmental Monitoring, *Assessment Report on Climate and Its Consequences in the Russian Federation: Generation Summary*, 2008; http://climate2008.igce.ru

[3] World Wildlife Foundation Russia, *Climate Change Impact in the Russian Arctic: Searching for Ways for Adaptation*, 2009, http://www.wwf.ru

金用于解决这些事故和稳固石油和天然气管道线。[1]

二、俄罗斯气候变化政策的阻碍因素

(一) 俄罗斯独特的政治制度的影响

俄罗斯的气候变化政策深刻地受到最高领导人个性和他们对气候变化认知的影响。俄罗斯现行政治体制是总统制,但相比较于美国的总统制而言,俄罗斯的总统被赋予了更多的权限,而缺乏来自其他权力的结构性制衡。1993年新宪法从法律上巩固了总统的权力,总统有权任命总理、解散议会、主持政府会议、主导国内政治和对外政策。根据宪法规定,只有总统的最终签字,联邦议会通过的国际条约才能生效。正是由于俄罗斯政治体制的特点,决定了其气候变化政策很容易受到最高领导人个性和他们对气候变化认知的影响,气候政策变化的脉络可以从领导人的个人偏好上获得解释。而且,普京主政俄罗斯的时间太长,从叶利钦时期的总理到继任总统,再到梅德韦杰夫总统时期的总理再次回归总统,事实上负责俄罗斯的整个国家事务与战略走向。普京的国际事务观念是以实用主义倾向为主的,气候变化问题不会是他优先考虑的事项,而是以服从俄罗斯利益和经济发展为前提。俄罗斯对于国际减排机制的参与和支持,总是展现出精明的利益计算者一面。

---

[1] *The Main Environment and Socio-Economic Consequences of Climate Change in Regions with Widespread Permafrost: A Prognosis Based on a Synthesis of Observation and Modeling.* (Evaluation report, Greenpeace Russia, November 2009); http://www.greenpeace.org

第七章 俄罗斯的气候变化政策

(二) 俄罗斯国内既得利益集团的反对

俄罗斯温室气体排放的主要来源是能源以及与之相关的产业,能源产业对大气环境影响的根源在于石油、天然气和煤炭的生产和消费环节带来的大量污染性气体或者有害气体的排放。而能源产业在俄罗斯经济中的地位和能源企业巨头(或称为能源寡头)与俄罗斯政治领导人的关系,是分析其气候变化政策必须考虑的环节。可以说,以能源产业政策为代表的经济政策是影响俄罗斯领导人制订气候变化政策最重要的因素。[①]

苏联解体后,石油开采量便迅速下滑,直到1999年全球经济发展之后开始增长。叶利钦主政俄罗斯时期,俄罗斯主管能源和动力系统的部委全都被裁撤了,能源产业开始了企业股份化和私有化进程。能源产业的私有化变革进程短暂而迅速,新的能源企业通过中介公司可以与外国企业直接建立贸易往来关系。俄罗斯的能源寡头迅速坐大,主要能源企业有:天然气工业公司、卢克石油公司、尤科斯石油公司、秋明—英国石油公司、俄罗斯石油公司、苏尔古特石油天然气公司、西伯利亚石油公司、鞑靼石油公司和斯拉夫石油公司等。

2000年,普京出任俄罗斯总统,而此时俄罗斯的国民经济也陷入冷战后的最低谷。从1999年起,世界能源价格开始了历史上最大幅度的上涨,一直到2008年金融危机爆发,从每桶约11美元飙升至145.66美元。而这个时间区间也正是俄罗斯建国后第一个国民经济快速连续增长的时期、普京的总统任期。这个

---

① 【俄】C. 日兹宁:《俄罗斯能源外交》,北京:人民出版社,2006年11月,17页;转引自《2004年世界能源展望》,巴黎,国际能源机构/经济合作和发展组织,2004年,第74—77页。

时期俄罗斯的经济增长主要依靠能源出口带动的对外贸易，石油价格的上涨让俄罗斯大发能源财。为了能使政府掌握经济命脉，遏制寡头们越演越烈的尾大不掉干预政权的趋势，早在1999年俄罗斯政府就颁布了对石油、天然气出口征收关税，并且规定税率直接与出口价格挂钩。在普京就任俄罗斯总统之后，为了提振萎靡衰退的国民经济，他更是看重能源产业的支柱性战略地位。

俄罗斯利用国际能源市场价格快速上涨这个机会，加大对能源产业的扶持，为政府带来丰厚的财政税收来源。由于能源产业在俄罗斯经济中的特殊地位，以及能源产品在对外贸易中的重要地位，能源寡头将自身的力量优势转化为政治影响力，特别是在制定相关产业政策的时候。即便不是能源公司从中游说，俄罗斯领导人也会认真考虑能源产业的重要性。这也就不难理解为什么俄罗斯气候变化政策一再难以制订和实施。

（三）俄罗斯民众与科学界对气候变化问题的认知

关于对气候变化的认知，俄罗斯科学界和社会普通公众对于全球气候变暖的态度基本上是冷漠的，甚至干脆否定其存在。2003年时普京在莫斯科召开的世界气候变化大会开幕式上就曾说过："对于俄罗斯这样一个北方国家，气候再暖和些也不可怕，……我们会在毛衣的购买上花费更少，我们的谷物产量将会提高。"[1] 实际上，20世纪80年代末苏联解体过程中，当国际社会广泛关注全球气候变暖时，普通民众的注意力还是放在俄罗斯社会转型这个社会主要问题上，气候变化与否并没有引起他们的重视。90年代初期，国际社会普遍认为气候变暖的趋势呈加速态势

---

[1] Maria Antonova, *World Bank Warns on Climate Change*, *Moscow Times*, October 29, 2009.

第七章 俄罗斯的气候变化政策

时,俄罗斯的回应是,根据历史气候变化数据来看,这样的变化速度没有什么异常的;90年代中后期,国际社会认为气候变暖问题主要是人类生产和生活活动所排放的温室气体引起时,俄罗斯的回答是人类的行为还不至于影响全球气候,气候变化的模式及其影响因素目前还不能下结论。俄罗斯水文气象学家彼得任斯基说,气候变化并不像人们所说的那样紧迫,人类对于气候变化的影响并不是最重要的因素,气候变化是自然界综合作用的结果。①

俄罗斯民众对于气候变化可能带来的后果的认知与反应,自然有其道理。我们知道,俄罗斯大部分国土都位于北半球高纬度地区,冬季寒冷而漫长,人类生存的自然环境条件十分恶劣。普通民众都逐渐认识到气候变化给俄罗斯自然环境带来的影响,不过这种影响是积极的还是负面的还不确定。② 不仅仅是民众和媒体这么看待气候变化,科学家们也有持类似观点的。事实证明,这不仅仅是学者们的建议,而是有现实的利益之争。近年来随着全球气候变暖,北冰洋航线通航的时间大大延长,成为从欧洲前往北美洲和亚洲的便捷通道。而北冰洋下蕴含着丰富的油气资源和其他经济矿产资源,也引来周边国家的争夺。为此,梅德韦杰夫于2010年3月在国家安全会议上说:"全球气候变化可能加剧国家间因争夺能源或其他资源所产生的纠纷,俄罗斯必须捍卫本国对北极地区部分资源所有权的主张。"③

2009年11月,俄罗斯国家电视一台播放了一部名为《历史

---

① Elana Wilson Rowe, "Climate science, Russian politics, and the framing of climate change", WIREs Climate Change, 2013, 4: 457 – 465. DOI: 10.1002/wcc.235.

② 于鑫:"俄罗斯如何看待全球气候变暖?",《俄语学习》,2010年第2期,第16—17页。

③ 同上。

的欺骗：全球变暖》的纪录片，该片指责是媒体发明创造了"全球变暖"这个概念，并将气候变化归咎于温室气体排放。这个短片在俄罗斯民众中间造成了巨大影响，由此可见俄罗斯民众对气候变化本身的质疑。还有专家认为，全球气候变暖的罪魁祸首并非是温室气体排放增加的缘故，森林是大自然呼吸的肺，大量的森林被砍伐导致二氧化碳被吸收的量下降，也是导致气候变暖的重要原因之一，不管俄罗斯是否参加全球性的减排活动，对遏制气候变暖意义不大。可能正是由于受到持这种论调的科学观点的影响，只有40%的俄罗斯民众认为气候变化是个很严重的问题，相比之下，土耳其人有70%。[1] 也正是由于来自民众压力的缺乏和主导性的气候变化怀疑论，使得克里姆林宫难以把气候变化政策列为一个政治核心议题。

第四节 结语

纵观俄罗斯的气候变化政策，可以得出的结论是，俄罗斯对于国际气候谈判的参与，以及温室气体减排的承诺，基本上是一种"橱窗秀"（Window-Dressing），其象征性意义远大于实际意义。俄罗斯政府在国际谈判中喜欢通过高调宣布某项政策来赢得支持，赚取国际声誉，但是在国内却很少推行有实际意义的措施与政策。[2] 而且，俄罗斯善于利用国际气候谈判的机会，最大限

---

[1] World Bank, *Russian Report*, 2010, pp. 19 – 23.
[2] Alexey Kokorin, Anna Korppoo, "Russia's Post-Kyoto Climate Policy: Real Action or Merely Window-Dressing?", FNI Climate Policy Perspectives, No. 10, May, 2013.

第七章 俄罗斯的气候变化政策

度地利用其他国家特别是欧盟国家,将温室气体减排的承诺转化为赚取经济收益的渠道。俄罗斯长期严重依赖能源出口,的确也想以温室气体减排为契机,改革国内的经济结构,提倡新能源新技术。但是另一方面,俄罗斯难以摆脱粗放型产业、能源型产业为主导的布局,期待世界经济回暖,特别是依赖中国、印度等新兴经济体的市场需求,拉动能源产业走出萧条期。在现实中,俄罗斯的国情决定了其贯彻既定减排目标很困难:俄罗斯缺乏足够资金和技术,本身还要完成经济转型重任。这也就解释了为什么俄罗斯在国际社会承诺减排的任务会在短时间内发生很多波动。

第八章

澳大利亚的气候变化政策

澳大利亚在20世纪80年代后期曾是国际气候变化事务的领导者之一，但90年代中后期蜕变为落伍者，到21世纪初甚至成为麻烦制造者。2007年工党上台之后，澳大利亚重新举起气候变化的旗帜，公布了新的碳减排方案，试图领跑碳交易机制。之后工党政府又推出的碳税政策，在全球应对气候变化的进程中迈出突破性的一步。但是随着2013年自由国家党联盟上台，一切又回到了原点。

澳大利亚特殊的地理、气候和自然条件决定了它对自然环境与气候变化等问题的高度敏感性和脆弱性。20世纪八九十年代，澳大利亚从政府到民众对气候变化问题的关注达到了一个空前的高度，积极参与UNFCCC和《京都议定书》的谈判。但是，在《京都议定书》的减排规定明显对澳有利的情况下，澳大利亚出于对能源、资源产业的保护而追随美国，游离于气候减排机制之外，拒绝承担减排义务。工党上台之后与绿党等环保团体通力合作，在澳大利亚一度掀起了制订气候变化政策的高潮，并强行推出了"碳税"政策。但是随着自由国家党联盟上台并宣布废除碳税，澳大利亚在气候变化问题上的立场又开始大幅度地倒退了。

第八章 澳大利亚的气候变化政策

本章通过详细描述澳大利亚历届政府在气候变化问题上的主要政策，特别是围绕澳大利亚"碳税"政策这一气候变化政策的晴雨表，来对影响澳大利亚制定气候变化政策的动因进行分析。

第一节 澳大利亚温室气体排放概况

澳大利亚自然生态环境独特，面对全球气候变化显得尤为脆弱。澳大利亚属于《京都议定书》附件一国家，必须承担相应的减排义务。但是由于澳大利亚1990年的排放水平较低，因此规定澳大利亚到2012年排放水平可以比1990年水平增加8%。截至2012年底，澳大利亚的GDP已经连续21年正增长，过去6年当中澳大利亚GDP规模扩大了13%，堪称是发达国家的奇迹。即便在2008年全球经济危机的影响下，澳大利亚依然坚挺。经济持续多年的强劲发展，加上过度依赖于能源、资源产业，导致澳大利亚温室气体排放总量陡增。由于澳洲人口稀少，结果人均碳排放量超过美国、加拿大，成为世界第一（见图8—1）。

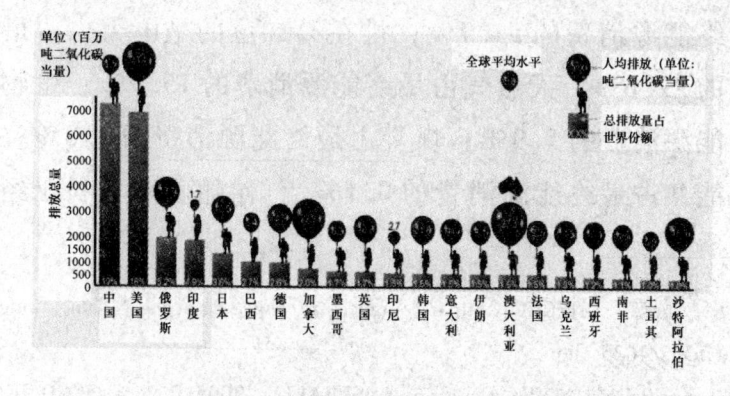

图8—1：2005年全球温室气体总量及人均排放比较图

（资料来源："气候分析指标的工具"，世界资源研究所，2010。）

根据《联合国气候框架公约》(UNFCCC) 的数据，从排放总量来看，1990 年澳大利亚二氧化碳排放总量（不包括土地利用、土地利用变化和林业的排放/清除）为 277.9 百万吨，2000 年为 349.4 百万吨，增幅为 25.7%，2011 年为 406.6 百万吨，1990—2011 年之间增幅为 46.3%。1990 年澳大利亚温室气体排放总量（不包括土地利用、土地利用变化和林业的排放/清除）为 417.7 百万吨，2000 年为 493.3 百万吨，增幅为 18.1%，2011 年为 552.3 百万吨，1990—2011 年的增幅为 32.2%。而从排放年均增长率来看，1990 年到 2011 年间，澳大利亚二氧化碳排放总量（不包括土地利用、土地利用变化和林业的排放/清除）的年均增长率为 1.8%，其中，1990—2000 年为 2.3%，2000—2011 年为 1.4%。1990—2011 年之间的温室气体排放总量（不包括土地利用、土地利用变化和林业的排放/清除）增长率为 1.3%，其中 1990—2000 年为 1.7%，2000—2011 年为 1.0%。[1]

能源消费是温室气体排放的主要来源。澳大利亚是一个矿产资源丰富的国家，煤炭一直并将继续是该国占主导地位的电力燃料（80% 左右）。从 2003 年澳大利亚的最终能源数据来看，石油占最终能源消费的 51.7%；排在第二位的是电力，占最终能源消费的 22.6%；天然气占最终能源消费的 15.9%；生物能源占最终能源消费的 5.9%；煤炭占最终能源消费的 3.8%；太阳能与风能共占最终能源消费的 0.1%。[2] 伴随着澳大利亚经济的

---

[1] 数据来源：UNFCCC: http://unfccc.int/ghg_data/ghg_data_unfccc/ghg_profiles/items/4625.php

[2] Energy Policies of IEA Countries-AUSTRALIA, 2005 Review. OECD/IEA. Page 2626. http://www.iea.org/publications/freepublications/publication/name, 3997, en.html

第八章 澳大利亚的气候变化政策

不断发展,化石燃料消费不断增多是增加澳大利亚温室气体排放的主要原因,其中最多的是来源于发电排放碳污染,其碳污染排放占总排放的37%,在家庭和工业中直接燃烧化石燃料占碳总排放的15%,运输和农业也分别排放15%,在煤炭开采和天然气生产等过程中难以捕捉的碳排放占7%,工业生产过程中的碳污染占5%,废物堆放与分解排放碳占3%,因树木减少而无法吸收二氧化碳带来的碳污染占3%。[①] 2007~2008财年,煤炭约占澳大利亚一次能源消费构成中的37%,石油占36%,而天然气占22%。天然气消费的增长主要是受到电力需求和液化天然气(LNG)消费的驱动。根据澳大利亚农业资源经济局(ABARE)2010年3月发布报告预测,2030财年,澳大利亚一次能源消费将增加35%。到2030年,煤炭所占比例将降至23%,石油将维持36%不变,而天然气将增长至33%。煤炭和石油将继续成为澳大利亚主要的一次能源,不过在能源构成中的比例将下降。

第二节 澳大利亚气候变化政策的演变

一、澳大利亚政府气候变化政策的酝酿期

(一) 1983—1996年工党执政时期:澳大利亚环境保护政策的萌芽期

澳大利亚的"绿色运动"主要是建立在对环境保护和人类对

---

① Securing a clean energy future THE AUSTRALIAN GOVERNMENT'S CLIMATE CHANGE PLAN. Commonwealth of Australia 2011, p. 12.

环境影响的关注之上的,由一些特殊人群、绿色压力集团和绿党构成的社会运动。① 20世纪七八十年代是澳大利亚"绿色运动"蓬勃发展、不断壮大的时期。

1971年反对破坏城市环境的运动是工会组织(澳大利亚工党的前身及其长期盟友、传统的左翼力量)与绿色运动合作的开始。这次运动得到了许多绿色知识分子与中产阶级的响应和支持,并发展成为20世纪70年代对澳大利亚社会影响最大的"绿色禁令运动"。② 这项运动初步建立起了绿色环境保护主义者与包括澳大利亚工党在内的传统左翼力量之间的联系,为两者此后在环境保护领域的合作开了头。而后来的事实也证明,与绿色环保主义者的合作对工党选票的赢得、社会政策的成功制定、执政地位的延续都产生了重大影响。到了80年代,澳大利亚的绿色运动已不再是一种单纯的环境保护运动,而是一种"以环境保护主义为旗帜的新的政治社会变革运动"。③ 绿色政治力量的势力不断强大,使得工党意识到能否争取到绿色政治力量的选票对其大选的胜利至关重要。整个80年代,工党酝酿和实行的"绿色战略"为其赢得1987年和1991年的大选起到显著作用。与绿色政治力量的合作,不仅为工党获得了宝贵的支持和大量选票,也为工党在全新领域开展政治、社会活动打下了基础,拓展了工党的整体活动领域,扩大了工党关注的公共议题的内容和范围,也促成了工党早期环保意识的形成与发展,对后来工党环保政策的制定与实施产生了重要影响。这一时期为工党霍克和基廷

---

① 转引自:丁丁、戴东宝:"澳大利亚气候变化政策回顾及近期动向",《世界环境》,2010年第5期。

② 详细研究参见:吕娜:《应对气候变化:澳大利亚的政策及策略》,华东师范大学硕士论文,2011年。

③ 韩隽著:《澳大利亚工党研究》,新疆大学出版社2003年版,第224页。

第八章 澳大利亚的气候变化政策

政府执政时期（1988年—1996年）。期间，澳大利亚在世界气候变化合作上发挥了领军作用。1988年多伦多会议提出的"多伦多目标"要求与会国将2005年温室气体排放量比1988年下降20%。一年后，工党霍克政府批准"多伦多目标"，在应对气候变化和促成各国重视该问题上发挥了领头羊作用。20世纪90年代前期工党基廷政府对气候变化的积极性要小于霍克政府，但在世界各国中仍处领先地位。基廷政府率先批准了《联合国气候变化框架公约》，但因为采取的控制气候变化的政策以自愿为主，没有强制性，导致气候政策没有实际成效。

（二）1996—2007年霍华德政府时期

1996年澳大利亚自由党联盟击败工党，基廷政府下台，霍华德出任总理。在长达11年的执政时间里，霍华德政府一直追随美国，拒绝批准《京都议定书》。澳大利亚政府给出的理由是：第一，澳大利亚温室气体排放总量少，即便按照《京都议定书》减排也不会扭转变化趋势；第二，发展中国家没有包括进来，这对澳大利亚不公平；第三，因为澳洲严重依赖能源产业，温室气体减排难以做到。第四，执行议定书会影响澳能源出口，影响该国经济等等。[1]

霍华德政府的这种态度一直受到反对党工党以及其他环保团体的强烈批评。21世纪初期，澳大利亚被世界各国看作是气候谈判领域的"麻烦制造者"。在强大的国际压力和国内批评下，霍华德政府希望重新加入国际气候领域的引领者行列，并为此做出了一定的政策调整。霍华德政府按照议定书目标来推

---

[1] Clive Hamilton, "Climate Change Policy in Australia Isolating the Great Southern Land", *The Australian Institute Report*, September 1st 2004.

动国内实施各项温室气体减排措施,形成独具特色的气候变化政策框架体系。① 相关政策包括:1997 年的《保护未来配套措施》(Safeguarding the Future Package)、1998 年的《国家温室气体战略》(National Greenhouse Strategy)、2000 年的《更佳环境配套措施》(Measure for a Better Environment Package)、2004 年制定的能源白皮书《澳大利亚未来能源安全》(Securing Australia's Energy Future)重新确定气候变化战略、2006 年发起成立的《亚太清洁发展和气候伙伴计划》、2007 年制定的《澳大利亚气候变化政策》(Australia's Climate Change Policy)、《2007 国家温室气体和能源报告法案》(National Green-house and Energy Reporting Bill 2007)等。这一系列文件构成了澳大利亚温室气体减排的政策基础,成为其各部门各地区拟定各项减排措施的法定依据。2007 年 10 月 22 日,霍华德在大选前宣称,如果重新当选,将于 2011 年后建立气候变化专项基金,并在国内限额交易体系下实行排放许可权拍卖制度,所得收益将用于补贴那些支付高额电价的低收入者和发展清洁能源技术。②

霍华德政府一方面拒绝签署《京都议定书》,另一方面试图达到《京都议定书》规定的减排义务,主要基于三个原因:第一,议定书规定的减排目标实质上对澳大利亚有利,是排放量的正增长;第二,这个减排目标可以通过减少耕地开荒数量来达到;③ 第三,注重环境

---

① 李伟、何建坤:"澳大利亚气候变化政策的解读与评价",载《当代亚太》,2008 年 1 月,第 1 期。

② "霍华德拟建立气候变化基金",《全球碳排交易要闻》,2007 年第 39 期,http://www.CO$_2$-china.com

③ 这也就是为什么澳大利亚《京都议定书》谈判期间一直强调要把减少荒地使用产生的排放计算在内的缘故。因此在《京都议定书》中才有一个专门的"澳大利亚条款"(Australia clause)。

第八章 澳大利亚的气候变化政策

理念的澳大利亚民众是不会容忍政府在气候变化问题上不作为的。霍华德总理及其党派执政时间很长，但这并不意味着该党在气候变化问题上的政策能为民众所接受。与霍华德政府始终拒绝承认气候变化现实的立场相反，工党从一开始就向全世界发出了明确的信息：澳大利亚将对气候变化问题负责到底。正如时任工党环境与遗产部影子部长安东尼·阿尔布尼斯评论所说："自由党联邦政府坚决拒绝批准《京都议定书》和拒绝参与到处理气候变化的国际努力中，对澳大利亚的经济来说是一个坏消息"，"历史将会严厉批判像霍华德一样的气候变化怀疑论者。"[①] 2007年大选之时，陆克文则将应对全球变暖问题列为头等大事。尽管霍华德政府对澳大利亚的经济发展功不可没，但是由于陆克文领导的工党在经济主张方面与执政联盟差别不大，最终选民还是选择了工党。

二、陆克文执政时期的气候变化政策

2007年12月3日，工党领袖陆克文在宣誓就任联邦总理当天就签订了对《京都议定书》的批准书。作为世界上温室气体人均排放量最多的国家，澳大利亚批准《京都议定书》的行为得到了世界各国的赞扬。当然，陆克文政府批准《京都议定书》仍然是从自身利益出发，是在全面权衡、综合评估气候变化的影响、温室气体减排的成本与代价、短期利益以及国际声誉等因素的基础上作出的抉择。陆克文政府清楚地意识到，如果不批准《京都议定书》，澳大利亚将无法从世界碳交易市场以及议定书

[①] 刘海燕："《京都议定书》与21世纪澳大利亚工党政府应对气候变化的主要政策研究"，《新西部》，2009年第12期。

规定的清洁发展机制和联合执行机制规则中获益；而且气候变化问题是一个关系到子孙后代的百年大计。"工党认为，澳大利亚必须立刻签署全球努力减少温室气体的协议，这不只关系到我们重建良好的地球公民形象，也不只与它将给我们带来的经济利益有关。"[①] 但是，陆克文恐怕怎么也不会想到，他既然能依靠打"气候牌"赢得选举，也会因为在气候问题上的重大失误而丢了总理宝座，2010年6月，陆克文被工党内部罢免，成为澳大利亚历史上第二位没有完成第一任期就下台的总理。

为了兑现选举时的承诺，2007年陆克文上台之后，在气候政策上表现得相当积极。工党执政时期的气候政策可从以下几个侧面来了解：

（一）温室气体排放交易计划的提出

由于严重依赖煤炭发电，澳大利亚人均温室气体排放量位居世界第一。陆克文上台之后便将应对气候变化列为优先施政目标，计划于2010年7月1日开始实施温室气体排放交易计划。其主要内容是：约1000家澳大利亚大的污染排放公司必须购买二氧化碳排放配额，而这些企业的温室气体排放量占澳排放总量的75%以上。该计划一经提出，便遭到了国内能源企业、矿业巨头的大力反对。他们声称这一计划将导致电费价格大幅提高，数千人失业，甚至可能阻碍澳大利亚经济复苏和发展，在澳大利亚占主导地位的能源企业可能因为这项计划而丧失竞争优势。由于排放交易计划与资源行业利益有关，而澳大利亚又是严重依赖资源的国家，全国约80%的电力生产都依赖于煤炭，国家政策

---

① 杨光斌：《政治学导论（第二版）》，中国人民大学出版社，2004年版，第215页。

第八章 澳大利亚的气候变化政策

持续不确定将对资源行业的发展带来负面影响。2010年初,在参议院两次否决了碳排放交易法案之后,总理陆克文宣布将交易计划延至2013年,并视国际气候谈判的结果而定。这让那些希望能够以实际行动应对气候变化的选民感到极度失望。

(二) 开征资源超额利润税

2010年5月初,澳大利亚在新一轮税制改革计划中宣布,将从2012年7月起对采矿业征收高达40%的"资源超额利润税"(Resource Super Profits Tax)。[①] 这项税制改革计划的主要内容是:政府在降低公司税税率的同时,向利润丰厚的矿业公司开征40%的"资源超额利润税",用以增加向港口、铁路和公路等基础设施建设的投资。澳大利亚政府认为,一个国家的资源属于全体国民,而目前各州政府征收的"矿产特许权使用税"并不能反映迅速上升的矿产品价格。过去几十年中,采矿业利润上升了800亿澳元,而政府来自资源的收入仅增加了90亿澳元。为了在全球经济衰退中获得可持续的发展,澳政府认为征收"资源暴利税"是必要的,尽管它不会得到每一家公司或者每一个利益集团的支持。

资源税改革方案出台后,舆论普遍认为,该税种将给澳大利亚采矿业的发展带来广泛的负面影响,因为澳大利亚将成为世界上采矿业税负最重的地方。澳大利亚矿业公司的利润将因此减少将近三分之一,从而削弱澳大利亚矿产业的投资吸引力。由此,资源税改革方案成为了促使陆克文下台的主要因素:一方面,税制改革触动了利益集团的既得利益;另一方面也让普通民众利益

[①] 郭鹏、栾海亮:"澳大利亚超额利润税浅析",《国际经济合作》,2010年第7期。

受损，因为澳大利亚有三分之一的成年人购买了与矿业有关的股票。由于工党的民意支持率持续下降，于是发生了工党内部的"逼宫"行为：吉拉德接替了总理陆克文的职务，以期挽回工党在即将到来的大选中的颓势。陆克文下台彰显了澳大利亚国内政界与采矿能源巨头之间不可预测的深厚无比的关系，也就是说，无论谁做了政府总理，都不能忽视国内这些产业巨头的意见。

三、吉拉德时期的澳大利亚气候变化政策

2010年6月24日，澳大利亚工党举行投票，由于陆克文在碳交易计划上立场反复、决定向澳洲矿业征收"资源超级利得税"等决策导致声望下滑，因此遭到工党内右翼势力的抵制；加上他放弃选票，吉拉德也就成功当选，成为澳历史上首任女总理。吉拉德在上台前曾经表态不会轻易推动碳税改革，但是上台后却立即着手推进碳排放税，并于2011年2月宣布，将在2012年开始征收碳排放税。[①] 该决定一经公布，便在澳大利亚国内掀起轩然大波。2011年7月，澳大利亚政府在一片反对声中公布了碳排放税的具体方案，并决定自2012年7月1日起开征碳排放税，2015年开始逐步建立完善的碳排放交易机制，与国际碳交易市场挂钩。如果这一方案获得议会通过，澳大利亚将成为世界上碳交易机制的领跑国，在全球应对气候变化的过程中迈出突破性的一步。新公布的碳税方案规定，将从2012年7月1日起，对全国500家最大污染企业实施强制性碳排放税。征税标准是：2012—2013年度为每吨23澳元；2013—2014年度为每吨24.15

[①] Paul Kelly, Dennis Shanahan, "Julia Gillard's carbon price promise", The Australian, August 20, 2010.

第八章　澳大利亚的气候变化政策

澳元；2014—2015年度为每吨24.50澳元。基本上是加上通货膨胀因素，每年递增2.5%。政府的目标是到2020年澳大利亚的碳排放减少5%，到2050年减少80%。[①] 吉拉德表示政府计划的征收范围暂时不对汽油征税。同时，政府将拨款92亿澳元支持就业和工业；拨款150亿澳元（约合161亿美元）用于补偿家庭额外开支（见图8—2）。

澳大利亚上述方案是欧盟以外最大规模的碳排放限制方案。新征税方案覆盖澳大利亚60%的碳排放。其政府打算在最初3年投入92亿澳元，一方面用于关停一些污染程度较高的发电厂，另一方面用于确保钢铁、铝业等支柱产业免遭"扼杀"。政府希望到2020年减少1.59亿吨碳排放，与2000年相比减排5%。此次出台的碳税被看作是2009年澳大利亚前总理陆克文提出的资源附加税的改良和延续（见图8—3）。

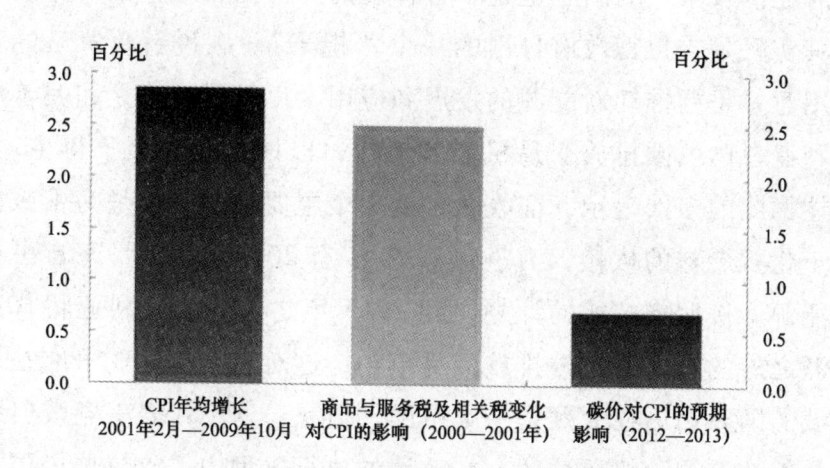

图8—2：引入碳税对物价的影响

（资料来源：澳大利亚财政部模型，2011年《核心政策场景》）

---

① "澳大利亚正式公布碳税方案，2012年7月1日起开征"，网易财经，2011年7月10日，来源：http://money.163.com/11/0710/17/78KA9SUE00252C1E.html

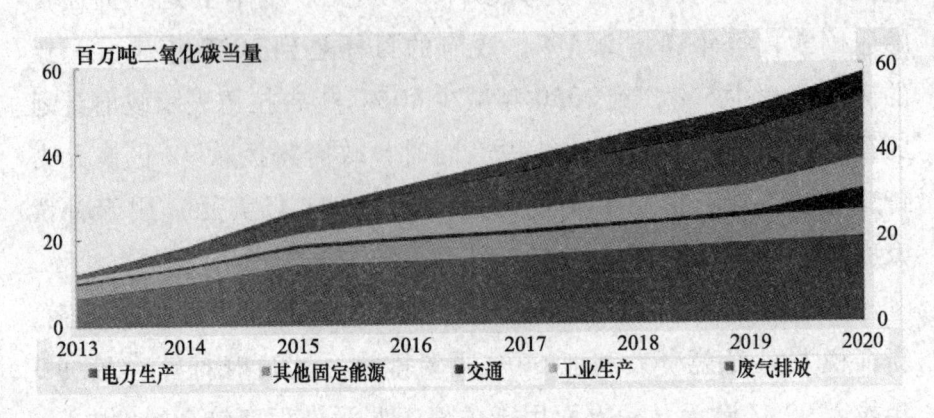

图 8—3：各部门因碳税减少的二氧化碳排放量

（资料来源：澳大利亚财政部模型，2011年，《核心政策场景》）。

客观地讲，吉拉德政府的气候政策是有其积极意义的，工党政府在该政策上的决心也是不容怀疑的。由此看来，推动征收碳税其实只是吉拉德政府打出的一个"幌子"。碳税新政背后的真实用意，是要推动新能源的发展和应用，以及尽快建立和完善澳大利亚自己的碳排放交易机制和市场，以期在国际上争得主动。吉拉德此前多次表示，征收碳税的一个主要目的，就是为了减少对于化石燃料的依赖，力争到2020年有20%的发电量来自可再生能源。按照吉拉德的计划，到2015年之后，澳大利亚将打造欧洲之外的全球最大碳排放交易市场，这对于澳大利亚争取在该领域的国际话语权无疑是一大帮助。但是，这不代表工党政府推进气候政策是一帆风顺的，在政策的执行过程中，吉拉德经历了众多的责难和批评，最终导致与前任陆克文一样的结果。而自由国家党联盟则乘机声明，澳大利亚民众对工党的政策深感不满，本党若在大选中获胜，将推翻工党这一决定。

四、阿博特政府的气候变化政策

吉拉德担任总理以来，工党支持率持续下降，许多工党议员纷纷要求更换党首，让陆克文率领工党在2013年的联邦议会选举中迎战托尼·阿博特领导的反对派联盟。2013年6月26日，陆克文与吉拉德就领导权问题在执政党工党议会党团举行票决，最终击败吉拉德，夺回工党领袖和政府总理职位。但是工党的民意支持率下滑的趋势并没有发生根本性改变。9月7日联邦议会选举结果揭晓，阿博特（Tony Abbott）领导的反对党联盟（自由党和国家党）获胜，工党落败。9月18日，阿博特宣誓就职。他同时表示内阁将立即着手废除碳税的工作。与此同时，阿博特还撤销了独立气候委员会，改组为非盈利气候委员会，关掉气候变化部，撤销用于可再生能源研究的7亿澳元资助。

随着新兴市场国家的需求放缓后，澳大利亚过去长时间依赖的资源出口经济模式也受到了限制。2013年8月底，澳大利亚央行公布的会议纪要显示，当前国内的商业信心疲软，非矿业投资前景低迷，家庭支出萧条，就业形势也开始恶化。阿博特上任后将面临着如何扭转澳大利亚经济发展颓势、如何解决船民（即乘船抵达澳大利亚的难民）和碳税等一系列问题。早在竞选的时候，阿博特就在气候变化问题和碳税问题上表态说，如果自由国家联盟党能够赢得大选，将会废除碳排放税，同时减少预算赤字，推动更强劲的经济发展。11月21日，澳大利亚联邦议会众议院正式通过由政府提出的碳税废除法案。在当天众议院对该法案进行投票之前的演讲中，环境部长格雷格·亨特指出，碳税"意味着普通家庭的痛苦"，会推高电费、水费和燃油费用。他说，新政府之所以废除碳税，首先是因为碳税行不通，其次是碳税打击了澳大利亚的竞争机制，另外废除碳税是"我们的竞选承诺"。① 但是碳税政策的废除不是件容易的事情，因为碳税背后的气候变化问题在澳大利亚引起了很多关注和争论，而且在参议院的投票中，工党和绿党依然会坚定地反对废除碳税法案，一直持续到 2014 年 7 月新一届参议院选举。

阿博特政府在众议院通过取消碳税法案的同时，向国民抛出了《直接行动计划》（Direct Action Plan），该计划的主要内容是要用纳税人的钱从排放者那里购买排放削减，以及鼓励植树造林。② 绝大多数澳大利亚人对此的反应是，希望取消碳税，但是不赞同阿博特的《直接行动计划》。最近一次的民意调查显示，57% 的澳大利亚人不喜欢工党的碳税法，但是仅有 12% 的人相信阿博特的政策。民调显示，民众对于澳大利亚承诺的到 2020 年温室气体减排 5% 的目标是支持的。而且大部分人认可工党之前采用的排放贸易机制，在阿博特政府颁布《直接行动计划》之后，政府鼓励民众就 15.5 亿澳元的减排基金（ERF）发表意见，29% 的选民支持排放贸易机制，而 24% 的支持其他政策。③ 澳大利亚大多数经济学人和环境团体都认为《直接行动计划》并不会奏效，完全取消现行气候政策并不是一个正确的解决方案。新南威尔士州参议员雷因海姆说，他自己是气候变化不可知

---

① "澳大利亚众议院 11 月 21 日正式通过碳税废除法案"，中国环境网，2013 年 11 月 22 日，http://www.cenews.com.cn/xwzx2013/word/201311/t20131122_751329.html

② "Direct Action Plan", http://www.liberal.org.au/our-plan

③ "Australia Votes Yes to Carbon Tax Repeal, No to Direct Action Plan", International Business Times Australia, November 25, 2013, http://au.ibtimes.com/articles/524812/20131125/australia-tony-abbott-carbon-tax-repeal-direct.htm#.UrZoj9Hxtdi

第八章 澳大利亚的气候变化政策

论者,即便最后证明气候变暖是真实的,但澳大利亚政府的微薄力量对于改变这一趋势起不到什么作用。他表态赞同取消碳税,但是反对直接行动计划,除非联邦政府做出巨大让步,以降低公司税,或者减少个人收入所得税,或者是放弃烟酒类商品的增税。①

第三节 澳大利亚气候变化政策的动力与阻碍因素

澳大利亚在20世纪80年代后期曾是国际气候变化事务的引领者之一,但90年代中后期蜕变为落后者,21世纪初甚至成为麻烦制造者,导致了国际社会和国内民众的广泛批评②。碳税法案由澳大利亚前政府在吉拉德担任总理期间于2011年7月10日对外公布,同年11月8日获得议会通过,并于2012年7月1日起正式实施。到2013年11月21日,在新任总理阿博特及其自由国家党联盟的推动下,澳大利亚众议院正式通过碳税废除法案(完全废除还要等到参议院表决)。澳大利亚短命的"碳税"政策,实际上是政府对待温室气体减排的晴雨表,是澳大利亚气候政策最直接的反映。纵观澳大利亚曲折多变的气候政策,基本上由以下几个因素造成的。

---

① "Australia could be left with no policy on climate change", *The Guardian*, http://www.theguardian.com/world/2013/sep/25/australia-climate-change-policy-vacuum

② 李伟、何建坤:"澳大利亚气候变化政策的解读与评价",载《当代亚太》,2008年1月,第1期。

一、气候变化政策的推动因素

（一）国内层面

1. 经济持续发展的需要

气候问题归根结底是一个可持续发展的问题，是一个关系到子孙后代、国家长远利益的重大问题。澳大利亚独特的气候自然条件在面对气候变化时显得尤其脆弱，而环境问题是关系到子孙后代的问题，现任政府的反应将决定子孙后代的生活质量。澳大利亚政府认识到，如果不对包括气候变化在内的一系列环境问题采取积极有效的措施，国家的长期利益将会受到严重威胁和损坏。因此，工党政府积极推行碳税计划是对子孙后代负责的体现。而且，如果不积极推行碳税，就意味着澳大利亚难以参与全球碳交易市场带来的经济革新与机遇，无法从《京都议定书》规定的清洁发展机制和联合执行机制规则中获益。

2. 民众对环境保护的要求

霍华德对《京都议定书》的态度经历了一个由赞同到反对的过程：1997年《京都议定书》产生的时候，霍华德认为这是人类历史上取得的一个重大成就；甚至在2001年小布什政府表示拒绝签署议定书的时候，霍华德仍然向其人民表示将会批准议定书。然而，在2003年的一次演讲中，霍华德的态度却大为转变，他表示签订议定书会给很多产业带来不公平的束缚；在2004年他又说其是一份缺乏热情、不太可能产生好结果的议定书，之后霍华德一直对《京都议定书》持消极态度。虽然2007年大选之前，霍华德也试图通过改变自己在气候政策上的僵硬形象来争取

第八章 澳大利亚的气候变化政策

选民,但这种充满短期政治目的的表态显然不能真正赢得选民的支持。

近些年来,澳大利亚不断遭受由环境恶化特别是气候变化所导致的自然灾害,给人民的生活带来不利影响:澳大利亚在1998—2009年期间气温屡创历史新高;目前澳大利亚很多主要城市和城镇已经并将长期面临水源短缺问题;占墨累河冲积平原面积75%的赤桉树正处于死亡边缘;漂白剂已对相当大一部分大堡礁造成了破坏。[①]

澳大利亚的普通民众都十分关心气候变化问题。2007年的一项民调显示:80%的澳大利亚人都希望政府批准《京都议定书》,2007年4月选举前夕,澳大利亚国内的政治形势发生了变化,虽然劳工问题仍然是热门话题,但气候变化第一次成为选举过程中的主要问题,工党的民意调查显示,选民在这个问题上所表现出来的关注,超过了以往任何一次选举。这给当政的自由党以巨大压力,而工党则抓住了这一机遇,及时表明了其积极应对气候变化问题的态度,最终陆克文击败霍华德,成功赢得总理宝座。

3. 生态环保组织等压力集团的影响

在澳大利亚政治生活中,各种政治社团可以通过有组织的政治活动来影响、参与政府的决策,以实现自身利益。绿色团体则是在20世纪70年代兴起的一股强大的政治力量。他们表达对环境保护利益的诉求,在澳大利亚国内获得较多民众支持,成长为一支在政坛上颇具影响力的绿党势力。实际上,澳大利亚的各种生态组织对联合工党政府在2008年一再调整的碳减排目标也产生了重要影响。2008年12月15日,联邦政府将2020年的碳减

[①] Anthony Albanese, *Labor To Introduce Avoiding Dangerous "Climate Change Bill" Today*, http://www.alp.org.an, 5.20, 2009.

排目标定为15%，并且声称如果国际社会在哥本哈根会议中无法签订有效协议，就把碳减排量回归到5%。[1] 该目标与澳大利亚各种生态环保组织的要求相去甚远。在此之前，澳大利亚绿党曾提出希望联邦政府把碳减排目标定为40%，至少为25%。澳洲气候变化协会指出，25%的碳减排目标将为澳洲打造一个绿色清洁的经济模式，并在一定程度上拉动就业。[2] 因此，联邦政府刚一宣布放弃大幅削减温室气体排放量的目标，就引起了国内生态环境保护组织和环境保护主义者的一致反对。一个由60多位环境保护人士及社区组织临时组成的联盟对陆克文政府发起了一致声讨，并指出碳减排15%意味着联邦气候变化政策的失败，同时也表明陆克文政府向污染巨头屈服了。澳洲环保基金会也指出，15%的碳减排目标将损害澳大利亚的国际形象，而且也不利于一个有效的国际协议的达成。绿色和平组织也因此指责陆克文在应对气候变化一事上背叛了澳大利亚人民，背叛了澳大利亚的下一代。澳大利亚气候协会指出，联邦政府没能保护它所说的国家利益，这表明陆克文政府在这个关键时刻没有推动国际气候变化会议的决心和雄心，全球金融危机成了联邦政府压低碳减排目标的最佳借口。在国内生态环保组织的巨大压力下，工党政府于2009年5月4日宣布再次将该目标修改为25%，这意味着澳大利亚的人均碳排放量将几乎减少一半。政府修改碳减排目标的决策过程中，国内各种生态环境保护组织的影响与压力发挥了不可忽视的作用。

---

[1] "澳碳减排目标大缩水至15%"，奥尺网，2009年5月20日，资料来源：http://www.1688.eom.au/news/200812/hotnet40050.shtml, 2009.5.20.

[2] "各方分歧严重，联邦决议难服众"，奥尺网，2009年5月20日，资料来源：http://www.1688.eom.au/news/200812/hotnet40000.shtml, 2009.5.20.

第八章 澳大利亚的气候变化政策

（二）国际因素分析

1. 顺应国际潮流，迎合大势所趋

环境保护问题本身就是一个没有国界的问题，是一个与全人类的生存环境息息相关的问题。近些年来，由于人类生存环境遭到破坏所导致的自然灾害，尤其是气候问题所带来的灾害在各发达国家与发展中国家都屡见不鲜，与自然环境相关的问题也已逐渐成为各国政要会面和进行国际协商时必谈的热门话题。气候变化问题也逐渐成为国际政治中的热门议题。

随着2007年政府间气候变化专门委员会（IPCC）第四次评估报告的公布，气候变化问题和由此引发的一系列自然环境与社会问题引起了国际社会前所未有的高度关注。IPCC第四次评估报告让国际社会更加清晰地看到气候变化所导致的一系列自然环境与社会问题，从而更加认识到解决环境问题的紧迫性和采取国际合作的必要性。在这种情况下，陆克文政府若延续霍华德政府的消极应对传统，无疑将进一步加剧国内民众和国际社会的不满。另一方面，第四次评估报告从科学证据的角度明确指出气候变暖是毋庸置疑的，人类活动的影响已成为变暖的一个重要原因。因此，前任政府"气候变化的科学性不足"的借口再也站不住脚，而拒绝承担应对气候变化的义务将被国际社会看作是违背道义和逃避政治责任的选择。有鉴于此，工党政府明确表示必须把子孙后代的利益考虑在内。工党政府在气候变化领域的策略选择，一方面是基于对国际社会环境保护潮流和澳大利亚国内脆弱环境现状的认识，另一方面是在刻意摆脱霍华德政府的消极态度给国内和国际社会留下的不良形象。

2. 掌握新能源与新技术争取战略主动

由于丧失了在气候变化国际事务中的发言权，澳大利亚被排除在与清洁技术和排放贸易有关的国际贸易之外。随着2008年金融危机的到来,现行的经济发展模式遭受到了前所未有的挑战,转变经济发展模式便成为摆在各国政府面前的一个重大议题。澳大利亚逐渐认识到,开展应对气候变化策略的过程也是开发与发展有利于可持续发展、提高效率的新技术的过程,在环境保护问题日益升温的国际背景下,若能在环境保护政策上取得先机、能在有利于环境保护的相关技术方面处于世界领先地位,则意味着能优先获得更多的商机和经济利益。欧盟在低碳经济、发展可再生能源方面取得了非常好的效果,而且获得不少经济回报,实现了经济发展和环境保护的双赢。[①] 这无疑让澳大利亚看到了前景。因此,推行积极的环境保护政策,既可以使工党摆脱前任政府留下的不良形象,重新获得在环境保护领域中的政治话语权,又能在以可持续发展的方式为主导的新机制中获得更多商机和经济利益,这对澳大利亚未来的政治和经济发展都具有重大的积极意义。换而言之,工党政府推动征收碳税,究其根本是为了减少对化石燃料的依赖,鼓励可再生能源的发展,推动新能源的发展和应用,以及尽快建立和完善澳大利亚自己的碳排放交易机制和市场,以期在国际上争得主动。

二、气候政策的阻碍因素

(一)产业集团的压力

澳大利亚温室气体的高排放量、高增长率与其国内的产业结构密不可分。与加拿大类似,澳大利亚是个资源密集型国家。澳

[①] 李伟、何建坤:"澳大利亚气候变化政策的解读与评价",载《当代亚太》2008年第1期,第114—118页。

第八章 澳大利亚的气候变化政策

大利亚的电力来源依然以化石燃料为主。(见图 8—4)

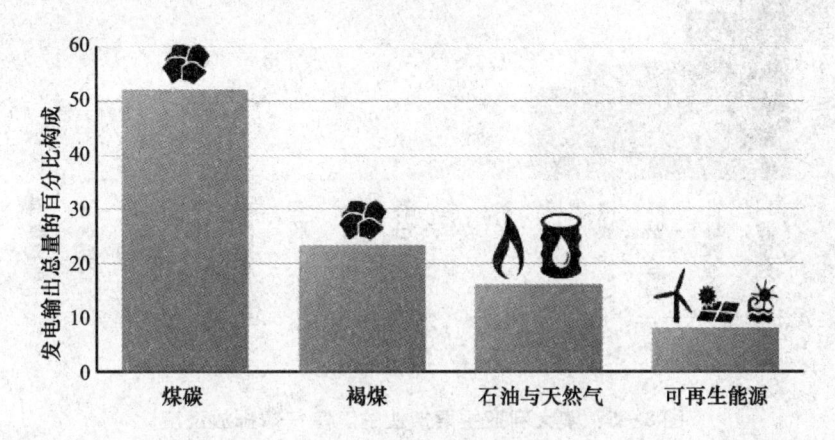

图 8—4：2009 年澳大利亚发电能源比例图

(资料来源：澳大利亚统计局)

澳大利亚几十年经济的高速发展严重依赖煤矿开采、铁矿石开采、火力发电，相应地带动了温室气体的大量排放（从图 8—5 可以看出澳大利亚温室气体排放的主要来源）。最重要的是，澳大利亚多年来过分依赖的资源行业对所有的非资源型能源行业造成了一种挤压和打击。"普华永道"最近发布报告，认为网络公司和高科技公司对澳大利亚 GDP 的贡献仅为 0.1%，这在所有发达国家中都应当是垫底的。

更为重要的是，长期以来澳大利亚主要产业集团形成了一种既定利益链条，相关既得利益集团密切合作，在政府制定政治政策的过程中，通过以下环节施加影响：[1]

---

[1] 李晓伟："利益集团与政府政治决策"，《社会科学》，1988 年第 9 期，第 15—16 页。

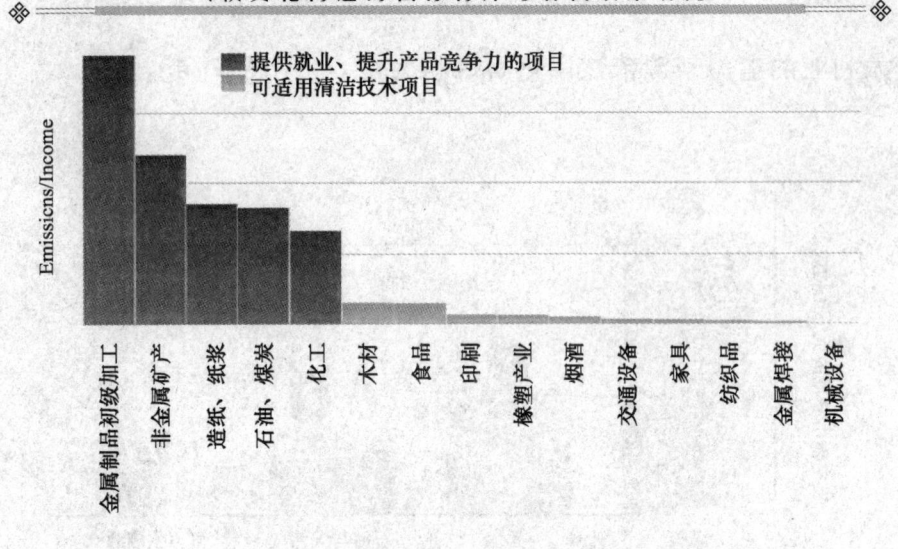

■ 提供就业、提升产品竞争力的项目
■ 可适用清洁技术项目

Emissions/Income

金属制品初级加工 非金属矿产 造纸、纸浆 石油、煤炭 化工 木材 食品 印刷 橡塑产业 烟酒 交通设备 家具 纺织品 金属焊接 机械设备

图 8—5：澳大利亚主要产业的温室气体排放强度

（资料来源：澳洲统计局，2009—2010 年澳大利亚工业部门，2011 年气候变化和能源效率、国家温室和能源报告系统资料。）

首先，在政策合法化之前，利益集团可以设定议事日程，构筑政策问题。制定政策首先要界定或确定社会问题。利益集团一般都会招募智囊团或从大学等机构中招募研究人员并提供资金资助，研究政府的政策动向。

其次，在政策合法化的过程中，利益集团会试图使政策朝着有利于自身利益诉求的方向演化。在这一过程中，政府通常要在其他特殊利益代表组织、智囊团、大额竞选资金捐助者、院外活动者等机构和阶层所提供的政策方案里，进行比较和选择。同时，政府的行政政策是否能够通过，也要受到政府运作本身的法律条例、惯例以及来自议会和法院的检验。因此，政府制定政策的合法化过程，也就是利益集团之间相互角逐、大力游说、讨价还价、妥协让步的过程，最典型地体现了政策制定过程中的特点。

第三，在政策执行过程中，利益集团可以监督或试图操纵，并且影响最终出台政策的调适。政策执行本身就是一种监督和调整，

第八章 澳大利亚的气候变化政策

这种调适过程又往往是一项新政策的创议阶段。因此,利益集团可以在这一阶段对某一特定政策进行绩效评估,监督其执行,关注其调适,从而来达到持续影响政策制定的目的。政策要得到有效执行,既要得到被管理人的接受,同时也要获得民众的广泛支持,而在这一过程里获得利益集团的支持也是必不可少的一部分。

以澳大利亚著名的利益集团——矿业协会（Minerals Council of Australia, MCA）为例,该协会是国家认可的负责澳大利亚矿产业的管理和合作问题的机构。该协会执行委员会的执行董事,包括采矿、选矿和采矿服务公司,以及从国家商会、矿业和矿产议会中提名的高级管理人员。该协会掌握着众多权力与资源,与政府的关键决策者联系密切,在决策过程中提出明确意见,向自己的成员提供行业信息,参加统一的行业倡议大会等,并与国内外的相关行业保持着密切的工作关系。[①]

（二）民众实际利益的追求

所谓"水能载舟,亦能覆舟"：澳大利亚民众普遍具有的环保意识让政府得以制定积极的气候变化政策,但对民众的切身利益考虑又让政府难以推行激进的减排措施。霍华德政府大选前在气候变化问题上的无常反复和最终失败、陆克文的成功竞选策略说明了两个要点：第一,气候变化问题在澳大利亚已成为民众和党团普遍关心的重点议题,成为当时工党和自由党两个最热门政党间角逐的焦点。第二,在与人民日常生活甚至生命财产安全息息相关的环境保护问题上,各政党必须明确表明其积极立场,否则在实行以选举制和政党竞争制为基本特征的议会民主政治机制

---

① 详细研究参见澳大利亚矿业协会的官方网址：http://www.minerals.org.au/

的澳大利亚，必将被选民抛弃。

但是，通过积极的气候政策上台的陆克文也是因为在气候政策上的过于激进而被迫下台，在资源税改革新政宣布后的半个多月里，澳大利亚资源类公司的股票价格大幅下跌。澳大利亚第三大铁矿石出口商FMG公司的股票下跌了22%，必和必拓墨尔本贸易公司的股票下降了9.8%。同期，澳元也贬值达10%。[①] 陆克文的继任者吉拉德亦因违背其竞选承诺，强推碳税而支持率大跌导致下台。吉拉德上台后，推动碳税法案获得通过。对于征收碳税的影响，有学者运用可计算的一般均衡（Computable General Equilibrium，CGE）模型来分析澳大利亚碳税的影响，结果得出结论是，澳大利亚对每吨碳排放征收23元澳币，尽管会导致温室气体排放有实质性的减少，比如实施第一年就将带来12%的降低，但短期内会导致澳大利亚的GDP下降0.68%，消费价格会上涨0.75%，电费会增加26%。碳税负担最终会转嫁到民众身上，而且给国内各个阶层带来的负担不是均匀分配的，最低收入家庭更为明显。[②]

这样，碳税的命运也就可想而知了。结果就连澳大利亚的工会和企业这些工党的传统盟友都合力抵制这项征税计划。他们认为，实施"碳税"会阻碍经济发展，削弱外商投资意愿，损害国家竞争力。工会担心这项征税计划会增加企业成本，进而导致工人失业；钢铁、运输等高能耗、高污染部门企业则担心税务负担会增加。本来支持"碳税"的最大工会组织"澳大利亚工人

---

① "澳大利亚开征40%资源税，中国投资面临价值重估"，搜狐财经，2010年5月17日，http://business.sohu.com/20100517/n272153796.shtml

② Mahinda Siriwardana, Sam Meng, Judith McNeill, "The Impact of a Carbon Tax on the Australian Economy: Results from a CGE Model", Business, Economics and Public Policy Working Papers of the University of New England, No. 2011-2.

联合会"也倒戈了，要求工党政府对钢铁生产企业免征"碳税"，除非吉拉德政府能够保证，征收碳排放税不会导致就业机会外流，否则将不再支持工党政府。实际上，在吉拉德的碳税计划中，显然也给企业界留下了足够的余地。依照计划，政府在征税的同时将通过发放免费排放许可证向一些高耗能行业提供约92亿澳元的补偿。但这样却触怒了热衷环保的民众。环保批评人士认为，如此"明罚暗奖"的做法，将令政策的执行效果大打折扣，有违征收碳税的初衷。当前，澳大利亚经济发展的负面因素仍在蔓延，对于阿博特政府来说，如何顶住经济衰退的影响，在经济发展和环境保护之间寻求一个平衡点，实现两者的共同发展，在维持选民绿色环保的政治诉求和矿业能源集团的利益之间实现平衡，仍将是今后面临的主要问题。

综上所述，澳大利亚政府所实施的气候政策是在国内因素和国外因素共同作用下的结果。其中，对国家长期利益与短期收益的权衡是澳大利亚政府气候政策发生波折的缘由。另外，国际政治与经济利益、民众的环保理念、国际道德相背也是澳大利亚在推行气候政策时考虑的重要因素。

第四节　结语

从澳大利亚气候政策的变化可以看到，气候变化既是环境问题，也是政治问题，但归根结底是发展路径问题，是短期回报与长期收益的权衡问题。澳大利亚不同政党上台后所采取的完全相反的态度与策略，就是国内民众与既得利益集团之间的理念分歧和利益冲突的直接体现。但是，对于温室气体的适度减排，澳大利亚基本上是认同的。早在2009年，澳大利亚工党和现在的执政党就已通过讨论达成共识,制定了符合国际审查标准的目标:预计到2020年,澳大利亚排放量应减少为2000年的5%到25%之间。不同的是,积极的工党政府追求上限,而消极的自由国家党联盟采取下限。2013年11月,在华沙气候大会上,澳大利亚代表团的立场就明显后退下滑。当被问及政府关于5%到25%的"减排范围"是否有具体承诺时,外交部发言人朱莉·毕晓普并未给出明确答复,只表示"澳大利亚政府承诺减排5%,我们力求通过更为直接的行动和更为谨慎的财政政策实现这一目标"。阿博特政府表示,只希望通过支出32亿美元来完成这一任务,不想再多花一分钱。就在华沙气候大会开幕前不久,澳大利亚昆士兰州又批准了一座排放量为37亿吨的煤矿开采,开采期为30年,相当于英国6年全部排放量的总和。[1] 这昭示了澳大利亚消极政策的回潮与严重倒退。

---

[1] "Will Australia cause a slip on the climate change stepping stones in Warsaw?", The Guardian, http://www.theguardian.com/environment/planet-oz/2013/nov/14/climate-change-warsaw-australia-united-nations-talks

第九章

新西兰的气候变化政策

新西兰地处大洋洲,由于其独特的地理位置以及自然生态环境,在全球气候变化过程中显得尤为脆弱。气候变化给新西兰带来了一系列灾难,对民众的生活影响巨大。比如:新西兰东部地区的降雨量越来越少,干旱程度逐年增加,而西部地区则经常发生洪涝灾害;与此同时,新西兰南岛的雨雪天气持续时间却越来越长。以参加《联合国气候变化框架公约》、《京都议定书》为开端,新西兰的四届政府先后执政,而且都在气候变化问题上表现积极,采取了很多应对措施,基本上采取不落后于其他国家的姿态。值得一提的是,1999—2008年的工党政府和现任国家党政府都制定了比较完善具体的气候变化政策。对于《京都议定书》第二承诺期的减排问题,新西兰提出了"均衡努力"的理念,认为应对气候变化仅仅依靠发达国家承担责任是不全面的,作为主要排放国家,无论是发达国家还是发展中国家,都必须积极采取行动。由于看不到《京都议定书》第二承诺期问题谈判的曙光,新西兰近几年开始走向消极,明确表示不参加第二期减排。

本章通过对新西兰气候变化政策的回顾和梳理，特别是对工党政府和现在执政的国家党政府的政策进行比较与归纳，介绍以碳排放交易制度（ETS）为代表的具体政策措施，分析新西兰积极实施气候变化政策的动因。

第一节　新西兰温室气体的排放概况

一、温室气体排放概况

新西兰是《联合国气候变化框架公约》的缔约国，是《京都议定书》附件一国家。新西兰人口 400 多万，GDP 总计 1618.51 亿美元，约占全球 GDP 总量的 0.2%。[①] 新西兰温室气体排放总量虽然不大，但是由于人口问题，人均排放强度却名列前茅，一度排在附件 1 国家中第二位。2010 年新西兰温室气体排放总量为 7170 万吨二氧化碳等价物，即目前的排放总量比 1990 年的 5980 万吨二氧化碳等价物还要多出 1190 万吨，排放量增加 19.8%。新西兰温室气体排放主要来源于六大部门，其中，农业部门成为 2010 年温室气体排放量占比例最大的部门，占总排放量的 47.1%；能源部门是第二大部门，占总体排放量的 43.4%；工业生产、废弃物与溶解物和其他产品属于更小的排放部门，排放量分别为 480 万吨、200 万吨以及 3 万吨二氧化

[①] Alexandra Bibbee, "Green Growth and climate change policies in New Zealand", OCED Economic Department working papers 893, Sep. 29, 2011.

第九章　新西兰的气候变化政策

碳等价物（分别占总量的6.7%、2.8%和0.04%）。[①]

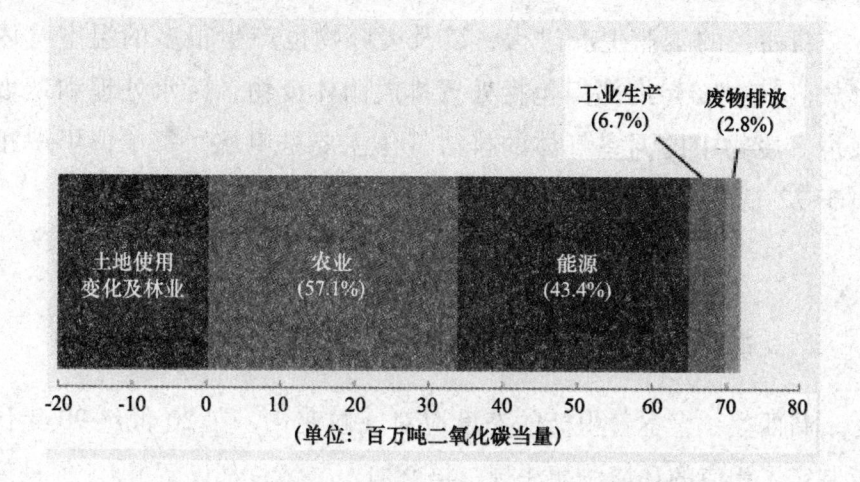

图9—1：2010年新西兰各部门的温室气体排放情况

（资料来源：新西兰环境部官方数据，新西兰环境部官网）

新西兰农业、畜牧业在国民经济中所占比重很大，农业、畜牧业产生的排放来源有：（1）肠内发酵。甲烷是由反刍动物消化而产生的一种气体，肠内发酵而产生甲烷气体是新西兰最大的单一排放类别，占其农业总排放量的31%。（2）农业土壤。（3）粪肥管理。粪便排放管理是指动物粪便分解的粪肥管理系统中被用于土壤之前所产生的气体排放。（4）稀树大草原燃烧。（5）燃烧农业废料。

新西兰能源部门产生的排放来源：1）燃料燃烧。交通运输业燃料燃烧所产生的排放包括公路、铁路、国内航空所产生的排放。（2）能源产业。电力、石油精炼、气体处理和固体燃料制

---

① *New Zealand's Green House Gas Inventory And Net Position Report* 1990 – 2010. *Environment Snapshot April* 2012

造都是能源产业所产生的排放。（3）制造业和建筑业所产生的排放。（4）其他燃料燃烧。

新西兰的工业生产过程，以及废弃物也产生很多的温室气体排放。其中废弃物部门包括处置排放固体废物，污水处理和垃圾焚烧。废物中的温室气体的排放气体主要是甲烷，每单位甲烷相当于72倍的二氧化碳。

二、温室气体排放的增长趋势

新西兰一直本着积极的态度应对气候变化，在20世纪90年代就制定了相应的环境法律法规，早就加入了《京都议定书》。但是新西兰的温室气体排放总量自1990年以来却有增无减见图9—2。

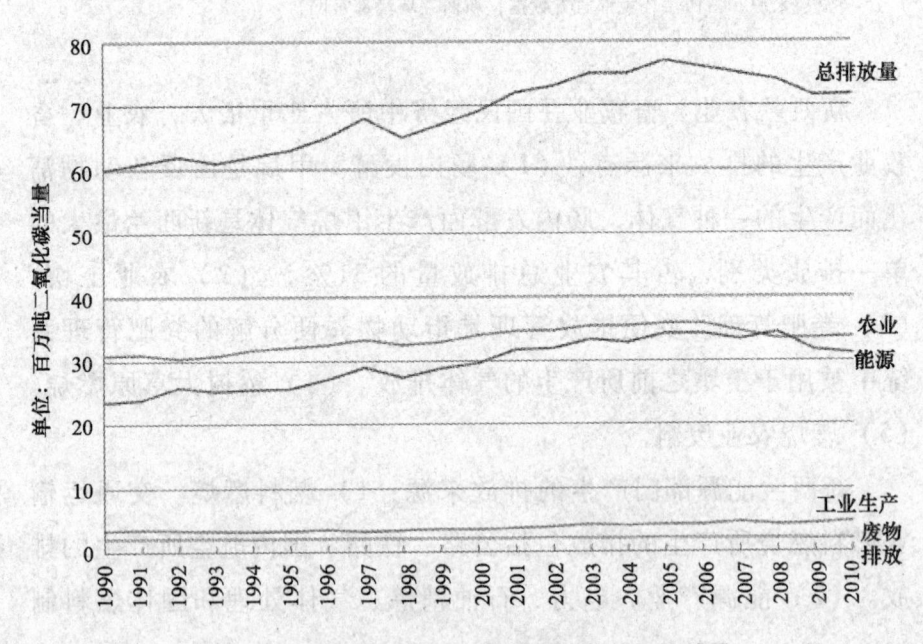

图9—2：1990—2010年新西兰温室气体总排放量

（资料来源：新西兰环境部数据，新西兰环境部官网）

第九章 新西兰的气候变化政策

1990年,新西兰的温室气体总排放量是5980万吨二氧化碳等价物。2010年,在1990年的基础上增加了1190万吨,达到了7170万吨二氧化碳等价物。[1] 新西兰温室气体持续增长的原因主要在于能源消费的增长,特别是在运输领域和发电领域。2010年,农业畜牧业还是新西兰排放量最大的部门,但是目前能源和农业畜牧业部门的排放量几乎相当。因为1990年之后能源领域排放量的增加是农业领域增加量的两倍有余。2005年,新西兰的排放总量达到了自1990年以来的最高点。2006—2010年一直处于明显下降趋势。其中的原因在于,天气变化和经济不景气导致两大领域排放量的减少:能源排放减少的主要原因有用煤发电的减少、水力发电的增加、地热能和风能发电供给的增加;经济衰落而造成的工业用电减少、公路运输减少等。天气变化引起了农业排放的减少,比如大规模干旱导致的绵羊、非乳牛和鹿的数量减少(新西兰是全球最大的鹿茸生产国和出口国,产量占世界的30%)。

尽管新西兰的温室气体排放量仅占世界总排放量的0.3%,但是同加拿大、澳大利亚一样,人口稀少导致人均排放量位于世界的前列。[2]

三、碳排放交易制度

碳排放交易制度(Emission Trading system ETS)是温室气体

---

[1] *New Zealand's Green House Gas Inventory And Net Position Report* 1990 - 2010. Environment Snapshot April 2012

[2] Bibbee · Alexandra. Green Growth and climate change policies in New Zealand. OCED Economic Department working papers893. (Sep 29, 2011)

减排的一个热点问题。新西兰的碳排放交易制度指的是,为应对全球气候变暖,履行减排的国际责任,将排放温室气体设定一个价格,促使生产部门和企业减少排放,鼓励投资方向并提高能效,倡导绿色环保发展森林碳汇,利用林业对二氧化碳的巨大吸收能力进而实现减少排放。[1] 具体而言,比如那些直接参与"碳排放交易制度"的个人和组织,要依据具体情况进行具体分析,进而采取不同的对待措施。例如,拥有森林林业的业主,由于森林具有吸收二氧化碳等温室气体的功能,根据ETS,他们可以从政府那里得到相应的的排放单位。例如,煤矿天然气公司向大气中排放温室气体,那么根据"碳排放交易制度"它就需要向政府购买排放单位;还有一些面临严峻的能源价格上涨但又没有能力把这些费用转移到消费者身上的公司,将会被政府给予一定量排放单位。这些排放单位可以在市场上相互交易,那些有剩余排放单位的组织或个人,可以将排放单位卖给那些缺少排放单位的组织或个人。设置碳排放交易制度的目的,就是期望能够产生一个对所有人(尤其是对商业和消费者)具有激励作用的机制,促使他们转变日常行为,向低碳社会发展。

第二节 新西兰气候变化政策的演变

新西兰由于独特的地理位置,以及对气候与环境变化的敏感性,使得其历届政府都非常重视气候变化问题。

---

[1] *New Zealand Legislation*, *Electricity*(*Renewable Preference*)*Amendment Act*, No289, *Date of Assent 25 September* 2008, http://www.Legislation.govt.nz/act/public/2008/0086/latest/DLM1582909.html July 25, 2009

第九章 新西兰的气候变化政策

一、工党政府时期的气候变化政策

20世纪90年代，新西兰就针对气候变化问题制定了《资源管理法》。1999年12月工党政府赢得选举，联合绿党、毛利党等组成多党政府，对气候变化问题更加重视，制定了相应的气候变化政策。海伦·克拉克的工党政府在应对气候变化问题上表现出非常积极的态度。新西兰于2002年12月就批准了《京都议定书》。工党政府认为气候变化是挑战和机遇并存的。对于《京都议定书》的几个履约机制，新西兰政府认为联合履行机制（JI）有利于新西兰公司在其他签署国开发项目，赚取减排利润；而清洁发展机制（CDM）有利于新西兰的公司在发展中国家交付项目，从而赚取利润。为了应对气候变化问题，新西兰需要面对两个挑战：一是如何适应气候变化的挑战，即如何搞好基础设施建设和生态系统建设，调整生产部门，以应对气候变化带来的影响。二是如何实施温室气体减排的挑战，即如何在不影响经济发展的前提下减少温室气体的排放。为此，工党政府制定了一些应对气候变化的举措。

（一）成立气候变化办公室，建立气候变化研究中心

新西兰政府在应对气候变化问题上采取"立法与政策配套相结合，以立法为主"的模式。2004年4月，新西兰气候变化办公室与地方政府达成了关于正式建立气候变化合作关系的协议。协议规定，新西兰气候变化办公室为地方政府提供气候变化一揽子政策咨询，通过研讨会对气候变化科学和可能的影响（包括地区水平）的信息的提供；对地方政府建立温室气体排放清单进行指导；帮助地方政府在日常运作中更好地适应气候变化带来

的影响。2007年10月9日，新西兰科技部决定，皇家研究机构与几所著名大学（包括坎特伯雷大学、维多利亚大学等）合作建立新西兰气候变化研究中心，以提高皇家研究机构、大学以及其他新西兰和海外研究人员之间的协作能力，同时加强政府部门、地方当局、生产集团和行业之间的联系，以便新西兰的科学家们能处理好有关气候变化的关键问题，保证研究机构能制定出适应气候和减少温室气体排放的最科学方案。

（二）修订《应对气候变化法》

经过较长时间的争议与讨论，新西兰议会于2008年9月10日重新修订了《2002年应对气候变化法》（Climate Change Response Act 2002），该修订法案主要围绕减排交易法（Emissions Trading）的减排目标、配套措施等方面展开。[①]

首先是确立减排交易法。以气候变化章程所确立的原则与目标为依据，新西兰国会于一年后通过了排放交易法案，以法案的方式明确规定向低碳经济的社会方向转型，如此可以实现谁排放谁负责，使原来由纳税人承担排放责任过渡到由排放责任者承担，而且通过市场交易将排放许可价格化，有利于改变现有经济活动中的成本结构，促进减排目标的最终实现。为了履行在《京都议定书》第一承诺期的减排责任，新西兰议会立法将能

[①] 新西兰的《2002年应对气候变化法》迄今一共进行过2次修订：第一次修订为工党主政的2008年9月10日，修订内容集中于排放交易机制在具体实施过程中的各个环节及各个行业的实施要求，但部分条款生效时间为2009年1月1日。第二次修订为国家党主政的2011年5月17日，修订内容主要涉及应对气候变化工作有关的机构和人员的相关规定。参见施余兵："澳大利亚和新西兰应对气候变化立法探析——以地方政府、企业与公民责任安排为视角"，《北京政法职业学院学报》，2012年第1期。

第九章 新西兰的气候变化政策

源、加工、交通、林业、农业归属到排放交易体系的时间表中。作为过渡阶段的举措,可以为出口行业、高耗能、农业在过渡阶段内核定免费排放许可。排放许可自2019年开始逐年递减,发展至2030年递减就全面结束。到2031年排放直接与企业的经营成本相挂钩,免费的排放许可永远成为过去式,企业需要遵照市场经济发展的规律以市场价进行购买。

其次是设定减排目标。新西兰的减排目标是2050年实现"零排放"(carbon neutral),建设绿色环保型国家,成为构建低碳经济发展模式的标杆。新西兰于2007年9月出台了应对气候变化的章程,明确了部分行业达到"零排放"的目标:1. 电力能源领域。到2030年要实现电力产业的"零排放"目标,到2050年实现可再生能源比率占90%以上。2. 交通运输业。到2040年实现人均排放量减少50%的目标,大力倡导电动车,要将新西兰建设成为世界上第一个普及电动车的国家。[①] 3. 能源及加工业。到2040年要在能源及加工业方面实现"零排放"。4. 增加碳汇能力。努力做好绿化建设,要在2020年使森林面积增加25万公顷,比现有面积至少增加3.1%。5. 农业的减排技术。突破农业减排技术难关,增加研发力度,跻身世界先进行列。

为配合碳交易制度的推行,新西兰配套出台的主要举措还体现在如下几个方面:第一,大力开发可再生能源。第二,提高能源利用效率,实施高效照明计划,推广高效节能灯具。第三,实施混合生物燃油计划。第四,推进行业低碳化战略。第五,政府率先示范,启动了"零排放"计划。第六,加强农业生产技术的研究开发。第七,普及民众教育。第八,修改建筑物标准,降

---

① The Official Website of The New Zealand Government, John key, Speech: Federated Farmers National Conference, http://www.beehive.govt.nz/speech/speech + federated + farmers + national + conference, July 2, 2009/July 25, 2009

低能耗。

二、国家党政府的气候变化政策

国家党一直反对工党政府的气候变化政策，尤其是反对《应对气候变化法 2008 年修订案》，国家党认为该法案的实行将会造成企业外迁，失业人口增加。国家党曾经宣布，一旦执政将修改《应对气候变化法 2008 年修订案》，制定一份更加平衡的法案。2008 年 11 月以国家党为首的约翰·基政府上台。为了实现竞选时的承诺，2011 年 5 月 17 日，国家党政府经由议会通过了《应对气候法 2011 修正案》，并修订了工党先前制定的政策。

（一）修改气候变化政策[①]

基于公众和多数选民的意愿，立足于国内外以及地区形势的重大改变，新西兰国家党政府对前任工党政府的政策进行了较大幅度的修订，修订主要有如下几点。其一，调整减排目标。将原来确定的 2050 年的"零减排"目标调整为降低到 1990 年基准年限的 50%，并以此为根据，在国际谈判中确立新西兰在第二承诺期（2013—2020 年）要承担的减排责任。其二，加强地区之间的合作。国家党上台之时，正好是陆克文主政澳大利亚阶段。陆克文政府在减排模式上倾向于交易减排机制（ETS）。澳大利亚与新西兰的贸易关系十分密切，两国之间建立相互协调的碳排放交易制度极其有利。其三，新西兰争做国际社会绿色减排

---

① 吴依林："新西兰应对气候变化政策调整"，中国科技资源共享网，2009 年，资料来源：http://www.escience.gov.cn/MetaDataSiteMap/Crawler? resourceId = ICO_ 534

第九章 新西兰的气候变化政策

的先锋和引领者,引领未来的低碳经济模式,力图通过全面实施排放交易制度,在国际上树立"绿色清洁"的国际形象。国家党与前任工党的不同点在于,节能减排是长期过程,必须保持经济平衡发展、社会稳定以及环保减排的相互关系之间的平衡。其四,取消了工党政府设定的几项配套措施。如从能源安全的角度考虑允许火电上马,接触混合燃油措施,还有从尊重公众的选择这一角度出发,由公众决定选择何种方式更适合提高家庭用电的利用效率,等等。[1]

(二) 工党与国家党之间的政策差异性

新西兰国家党与工党是该国政坛上的两个主要政党,两党轮流执政,且在位时间相对均衡,均有着较为丰富的执政经历。在对气候变化以及减少温室气体排放等重大问题上,两党意见不统一,各自有自己的纲领、理念、目标。国家党稳扎稳打,比较务实。工党目标远大,心存高远,行动积极。两党各有理由、各执一词,究竟选择哪种路线和方式更适合新西兰的基本国情,民众的投票给出了最好答案。[2] 工党时期的"ETS"使新西兰工党政府首先提出了碳排放交易制度,该制度以"排放交易法"方式实行,其推进的阶段性与制度的全面化是新西兰碳交易制度的显著特征。"全面性"指的是交易制度涵盖一切温室气体,并且覆盖所有行业,农业也包含在其中(给予一定的过渡期)。国家党

---

[1] The Official Website of the New Zealand Government, Tim Groser, New Zealand Statement to UN Climate Change Conference High-Level Segment, http://www.beehive.govt.nz/speech/new + zealand + statement + un + cliamate + change + conference + high - level + segement, December 12, 2009/July 25, 2009

[2] New Zenland.govt.nz: New Zealand's Green House Gas Inventory And Net Position Report 1990 - 2010. Environment Snapshot April 2012

执政以后尽管对前任政府的许多政策进行修改，甚至对有些政策进行了删除，但总体而言绝对不是全盘废除与否定，主要还是以承接与沿用方式为主。两党都认可减排不仅属于环境问题范畴，同样也属于经济问题，减排的有效方式应该是依靠征收碳税或者碳交易制度等经济方式来解决；两党都承诺履行第一责任期的国际减排责任；两党都很注意农业排放问题，都主张加大对农业排放技术发展的投入等。所不同的无非是在政策的切入点和推进实施的力度方面有差别，两党都认为，未来新一轮国际减排责任应该由大多数国家共同参与。

第三节 新西兰气候变化政策的动力与阻碍因素

一、新西兰气候政策的推动因素

新西兰推出的碳排放交易制度（ETS）覆盖了所有温室气体和所有经济部门，处于世界前列。新西兰为什么会在应对气候变化方面如此积极呢？主要有以下几点。

（一）生态环境保护的考虑

近年来全球气候变暖对新西兰的生态环境影响已经显现。国家东部地区降雨量越来越少，干旱程度逐年增加，而西部地区则经常发生洪涝灾害。新西兰南岛的雨雪持续时间越来越长。极端天气频繁出现给新西兰人民的生活带来了极大不便。如2008年的干旱天气导致新西兰的支柱产业农业歉收，严重影响了其经济的发展。由于气候变暖导致的海平面上升，日益威胁新西兰沿海人民的生活。不仅如此，气候变化对新西兰生物的影响也已经显现。气候变暖将导致新西兰的大蜥蜴濒临灭绝。新西兰大蜥蜴在地球上已经存活了2亿多年,是目前幸存的为数不多的远古爬行动物物种之一,但是,素有"活化石"之称的这种大蜥蜴正面临灭绝危险。英国《泰晤士报》2008年7月2日援引科学家发表在《英国皇家学会会报》上的文章报道,由于新西兰大蜥蜴的性别由孵化温度决定,气候变暖使得孵出蜥蜴的雄性比例上升。长此以往,最终将导致大蜥蜴灭亡。[①] 所以保护好新西兰的生态环境,维护生物物种的多样性,有一个良好的生态环境是新西兰积极应对气候变化问题的动因之一。

(二)维护国际声誉以追求长远经济收益

新西兰于2002年缔结了《京都议定书》,并具体规定了第一期的减排目标,即到2020的温室气体排放水平减排到1990年的排放水平。如果没有积极严格的成系统的气候变化政策,新西兰就很难履行减排义务,对其国家形象会造成不利影响。另外,农业和林业是新西兰的支柱产业,通过认真接受《京都议定书》规定的国际责任,新西兰坚持要在处理林业和农业规则问题时获得一席之地,这些规则密切关系到新西兰排放物情况,因为农业的排放占其总排放量的将近一半。针对气候变化问题,新西兰政府制定了可持续发展的经济政策,包括提高能源利用效率,加大可再生能源在总能源消费中的比例,其中最重要的一项就是"绿色发展"政策。人类活动导致的污染越来越严重,环境的恶化、气候灾难的频繁发生等等,都不断改变着人们的消费习惯,对绿色、清洁产品的需求不断上升,这对于"100%纯净"的全球新西兰品牌的经济价值将是巨大的。因此通过实施积极气候变

---

① 新西兰联合报. 详见网址:http://www.ucpnz.com/

化政策,向世人展示新西兰应对全球气候变化的负责任态度,维护新西兰纯净的环境,加强新西兰"绿色、清洁"的国际形象,对于新西兰农产品的出口以及新西兰的品牌——旅游业都有着深远的影响。

(三) 大洋洲的其他国家的压力

新西兰与澳大利亚有着极其相似的国情,两国人员交往密切,经济联系紧密,所以澳大利亚的国内政治状况以及应对气候变化的态度都深刻影响着邻国新西兰。陆克文上台以来就实行了比较积极的气候变化政策,比如签署《京都议定书》,开征能源税、碳税,以及为此而实行的一系列配套措施等等,这些积极的气候政策无疑对新西兰有巨大的示范作用。

就大洋洲国家而言,新西兰是仅次于澳大利亚的大国,所以在应对气候变化问题上理应承担起更多责任。2009年的8月,第40届太平洋岛国论坛领导人会议在澳大利亚的凯恩斯闭幕。[①]出席会议的各国领导人关注的焦点都是气候问题,并表达了一个相同的观点,即全球气候变化给太平洋岛国带来的挑战是全方位的,不仅涉及经济和社会发展,而且还涉及到关乎民生的粮食等重大问题。在该会议上,太平洋小岛国家(例如基里巴斯、图瓦卢、马绍尔群岛以及巴布亚新几内亚等)的领导人还要求新西兰和澳大利亚能够将解决气候问题落到实处,具体而言就是要颁布相应的减排节能措施。2013年的3月24—26日,在新西兰的奥克兰举行了太平洋能源峰会,[②] 此次会议的目的是为太平洋

[①] 参见中国科技咨询网,网址:http://www.cnetnews.com.cn/2009/0806/1427027.shtml

[②] The Pacific Energy Summit. 详见网址:http://www.pacificenergysummit2013.com/

岛屿国家的能源计划和目标寻求赞助和私人投资，此次峰会是新西兰政府资助的，显示了新西兰以及国际社会对太平洋岛屿国家应对气候变化问题的支持。参加会议的太平洋岛国领导人一致表示，要求新西兰和澳大利亚主动带头，不仅造福太平洋和大洋洲，也造福全人类。

（四）民众对气候问题的支持

因为根据碳排放交易制度，燃油和能源公司必须从市场上购买碳排放单位，以此来抵消其产品和服务所产生的温室气体排放，但是许多商家将这一成本转嫁到消费者身上。因此，直观地看，碳排放交易制度的实行使普通家庭燃油费和电费开支升高，为此新西兰国家党政府推出了税收减免计划，这给国内民众带来的收入涨幅会大于 ETS 的实行对民众所产生的经济压力。[1]

碳排放交易制度在新西兰公众内部激起了了两种反应。年纪偏大的群体认为碳排放计划没有多大作用、不公平；年轻群体认为碳排放交易制度在减少碳排放方面力度还不够。尽管有怨言，但是新西兰民众固有的环保意识普遍较强，大多数还是认同碳排放交易制度背后的环保理念。为了降低碳排放交易制度带来的生活压力，普通家庭开始从改变自己的消费习惯与生活习惯入手，尽可能地节约能源电力等，低碳化出行，低碳化生活，推进新西兰快速向低碳化社会迈进。可以说，新西兰民众对于气候变化理念的支持与理解是政府实施减排政策的根本。

---

[1] 施余兵："澳大利亚和新西兰应对气候变化立法探析——以地方政府、企业与公民责任安排为视角"，《北京政法职业学院学报》，2012 年第 1 期。

二、国家党政府改变政策的原因

第一，从地理位置上来看新西兰与澳大利亚毗邻而居，两国之间有密切的来往。新西兰是澳大利亚第一贸易进出口国，澳大利亚在经济总量上远远超过新西兰，几乎达到新西兰的7倍以上，对新西兰的影响举足轻重。① 随着社会与经济的发展，地区形势发生了变化，新西兰越来越深切认识到要在减排问题上与澳大利亚相协调，唯有如此才会提升本国在减排举措方面的效率。此外还有周边国家的影响。2007年澳大利亚霍华德政府下台，工党政府在应对气候变化方面做了政策调整，签署了《京都议定书》。陆克文原本要推动在2011年开始实施碳排放交易计划，但是遭到反对，最后下台。新西兰政府有鉴于此，对减排目标做了实际性的调整。

第二，国际形势的不断变化。2008年金融危机对世界经济造成了巨大冲击。随着经济衰退，发达国家承担减排责任已经力不从心。这种态势对2012年之后的气候变化谈判产生了相当大的影响，以至于许多国家对正在谈判的第二承诺期普遍持犹豫态度，承诺向发展中国家投入的绿色气候资金才兑现不到1%。② 国际形势变化使得新西兰在之后的国际谈判中选择重新考虑的立场。

第三，国内民众的意愿。在"是否要做应对气候变化的领头

---

① Brian Fallow, NZ can catch Australia: Brach, *The New Zealand Herald*, July22, 2009, (B1)

② Barry Coates, Breaking promises, shifting blame in the climate game, *The Dominion Post*, December 11, 2008, A130

雁"这个问题上,民意支持率发生了很大变化。2007年显示支持率为63%,2010年支持率降低了近20%;而"希望与其他国家一致减排的比例"为39%,比两年前提升近了12%。[1] 气候变化问题在普通公众家庭中的选项排在了第六位,他们更关注燃油价格以及经济表现。国家党则结合民众的需要对自身角色进行了重新定位。

最后,国内经济情况。新西兰经济发展深受美国金融危机的影响,呈现出显著的衰退趋势,发展前景不容乐观,失业人口持续增多,如果继续实行严格的排放交易制度,不仅会增加企业的经营成本,还会增加家庭、社会的经济负担,无异于给现有的经济形势雪上加霜。

第四节 结语

新西兰虽然人均排放量位于世界前列,但其排放总量并不高。新西兰特殊的地理与自然环境使得其政府从一开始就非常积极地面对气候变化问题,无论是前工党政府执政,还是现任的国家党政府执政,都采取了一些相对比较超前的气候变化政策,两党都主张通过碳排放交易制度来实施减排;但是,在"怎样实施碳排放交易制度以及实施到何种程度"问题上存在较大分歧。从《2002年应对气候法》,到《应对气候法2008年修正案》,再到《应对气候法2011年修正案》,新西兰从本国民众的长远利益出发,综合考虑安全和谐的生存环境、持续增长的经济发

---

[1] Eloise Gibson, NZ going cooler on warming survey, The New Zealand Herald March 23, 2009, (A4)

展、良好的国际形象与声誉等几方面因素，既审时度势又扬长避短，实行了比较到位有效的应对气候变化政策。当然，无论是工党执政还是国家党上台，新西兰政府都要面对的一个问题就是，如何在尽量不影响经济发展的前提下去减少温室气体排放，同时迅速有效地搞好基础设施建设和生态系统建设，以减少气候变化的敏感性与脆弱性。从新西兰几届政府所推行的减排交易系统、减排目标、外交立场以及配套措施等来看，总体上是有效的和建设性的，对于世界各国都有借鉴意义。

第十章

小岛国家联盟的气候变化政策

小岛国家联盟（AOSIS），或称小岛国联盟、小岛屿国家联盟，是指受到全球变暖威胁最大的几十个小岛屿及低海拔沿海国家组成的国家联盟。由于气候变化或者全球变暖的一个直接后果，就是海平面的上升，而首当其冲的就是小岛国家的生存问题。国土面积较小、群岛形态、特殊地理位置和其他特征，面对海平面上升、海洋温度上升、降雨量变化、珊瑚漂白以及加剧多发的暴雨频率等问题，小岛国家面临的巨大的敏感性和脆弱性是其他国家难以想象的。小岛国家联盟的角色定位是，加强在全球气候变化下有着相似发展挑战和环境关注的脆弱小岛屿与低洼沿海国家在联合国体制内的话语权，力争在联合国框架内成为一个游说集团，为小岛屿国家、低地国家等气候变化脆弱性国家发出声音。该组织目前有43个成员国和观察员，包括新加坡及来自非洲、加勒比海、印度洋、地中海、太平洋和南中国海的小岛国。① 小岛国家在气候变化问题上的协商与合作已有了多样并且显著的成果。因为在如

---

① 详细情况参见AOSIS的官方网址：http://aosis.info/

何应对气候变化问题上拥有特别诉求,小岛国家联盟在国际气候谈判进程中的角色、地位以及作用非常突出。

第一节 小岛国家联盟概况

小岛国家在 UNFCCC 和《京都议定书》下的政府间谈判进程中一直扮演着积极的角色。与小岛国家联盟参与气候会议的热情相对照,学术界并没有给予该组织及其在气候变化问题上的立场与诉求更多的关注。小岛屿国家联盟成立于 1990 年,涵盖 43 个国家。该组织主要由那些处于低海岸线的国家组成。小岛国家联盟中的成员属于 77 国集团,大多数国家国内生产总值较低,人均温室气体排放量不多。值得注意的是,一些小岛国家联盟成员比较富裕(如新加坡、巴哈马、安提瓜和巴布达,特立尼达和多巴哥共和国),而其他一些非常贫穷(如几内亚、海地)。一些国家的发展指数(United Nations Human Development Index)比较高(如新加坡、塞舌尔、巴哈马和巴巴多斯),而其他国家则非常低(如几内亚)。此外,小岛国家联盟没有章程、秘书处或者常规预算,但是从国际气候谈判开始它就作为一个独立行为者参与了谈判。在强调发达国家责任问题上,小岛国家联盟致力于推动严格的国家义务,也一直宣称所有国家包括发展中国家必须加入环到境保护行列中。[①] 小岛屿国家联盟早在 1994 年就开

[①] Hay, John E. et al., "Climate Variability and Change and Sea-Level Rise in the Pacific Islands Region: summary for Policy and Decision Makers," accessed 15/01/04, available fromhttp://www.sprep.org.ws/climate/doc/01Summary.htm; also (AOSIS 2000; ENB 2002)

第十章 小岛国家联盟的气候变化政策

始非常积极地推进《京都议定书》谈判的第一份草案,并对气候变化谈判给予了持续的关注。小岛国家表示,对于全球变暖,自己应该担负的历史与现实责任很小,却深受其害。小岛国家联盟早在《京都议定书》第一次缔约国大会中就提交了一份非常激进的目标建议书,呼吁附件一的国家大幅度地减少二氧化碳的排放量,即到2005年至少比1990年的排放量少20%。

小岛国家主要分布在热带和亚热带的海洋地区。由于海洋和大气的相互作用,这些国家的气候常受诸如飓风、旋风等极端天气的影响,而产生风暴潮、珊瑚白化、洪灾和侵蚀等自然灾害,让小岛国家在社会经济和文化基础设施等多方面付出了高昂的代价。对大多数发展中国家、尤其是小岛发展中国家而言,气候变化及其后果是真实性的,也是灾难性的。不容置疑的是,岛屿地区的气候深受温室效应带来的海洋升温的影响,而平均降雨强度也发生了巨大变化。在地中海、马耳他和塞浦路斯这些小岛屿座落的地区,夏季平均降雨量下降(IPCC,1998)。同时,海岸腐蚀在一定程度上是人为因素,如采砂的结果。这已经是很多岛屿面临的问题,在未来可能因为海平面的上升而加重。在很多环礁地区(如太平洋)和低礁岛(如加勒比海)地区,碳酸盐岩海滩因靠高产的珊瑚礁产生的岩沙而被维持,但珊瑚礁的退化已经造成了海滩退化的加剧。同样地,在地中海,小岛屿定期受洪灾、暴风雨袭击的影响。猛烈程度的增加可能进一步使位于沿海地区的自然与人类系统的相互关系更加紧张。[①] IPCC第二工作组

[①] See (ENB), Earth Negotiation Bulletin, *A Reporting Service for Environment and Development Negotiations*, Vol 12, 1995 (Nicholls and Hoozemans, 1996). At: http://www.ipcc.ch/ipccreports/tar/wg2/511.htm. Shibuya, Eric, "'Mice Can Roar': Small Island States in International Environmental Policy" (PhD, Colorado State University, 1999) p. 159.

的第四份评估报告《气候变化的影响、脆弱度和适应性》中指出，受全球变暖趋势带来的温度上升影响最严重的国家是小岛国家。根据科学研究，在1971—2004年间，海洋温度变化的范围是0℃—1℃。还有研究认为，复杂性气候模型显示，21世纪所有的小岛国家区域将可能出现一个普遍的气候变暖趋势。[①] IPCC根据1961—1990年间SIDS所在地区的温度变化，对全球地区性气温增长做了对比（见表10—1）。

表10—1　30年周期气温增长预期的区域性对比（单位：℃）

地区	2010—2039年	2040—2069年	2040—2069年
地中海	0.60 to 2.19	0.81 to 3.85	1.20 to 7.07
加勒比海	0.48 to 1.06	0.79 to 2.45	0.94 to 4.18
印度洋	0.51 to 0.98	0.84 to 2.10	1.05 to 3.77
北太平洋	0.49 to 1.13	0.81 to 2.48	1.00 to 4.17
南太平洋	0.45 to 0.82	0.80 to 1.79	0.99 to 3.11

（数据来源：The IPCC Fourth Assessment，IPCC，2007）

对于小岛发展中国家而言，耕地、水资源和生物多样性将承受来自海平面上升带来的巨大压力。例如在太平洋群岛地区，在1950—2004年间的灾难报道中，飓风占76%。仅2004年，平均

[①] For further reading and information about the IPCC Fourth Assessment and other reports visit the following websites: http://en.wikipedia.org/wiki/IPCC_Fourth_Assessment_Report; http://www.ipcc.ch/ipccreports/ar4-syr.htm.

第十章 小岛国家联盟的气候变化政策

每一次飓风就给该地区造成了75.7万美元的损失。[1] 据估计到2050年,塔拉瓦岛和基里巴斯的平均降雨量减少速度将由10%变为20%,环礁淡水层区厚度的递减速度将高达29%。由于风暴潮和海平面上升而造成的盐水不断入侵也威胁到了淡水供应。温度的变化极可能影响到高海拔地区,同时外来生物入侵则可预见到一些特殊的物种,包括一些特有的鸟类会灭绝。海岸线几乎肯定将遭受加速侵蚀的影响,而海水淹过的定居点、耕地以及与之相关的社会经济的影响。例如在格林纳达地区,海平面上升50厘米可能就会导致严重的水灾和近60%的沙滩消失。[2]

---

[1] World Bank. 2006a. Not If, But When: Adapting to Natural Hazards in the PacificIslands Region, A Policy Note. World Bank. Washington, DC, 20433USA. Also: http://siteresources.worldbank.org/GLOBALENVIRONMENTFACILITYGEFOPERATIONS/Resources/Publications-Presentations/GEFAdaptationAug06.pdf

[2] See (Mimura et al. 2007) also ViewMaldives. 2001. Initial National Communication to the United Nations Framework Convention on Climate Change. http://unfccc.int/resource/docs/natc/maldnc1.pdf Also UNFCCC: Climate Change: Impacts, Vulnerabilities and Adaptation in Developing Countries

The book outlines the impact of climate change in four developing country regions: Africa, Asia, Latin America and small island developing States; the vulnerability of these regions to future climate change; current adaptation plans, strategies and actions; and future adaptation options and needs. The book draws heavily on information provided by Parties to the UNFCCC, particularly that provided at three regional workshops held in Africa, Asia and Latin America and one expert meeting held in small island developing States during 2006–20071, as mandated by the Buenos Aires programme of work on adaptation and response measures (decision 1/CP.10 of the Conference of the Parties to the UNFCCC) 2, as well as information in national communications3 and national adaptation programmes of action4 submitted to the UNFCCC, reports from the Intergovernmental Panel on Climate Change (IPCC 2007) and other sources, as referenced.

第二节 案例研究：塞舌尔、马尔代夫与毛里求斯

一、案例研究之一：塞舌尔

（一）塞舌尔概况

以"天堂之国"、"西部群岛之国"而闻名的塞舌尔岛，坐落于印度洋西南部。塞舌尔岛主要包括两个部分，其中一部分是花岗岩岛，总共有 43 个小岛，主要是由狭窄海岸区域的山脉组成。另一种是珊瑚岛，总量有 72 个，跟前者不同的是，珊瑚岛处于低洼地区。塞舌尔的人口主要集中于首都所在地 Mahe 岛。其他人口聚集地还包括 Praslin 岛、La Digue 岛以及 Silhouette 岛。塞舌尔属于热带地区，常年气温介于 24 摄氏度到 30 摄氏度之间，湿度高、年降雨量大。塞舌尔群岛覆盖着茂密的雨林，拥有丰富的鸟类和爬行动物。塞舌尔拥有超过 1000 种特有动物和植物品种，还拥有全球最多数量的巨型大陆龟和被列入联合国教科文组织的世界遗产名录的 Vallée de Mai 自然保护区。

根据历史纪录，塞舌尔自 1770 年起有居民居住。塞舌尔曾连续被法国和英国殖民统治，直到 1976 年获得独立。塞舌尔的人口是 8.1 万人（2002 年人口普查数据），其中 90% 的人口居住于沿海地区。此外，史料显示，塞舌尔人基本上是英法殖民者的后代、葡萄牙水手、非洲耕作农民，以及来自印度、中国和中

第十章 小岛国家联盟的气候变化政策

东的商人的混合。① 在经济上,这个小国主要依赖于旅游业和捕鱼业,这两个行业提供了该国 90% 的外汇来源。2001 年的国民收入总值达到 8000 美元。②

(二) 塞舌尔的气候变化脆弱性

环保主义者在塞舌尔的研究证实,栖息地和生物多样性、沿海与聚落形态、农业水利、渔业等是受气候变化影响的关键社会经济领域。研究显示,气候变化至少在三个方面严重影响塞舌尔的经济与社会:

第一,是沿海地带过度开发和人类定居点的问题。依据 2002 年《塞舌尔国家报告研究》,该国大约 85% 的定居点和基础设施位于沿海平原,沿海人口密度超过了 400 人/平方公里。为了应对海平面上升,塞舌尔尝试为稳定海岸线而建筑了防波堤。同时,主岛 Mahe 岛大约 148 平方公里,且超过 74% 的部分属于自然保护区。因此,土地利用和发展的矛盾已经日渐凸显。还有,塞舌尔土地的复垦威胁到红树林、泥屋、海草和珊瑚礁。另外,旅游业被视为经济的最重要的部分,针对滨海旅游和沿海开发,越来越多的开发商开始努力改造饭店的自然环境。为了达到经济发展的目的。目前,全国的大小型宾馆的总数为 103 个,其中座落海滨区的有 31 个,面向海边的有 50 个。过度开发海滨资源的结果就是海滩湿地和海岸的

---

① For more about the Seychelles history and development visit the following websites: http://www.iexplore.com/dmap/Seychelles/History; http://www.nationsencyclopedia.com/Africa/Seychelles-HISTORY.html; http://www.infoplease.com/atlas/country/seychelles.html.

② Sources from http://www.infoplease.com/ipa/A0107955.html Economic summary of the Seychelles;

植被遭到破坏。①

第二,是海平面上升的威胁。IPCC 的报告指出,20 世纪太平洋、加勒比海和印度洋地区的海平面上升是整体性的。对上述地区的岛屿来说,海平面上升就预示着低洼小岛国家的灭顶之灾。自 20 世纪 80 年代初期起,塞舌尔开始监控海平面上升。印度洋地区的两个监测海平面的数据站就坐落在塞舌尔境内。从 1993—1998 年间海平面异常变化的数据来看,海洋变化对于小岛国家的影响是相当惊人的。② 1997 年塞舌尔的海平面数据报告指出,主要岛屿 Mahe 附近的海域不断抬升,形成了一个非常狭窄的滨海平原。

第三是珊瑚漂白问题。塞舌尔以各式各样、色彩丰富的珊瑚而闻名。随着海洋温度的升高,塞舌尔面临着严重的珊瑚漂白问题。通常情况下,塞舌尔每月平均海平面温度不过是 29℃,但在 1998 年,至少有 5 个月的时间海水温度已经上升到了 30℃—31℃。事实上,卫星记录显示最热的一个时期可以追溯到 1982 年。通过研究全球的珊瑚漂白模式和大部分珊瑚漂白的温度,当大部分珊瑚被漂白的时候,在每年的最热季节每月平均温度会超过正常值 0.9 度左右,在某些月份还有长时期的高温。1998 年印度洋的酷热天气异乎寻常地持续了一年的大部分时间,导致了大量珊瑚礁的死亡。在其他地区,包括达加斯加、留尼旺、毛里求斯、坦桑尼亚、莫桑比克、阿曼、索马里、泰国、印度尼西亚等都存在严重的漂白活动(死亡率未知),使得珊瑚死亡率在塞舌尔、科摩罗、肯尼亚、马尔代夫、斯里兰卡和印度等地的影响

---

① View article by Matlock, Marty (*Last Updated*: July 3, 2008): WesternIndian OceanIslands and coastal and marine environments

② Document obtained in courtesy of Seychelles National Report on Sea-Level Data level By Seychelles Meteorologlcal Servicesseychelles National Report On Sea Level Data

范围从 50% 上升到 90%。[1]

（三）国家、地域间互动与国际合作

1992 年 9 月 22 日，塞舌尔共和国就加入了《联合国气候变化框架公约》（UNFCCC），成为第二个缔约国。塞舌尔同样也是最早签署《京都议定书》的国家之一，签约时间为 1998 年 3 月 20 日。在 UNFCCC 谈判期间，塞舌尔认为有关各方并没有充分重视气候问题的严重性、气候变化的适应性以及应对能力等问题。经过塞舌尔等国家的努力，世界各国在听取了小岛国家意见的基础上通过了两大积极原则："共同但有区别责任原则"和"预防性原则"。其中，"预防性原则"强调，任何国家都迫切需要确定在哪些地区它们可以通过改变政策和提供技术支持来减少温室气体的排放，以预防灾难性后果。[2]

1998 年，联合国环境规划署与联合国人类中心合作为塞舌尔提供援助，为创建新的土地规划和为开发管制立法，建立土地资源管理和可持续开发的制度框架。塞舌尔也是 1984 年建立的印度洋委员会（IOC）的成员国之一，一共有 5 个小岛国家参与其中。他们的主要目的是希望与其成员国之间通过地区间的良好合作，以加强社会经济、环境和政治联系，实现可持

---

[1] Thomas J. Goreau, (1997 - 1998) Did a thorough research together with other groups of scientist including the local ones regarding: Impacts & Recommendations of Coral Bleaching in The Seychelleswww.panda.org/about_ our_ earth/aboutcc/problems/impacts/coral_ reefs/http: //www.diveseychelles.com.sc/visarticles3a.htm

[2] Seychelles Initial National Communication Under the United Nations Framework Convention on Climate Change Prepared for the Conference of the Parties Ministry of Environment and Transport Republic of Seychelles: October 2000, Ministry of Environment and Transport, Republic of Seychelles: ISBN: 99931 - 814 - 0 - 4

续发展，解决岛国居民所面临的气候变化问题。[①]迄今为止，在联合国的倡导下召开了两次"小岛国家可持续发展"会议，即1994年的巴巴多斯全球会议以及2005年的毛里求斯国际会议。《巴巴多斯行动纲领》[②]和《毛里求斯实施战略》[③]都承认，小岛国家由于其自然和地理的特殊性，面临着气候变化独一无二的挑战。会议声明，可持续发展是小岛国家政府最根本的目标与责任。在国际环境合作方面，塞舌尔已经签订和批准了的世界主要环境类公约，包括《生物多样性公约》、《气候变化框架公约》、《海洋法》、《荒漠化公约》、《蒙特利尔议定书》、《濒临灭绝野生动植物国际贸易公约》和《内罗毕公约》等等。

在国家层面，环境教育已经成为国家教育课程和全国媒体关注的重点，比如，本地的新闻媒体每周都会报道环境问题。非政府组织参与全球环境基金项目的数量与程度显著提高。塞舌尔的总统詹姆斯·米歇尔已经宣布建立海平面上升基金会，以此来激励全球合作，共同应对气候变化的影响。[④]

2009年9月在纽约举行的联合国峰会上，塞舌尔总统詹姆斯·米歇尔传递了一个很重要的信息。他说："领导们必须告诉后代，他们已经一起行动挽救我们的星球。面对危机，最糟糕的

---

① Information about IOC is available at: http://en.wikipedia.org/wiki/Indian_Ocean_Commission Also in the following publication: http://ec.europa.eu/development/body/publications/courier/courier201/pdf/en_018.pdf

② Information about the BAOP: http://www.unep.ch/regionalseas/partners/sids.htmhttp://islands.unep.ch/http://www.sidsnet.org/aosis/

③ The official web site for the Mauritius International Meeting is at http://www.un.org/smallislands2005/.

④ "President Michel Speech regarding sea-level Foundation", http://www.seychelles-cn.org/en-news04082008.htm

是任何人都能做但是什么也没做。"对小岛国家和最不发达国家来说，通往巴黎气候会议之路关乎生存。迄今为止，国际气候谈判的实际效果令小岛国家非常失望。①

二、案例研究之二：马尔代夫

(一) 马尔代夫概况

马尔代夫群岛官方称为马尔代夫共和国，主要位于印度洋南部的拉克沙群岛，由印度洋上1200个小珊瑚岛和环礁组成。1978—1985年人口增长率达到3.4%。2000年全国总人口为27万人，到2007年，人口达到了30万人，全国人口最密集的是首都马累。② 马尔代夫的年平均温度和湿度分别是28.1℃和80%。马尔代夫保持着世界上地势最低的国家的记录，最高陆地平面海拔只有2.3米，平均海拔为1.5米。③

马尔代夫是多元文化的混合国家，岛上居民有着不同的宗教信仰和语言。马尔代夫的旅游业占整个国家GDP的28%，是60%的外汇来源。政府的收入主体部分也来自于进口税和与旅游相关的税费。此外，海洋产业在马尔代夫的经济中也占有重要作用，渔业和鱼类加工是第二大的工业。2007年的数据显示，人

---

① Part of Mrs. Alexis's deliberation could be read at: http://www.ens-newswire.com/ens/mar2009/2009 - 03 - 02 - 02.aspCopyright Environment News Service (ENS) 2009. For president speech refer to Seychelles newspaper at www.nation.sc

② MPND Statistical year book of the Maldives 2003 Male: MPND; 2003.

③ Justin Hoffman ICE Case Studies Number 206, May, 2007 Article available at: http://www1.american.edu/ted/ice/maldives.htm

均 GDP 达到了 4600 美元。① 马尔代夫肥沃的土壤滋生了热带雨林植物群。海洋环境是马尔代夫的基本环境，而珊瑚礁是主要的生态系统。②

（二）马尔代夫的气候变化的脆弱性

像大部分岛国一样，马尔代夫不可避免地易受气候影响。全球变暖给许多沿海地区带来环境压力，但马尔代夫面临的威胁最为严重。由于低地势的特定地理情况以及脆弱的环境系统，马尔代夫面临气候变迁和环境灭绝的威胁。1992 年，在联合国地球峰会上，马尔代夫总统发言说："作为处于危险中国家的一名代表，我们被告知由于全球变暖和海平面升高，我的国家——马尔代夫，将在下世纪的某个时刻从地平面上消失。"③

1. 海平面上升问题

马尔代夫是世界上第一个认识到海平面升高危险的国家，也是第一批应对全球气候变暖的岛屿国家。在 IPCC 的推测中，马尔代夫将会消失在海平面以下。最新研究显示，依照目前的碳排放增长速度，全球变暖很可能导致 2100 年时海平面升高到约 1 米，也就是说，马尔代夫面临海平面升高的严重后果。早在 1987 年，马尔代夫和其首都马累就曾经被海啸淹没，导致了数

---

① Important information and data regarding the Maldives Economy：http：//www.themaldives.com/maldives/Maldives_economy.htmhttp：//en.wikipedia.org/wiki/Economy_of_the_Maldiveshttp：//www.indexmundi.com/maldives/economy_profile.html

② Information about Maldives Environment：http：//www.bluepeacemaldives.org/biodiversity.htm

③ Jon Hamilton，"Maldives Builds Barriers to Global Warming"，January 28，2008.

第十章 小岛国家联盟的气候变化政策

百万美元的经济损失。此外，2004年12月亚洲海啸更具毁灭性，直接导致马尔代夫82人死亡，1.2万人迁移，损失高达3.75亿美元。[①]

2. 海岸侵蚀和洪水问题

1987年马尔代夫所有岛屿遭受了洪水肆虐。时任马尔代夫总统加尧姆借此在国际外交场合强调全球变暖和海平面上升等问题对低地国家和岛屿国家的影响。马尔代夫的陆地资源是非常有限的，人口增长对陆地的需求显著增加。1995—2004年，马尔代夫不得不在外围的珊瑚岛增加了57%围海造田工程。[②] 同时，估计大于150个岛屿和约911平方公里的陆地将被陆续开垦。2009年2月，有联合国专家指出，因为海平面升高和海岸侵蚀，这个岛国已经过度拥挤。[③] 2007年美国《纽约时报》报道说：2007年5月15日，强烈的风暴袭击了马尔代夫，导致1650人迁移和217所房屋损坏，很多海港和码头受到破坏，岛上饮用水严重短缺。[④] 总之，海平面升高和洪水问题已经成为马尔代夫全社会的关注焦点。

---

① Laurence O'Sullivan, "The Maldives Facing Environmental Disaster: Indian Ocean Paradise Islands on Course for Environmental Extinction", http://environmentalism.suite101.com/article.cfm/the_maldives_facing_environmental_disaster#ixzz0Fxn6XEST。

② Based on Census 2000 analytical report (MPND, 2002, 2006) and VPA II (MPND & UNDP, 2004)。

③ Raquel Rolnik, "Special Rapporteur on adequate housing to the UN", 2009, This article at: http://www.un.org/apps/news/story.asp?NewsID=30026&Cr=housing&Cr1=climate。

④ New York Times, 22 May 2007, http://www.alertnet.org/thenews/newsdesk/COL332269.htm。

（三）国家、地域间互动和国际合作

马尔代夫一直积极地参与全球气候问题。马尔代夫参与了1990年第二次世界气候会议和1992年在里约热内卢举办的地球峰会，1994年参与了全球小岛发展中国家的可持续发展会议，1997年参与了京都会议。马尔代夫曾经在1997年主办了IPCC第13次年会。作为小岛国家联盟成员，马尔代夫还积极推进区域性合作与协商，在保护岛屿人民生存环境的斗争中表现出色。1989年11月1日马尔代夫召开了海平面升高问题的小岛国会议。这是小岛国家高层环境部门和技术部门第一次讨论上述问题。此次会议最终达成了应对全球气候变化的《马累决议》，决议中明确要建立一个行动小组。这个小组在第二次世界气候会议中转变成现在的小岛国家联盟（AOSIS）。2007年11月13—14日，马尔代夫举办了"全球气候变化对人的影响"的小岛屿国家会议。会上，小岛屿国家第一次在讨论中提出气候变化影响了公民的人权。会议宣布：全世界第一次在全球气候变化对人类影响上达成国际共识，即气候变化对完整地享受人权有确定的和即刻的影响。[①]

在环境和气候问题上，马尔代夫同其他小岛国家一样，贯彻"全局思考、局部行动"的思路。马尔代夫《环境保护议案》赋予内政、住房和环境部极大的权力保护环境，管理现存并发展可持续性资源。此外，马尔代夫政府已经开始筹备资金向其他国家购买土地，计划实施人口迁移计划。马尔代夫还表示，愿意以身作则成为第一个碳中立国，并计划在未来十年中把主要精力转移

---

① http://www.environment.gov.mv/index.php?option=com_content&view=article&id=44&Itemid=58

到可持续能源的使用和开发上。

三、案例研究之三：毛里求斯

（一）毛里求斯概况

毛里求斯总人口 100 多万，位于印度洋西南部。毛里求斯的海岸线长约 200 公里，大多数被珊瑚礁所环绕。毛里求斯共和国由毛里求斯大陆、罗得里格斯、阿拉利加、圣卢西亚自治岛、特罗姆林岛、查戈斯群岛、迪戈加西亚岛等共 2300 个岛屿组成，传统上，毛里求斯的经济非常依赖制糖业，但由于纺织业和旅游业的发展，国家经济快速增长。经济上，毛里求斯被归类为中等收入国家，2004 年人均 GDP 是 5000 美元，在联合国发展指数的 173 个国家中排名第 67 位。[1] 由于对土地、淡水湖、珊瑚礁、海滨和渔业等自然资源的依赖性很强，毛里求斯对环境和气候问题都十分敏感，生物多样性也非常脆弱。

（二）毛里求斯气候变化的脆弱性

气候变化是影响海岸经济系统和社会的一个因素。毛里求斯具有其他海岛国家和低地国家一样的问题，主要面临由热带气旋、气候变化和海平面升高以及海啸带来的威胁。[2]

---

[1] Republic of Mauritius Ministry of Environment & National Development Unit National Implementation Plan, The Stockholm Convention On Persistent Organic Pollutants June 2005, pp. 11 – 12.

[2] Richard J. T. Kleint, et al, "Technological Options for Adaptation to Climate Change in Coastal Zones", p. 3.

1. 海岸线的退化

土地流失、海滩侵蚀、沿海生态系统的破坏（包括珊瑚礁质量下降、湿地流失），都受到海平面上升的影响。从毛里求斯海岸线生态系统的退化来看，其渔业资源已经耗损严重，甚至无法自供自足。当然，毛里求斯自身的问题，包括规划不良的码头和防波堤对海岸自然功能的破坏、咸水湖沙石的流失、基础设施的快速发展，也是导致海岸线退化的因素。① 人口的增长、经济发展带来的压力使得毛里求斯的珊瑚数量正在下降，而珊瑚数量降低的后果就是旅游业和渔业衰落，海滩侵蚀加速。

2. 森林减少

森林被公认为是人类生存所需的至关重要的自然资源。过去几年里，受各种因素尤其是气候变暖的影响，毛里求斯的森林面积已经严重减少，森林质量也严重下降。在过去20年里，森林面积总共减少18215公顷，天然森林保有量只剩下以前的2%。尽管过去10年滥伐森林的步伐已经放慢，但每年滥伐森林的比率仍然很高。生物多样性对岛屿所有种群的延续和居民的安全与幸福都极为重要。但毛里求斯的生物种类，尤其是地方所特有的物种却在每年逐渐减少。②

3. 水资源缺失

与其他国家相比，众多的河流系统、地下水及大量水库让毛里求斯拥有良好优质的水资源。但是，毛里求斯群岛的降水量因

---

① Mauritius Ministry of Finance and Economic Development and Ministry of Environment and National Development Unit in collaboration with UNEP & GEF, 'National Capacity Needs Self-Assessment for Global Environmental Management (NCSA)' Final NCSA Report, October 2007, pp. 2 – 73.

② Read about forest of Mauritius at: www.gov.mu/portal/goc/menu/files/menu_statbk.pdf.

第十章　小岛国家联盟的气候变化政策

季节和地理位置而异。因此，毛里求斯也时常受到洪水泛滥和水分迅速蒸发问题的困扰。此外，生活、农业和工业等用途对水的大量消耗和需求也对水资源带来压力。除此以外，毛里求斯气候的变化令盐水入侵淡水资源区，从而降低了淡水的供应量。显而易见，当前的淡水供应难以满足因经济发展、人口增长、生活水平提高和污染引起的日益增长的用水量需求。根据毛里求斯国家环境实施计划，如果不能形成一个更高效的水资源管理系统，水资源将会在接下来的数十年里供不应求。该问题号召大家去评估、管理、发展和储存水资源。换而言之，从长远发展的角度来看，水资源管理的挑战将日益增长，而气候变化及随之而来的影响会令形势变得更为严峻。[①]

（三）国家、地域间互动与国际合作

像其他印度洋岛国一样，毛里求斯深刻认识到了全球气候变化导致的严重后果和对国家生活的各个方面产生的影响。为了给民众提供一个更好的环境和更高质量的生活水平，其政府急需致力于国家环境保护举措的实施。

国家层面上，毛里求斯于1992年成立了环境部并颁布《环境保护法》（EPA），2002年又颁布了新的《环境保护法》（EPA）。毛里求斯的《环境保护法》是在环境管理和保护管辖范围最广的立法。推行《环境保护法》的行政机构直接受由国

---

① Final NCSA Report Mauritius Ministry of Finance and Economic Development and Ministry of Environment and National Development Unitin collaboration with UNEP & GEF October 200 'National Capacity Needs Self Assessment for Global Environmental Management (NCSA)'. [pp3] (Mendu Report 2005) Dr. C. P. Johnson, Dr. BenidharDeshmukh and Dr. Manish Kale, Role of GIS and Remote Sensing in the Sustainable Development of Mauritius, 2005.

家总理担任主席的国家环境委员会领导。[1] 毛里求斯政府还颁布了各种环境保护法，如 1998 年的《渔业和海洋资源法》、2002 年的《环境保护法》等等。在环保团体和公民参与方面，毛里求斯社会各方都比较积极。2009 年 5 月 24 日，环保机构组织大批民众在圣马丁公墓附近集会，抗议拟建的废物焚化能源项目。[2]

在区域合作方面，毛里求斯也加入了印度洋委员会，并在支持下通过立法架构去管控石油泄漏的污染。毛里求斯在各个层次的区域组织中扮演着重要角色，比如西印度洋群岛、小岛屿发展中国家网络等等。1972 年联合国斯德哥尔摩环境会议以来，毛里求斯十分积极参与国际间关于环保的合作。毛里求斯是第一个批准《联合国气候变化框架公约》的国家；签订众多的多边环境协定，包括《联合国海洋法公约》、《关于非洲东部地区沿海和海岸环境的保护、管理和发展的相关文件和条约（奈洛比协定）》、《联合国气候变化框架公约》和《京都协定书》。在国家间合作方面，美国已经承诺帮助毛里求斯进行两个方面的研究，即温室气体排放的详细记录和气候变化的脆弱性评估以及应对措施。[3]

2005 年 1 月 10—14 日，《巴巴多斯行动纲领》的后续会议在毛里求斯首都路易港举行，通过了《关于进一步实施小岛屿发展中国家可持续发展行动纲领的毛里求斯宣言和毛里求斯战

---

[1] Refer to Republic of Mauritius Ministry of Environment & National Development Unit National Implementation Plan for the Stockholm Convention on Persistent Organic Pollutants June 2005

[2] Important links: http://iels.intnet.mu/Lachaumiere_24mai2009.htm.

[3] R. J. Vaghjee, Project Director, Meteorological Services, Mauritius. UNEP Centre Project Manager: Henrik Meyer.

略》。《宣言》重申小岛屿发展中国家的易受害性，确认世界承诺支持小岛屿国家进行可持续发展。《宣言》还重申小岛屿发展中国家仍然是可持续发展的一个"特殊例子"，应当特别注意加强小岛屿发展中国家的恢复能力。《宣言》进一步认识到，国际贸易对于加强恢复能力极为重要，呼吁国际金融机构适当注意小岛屿发展中国家的结构性不利和易受害性，包括使它们能够根据有关经济小国的"多哈宗旨"充分参加多边贸易系统。[①]

第三节　小岛国家联盟在国际气候谈判中的立场

在环境治理中，最终目标是减少环境的脆弱性。所有研究表明，小岛国家岛屿是极为脆弱的，在全球气候变化中受到了直接的威胁，而解决这些问题需要全人类在国家、区域和全球层面上采取集体行动。因此，小岛国家联盟坚定地推行一体化原则，坚持在国际场合用一个声音说话。小岛国家联盟所倡导的国际原则大致如下：首先，按照国际法，国家有责任确保在他们管辖范围内的活动不会超出国家管辖的限制，不应该对其他国家的环境造成破坏。其次，按照 UNFCCC 第三条款，气候变化预防性措施必须预防和减少影响气候变化的因素，以及减少它的不利影响。全球气候系统必须在当代和后代受到保护。第三，严格监督履约行为，必须在短期和长期内保护最脆弱的缔约国。因此，该公约的减排目标应该是必须避免气候变化对小岛国家造成致命的影响，并以此作为有效性的主要标准。第四，公约下各国所采取的

[①] 会议详情参见国际粮农组织资料库：http://www.fao.org/docrep/meeting/009/J5236c.htm

行动必须是紧急的、有实际意义的和进步性的。第五，坚持"污染者付费"原则和"共同但有区别的责任"原则。最后，任何新的框架必须在联合国平台的基础上发展，并必须在《京都议定书》的基础上建立和延伸，而非取代它。[1]

当前，小岛国家联盟认为，除了发达国家拒绝认真履行承诺之外，发展中国家中的大国，特别是新兴经济体国家，对议定书所提供的支持明显不足，中国、巴西和印度等排放大国已经成为气候问题中的焦点。[2] 对于清洁发展机制（CDM），小岛屿国家联盟认为，《京都议定书》在降低气候变化所带来的影响上是全球努力所迈出的重要一步。他们决心通过各种努力使它产生实际效用。《京都议定书》比较有效的手段就是清洁发展机制（CDM），应该向小岛屿发展中国家提供其可参加实施的项目，以帮助减缓气候变化并同时增加获得可持续发展额外资源的机会。小岛屿国家联盟在推动清洁机制的共同准则和判断标准上可以发挥至关重要的作用。除此之外，《京都议定书》第12条第8款在适应这一机制上提供了一项特别财政支持：缔约方应确保经证明的项目活动所产生的部分收益用于协助特别易受气候变化影响的发展中国家缔约方支付适应费用。同样地，第10款要求缔约方"制订、执行、公布和定期更新载有促进充分适应气候变化国家的方案及各类有效的地方措施"。

---

[1] Dialogue on long-term cooperative action to address climate change by enhancing implementation of the Convention Fourth workshop Vienna, UNFCCC, August 27 – 31 2007.

[2] Susan R. Fletcher Specialist in Environmental Policy Resources, Science, and Industry Division: Global Climate Change: The Kyoto Protocol（July 21, 2005）http://italy.usembassy.gov/pdf/other/RL30692.pdfAlso http://unfccc.int/essential_background/convention/items/2627.php

第十章 小岛国家联盟的气候变化政策

小岛国家学者认为，迄今为止大多数气候谈判都是以发达国家和发展中大国为主导的，而贫困的国家和岛国只能观望。由于小岛国家联盟的能力与实力有限，很难影响世界主要国家的履约程度和遵约程度。[①] 另外，小岛国家联盟历来奉行"同舟共济"原则。有发达国家提议，选中少数发展中国家作为温室气体减排计划的目标国。小岛国家对此持完全反对的态度，认为这种区别对待方式具有不公平性，没有牢固的基础。[②] 在哥本哈根气候变化会议上，小岛屿国家说，它们不会接受任何低于法律约束力的协议，包括大幅削减排放量。同时，如果工业化国家不同意帮助贫困国家为向绿色经济的过渡付费，非洲联盟就威胁要退出会谈。目前，小岛屿国家一直在敦促下一个目标：1.5℃。这个目标已得到多个非洲国家的支持。联合国气候变化谈判的执行秘书伊沃德布尔先生向世界领导者提出挑战：寻找一种限制全球变暖速度为1.5℃而不是目前公布的2℃的突进。他说，小岛国家希望世界领导者知道，任何超过1.5℃速度的上升将会是一种谋杀协议，因为这意味着他们的国家消失。

第四节 结语

一直以来，小岛国家联盟不仅致力于推进预防性措施以减少气候变化的影响，而且迫切要求对各国承诺进行持续评估和为加

[①] See（Byrne and Inniss 2002：14 - 15；Vossenaar 2004：69；Fry 2005：96），（Pelling andUitto 2001：56；Barnett and Adger 2003：322；Nurse and Moore 2007：103）

[②] Muller, Benito, *Equity in climate Change: The Great Divide*, Oxford Institute for Energy Studies, 2002

强承诺提出建议。在小岛国家联盟看来,《京都议定书》所规定的目标对于改变气候变化的趋势无异于杯水车薪。[①]然而,在《联合国气候变化框架公约》下的国际气候谈判,仍然是基于强权政治和经济稳定;与此同时,温室气体排放量却持续上升。对于小岛国家而言,这是极端不公平的事情。显然,小岛国家联盟并不信任工业化国家的政府报告,不相信气候变化问题已经取得了良好进展。小岛国家联盟认为,联合国并没有施加足够大的压力以促使工业化国家采取更好的方法缓解气候变化。2009年12月,在哥本哈根峰会的最后阶段,美国、巴西、南非、印度和中国之间的谈判出现了裂缝,而小岛国家和较小发达国家的意见则被排除在会议外。小岛国家联盟一直没有停止抗争:从坎昆会议到德班会议,从多哈会议到华沙会议,一直都有小岛国家联盟的声音。

---

① For more reading about AOSIS please refer to the following: AOSIS (2000) Linking science and climate change policy. Statement by H. E. Ambassador Tuiloma Neroni Slade, Chairman of the Alliance of Small Island States (AOSIS). Pacific Islands Climate Change Conference. Rarotonga, Cook Islands. http://www.sidsnet.org/aosis/statements/08.html.

第十一章

国际气候谈判中的"基础四国"
——巴西、南非及印度的气候变化政策

温室气体减排额度及其成本与各个国家的经济发展、民众生活水平息息相关，因此，发达国家与发展中国家在相关问题上的立场与态度分歧不可避免。全球气候谈判进程中，国家之间不断地分化与组合，利益攸关方会结合在一起，试图用"一个声音"说话，以争取共同的利益。其中，比较典型的如第十章的小岛国家联盟以及本章所研究的"基础四国"。随着《京都议定书》的不断推进、"巴厘岛路线图"的制定、哥本哈根气候峰会的落败、以及"德班平台"的提出，气候领域的地缘政治再次产生断层：尽管发展中国家普遍认为发达国家应对全球气候变化承担历史和现实的责任，应当率先采取减排行动，但是由于发展中国家群体过于庞大，利益诉求上的分歧在所难免；尤其是在争取发达国家资金援助的时候，不可避免地出现了意见分化和立场漂移现象。其中，新兴经济体国家的代表——中国、印度、巴西和南

非组成的"基础四国",成为国际气候谈判中令人瞩目的力量。

"基础四国"当中,中国与印度在国际气候谈判中的地位、政策、立场等极其相似,而两国的经济发展模式、能源消耗总量以及人口绝对值等因素对于气候谈判的走向可以说举足轻重。限于篇幅,本章将简单介绍巴西和南非的气候政策以及各自的谈判立场,之后将重点介绍印度的气候政策及其动因,下一章将重点介绍中国的气候政策。

第一节 国际气候谈判中的"基础四国"

"基础四国"(BASIC)的提法类似于"金砖国家"(BASIC 是"基础"的意思,是中国、印度、巴西、南非四国英文首字母的合称)。在国际气候领域,"基础四国"一直是"77 国集团+中国"的核心部分。由于上述四个国家相对发展速度强劲、相互间立场一致、利益相近,所提倡的温室气体减排原则大体相同,因而成为当前国际谈判中代表广大发展中国家、维护发展中国家权益的中坚力量。发达国家的学者认为,"基础四国"所力图推动、确立的是另外一种制度背景,完全将国际气候领域的领导者欧盟边缘化,并逼迫美国就范。[1] "基础四国"的出现意味着气候变化领域的地缘政治已经发生了彻底的改变:20 世纪 90 年代那种传统意义上的南北国家相互斗争已经被新的地缘政治集团之间的竞争所取代。[2]

---

[1] Andrew Hurrell and Sandeep Sengupta, "Emerging powers, North-South relations and global climate politics", *International Affairs*, 88: 3 (2012), pp. 463 – 484.

[2] Erick Lachapelle & Matthew Paterson, "Driver of National Climate Policy", *Climate Policy*, 13: 5, pp. 547 – 571.

第十一章 国际气候谈判中的"基础四国"
——巴西、南非及印度的气候变化政策

一、"基础四国"的出现

2009年11月26—27日，在哥本哈根大会开幕前夕，四国代表齐聚北京，"基础四国"首度正式亮相。在哥本哈根气候大会上，"基础四国"部长曾联合召开新闻发布会，就"单轨"与"双轨"等原则重申了坚持"共同但有区别责任"原则的立场，并曾联合向气候大会各方施压，迫使节外生枝的"丹麦文本"（Danish Text）撤出正常的谈判程序。联合国政府间气候变化专门委员会（IPCC）主席帕乔里表示，由中国、印度、巴西和南非组成的"基础四国"成为哥本哈根会议上的一股重要力量。在哥本哈根谈判最后关头中，中国、印度、巴西、南非和77国集团主席国苏丹的代表发表声明，并形成一致看法，坚持《京都议定书》应该继续有效，要求发达国家承担第二承诺期的减排目标。在坎昆大会、德班会议以及华沙会议中，四个国家又进行私下磋商，协调立场"抱团取暖"。可以说，在气候谈判中，以"基础四国"为核心的发展中国家对发达国家推卸责任的行为实行了联合反击。

二、"基础四国"成型的基础

究竟是什么因素导致"基础四国"最终走到一起？它们在气候谈判中的核心利益是什么？之外还有什么突出的利益诉求吗？彼此之间的合作具有可持续性吗？它们之间的合作对于气候谈判的前景有什么作用，积极的还是消极的呢？

以2005年温室气体排放总量（包括6种温室气体以及土地利用排放）的数据来看，"基础四国"年排量占世界总量分别

为：中国17%，印度4%，巴西7%，南非1%，四国总量为29%（见图11—1）。从温室气体排放的历史责任来看，美国占到29%，"基础四国"总共13%。（见图11—2）

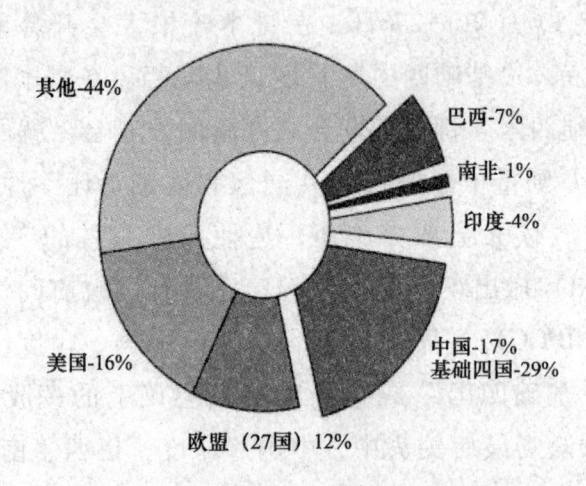

图11—1 2005年温室气体排放总量份额比例

（资料来源：World Resources Institute, CAIT 8.0.）

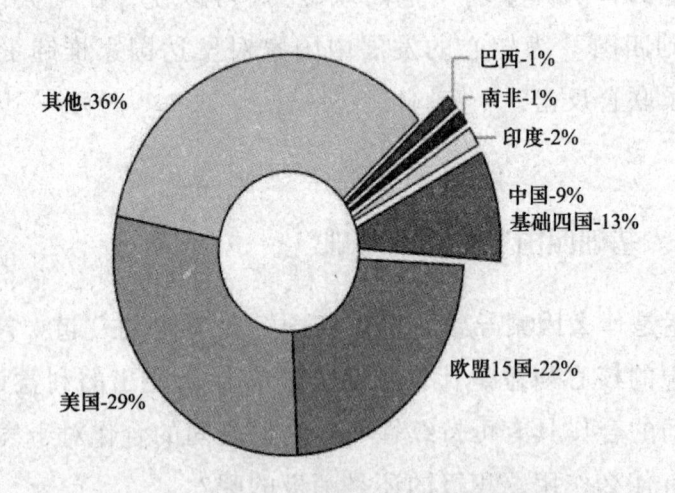

图11—2 主要国家温室气体排放历史责任比例

（资料来源：World Resources Institute, CAIT 8.0.）

第十一章　国际气候谈判中的"基础四国"
——巴西、南非及印度的气候变化政策

首先，以"基础四国"为代表的新兴经济体越来越认识到，由于世界资源的短缺，它们是无法复制西方工业化国家的经济发展模式的。其次，它们认识到气候变化对于它们的经济增长是一个日益严峻的挑战。与此同时，发达国家对新兴经济体承担相应责任的要求让它们感到非常不公平、极大的不公正。但是由于自身经济的强势增长而倍感压力。"基础四国"的身份都是发展中国家，其中特别是中、印两国之间，由于人口压力、发展压力、能源压力等的处境类似，在国家谈判当中步调一致。实际上中印是"基础四国"的倡导者。[1]

三、"基础四国"的谈判立场与分歧

在国际气候领域，"基础四国"的基本立场主要是要求各方严格遵守 UNFCCC 和《京都议定书》中"共同但有区别的责任"原则，敦促《京都议定书》附件一国家率先履行温室气体减排承诺，并且向发展中国家提供减排技术与资金支持。发达国家必须履行条约义务是毫无争议的，但是对于自身是否履行相应的义务，以及有无时间表的问题，国际社会包括"基础四国"内部都有一定分歧。由于"基础四国"都属于新兴经济体，经济发展速度与能源消耗比重日益上升，因此，在全球温室气体排放总量的排名当中，甚至占到领先的地位，"基础四国"所面临的压力也随之增长。有鉴于此，巴西已经决定实施量化减排，中国和

---

[1] Karl Hallding, Marie Jürisoo, Marcus Carson, Aaron Atteridge, "Rising powers: the evolving role of BASIC Countries", *Climate Policy*, Vol. 13, No. 5, pp. 608 – 631.

印度由于经济发展问题不情愿短期内实施量化减排。南非自身排放无论是总量还是人均都相对较少，因而减排的压力也比较小。因此，南非主张积极与发达国家沟通，并主动承担相应责任。在国际气候谈判中，南非通常扮演着工业国与发展中国家之间的"沟通桥梁"角色，并试图通过"基础四国"这个平台确定自己"南方代言人"的地位。在 2011 年德班气候会议期间，南非的类似提议由于印度谈判方的坚持而搁浅。印度代表认为，"基础四国"内部或者其他发展中国家集团、新兴国家集团内部的不同立场，是与各个国家现阶段的排放水平相互联系，如人均排放水平接近欧洲平均水平的国家，自然与排放水平较低的国家立场不一致。在华沙气候大会前夕，南非代表团发表申明，要求尽快签订一个所有缔约方都承担量化减排义务的国际条约，而中国和印度并不积极响应，这再次证明"基础四国"的立场有所区别。但总的来说，"基础四国"依然是国际气候谈判中代表发展中国家的最强音。[1]

四、"基础四国"的政策走向

有研究者认为，"基础四国"的主张是极端不负责任的。"基础四国"的崛起让本来就异常困难的国际气候谈判变得更加难以驾驭。"基础四国"所代表的新兴经济体有"几宗罪"：首先是新兴经济体所寻求的不仅仅是资源、能源和经济发展，而且是全球权力与地位的争夺和既定秩序的打破；其次，以"基础四国"为代表的新兴经济体在气候谈判当中一直强调公正、公

---

[1] "Breaking ranks with BASIC, South Africa calls for legally binding protocol on climate change", *The Hindu*, October 10, 2013.

第十一章 国际气候谈判中的"基础四国"
——巴西、南非及印度的气候变化政策

平问题,名利双收,既要经济收益,又要实现正义。第三,新兴经济体其实在走发达国家的老路,但同时又批评发达国家过去所犯下的错误。[①]

"基础四国"在国际气候谈判上具有共同责任,但是也有各自的利益需求,而如何平衡不同的利益具有挑战性。"基础四国"同其他发展中国家,特别是最不发达国家之间也会因为利益问题产生纠纷。例如,之前在《京都议定书》框架下的"清洁能源机制"(CDM)本意是为最不发达国家提供补偿的机会。但是,执行的结果却是较为发达的发展中国家占据了申请清洁发展机制CDM项目的主体(中国、印度、巴西占主要份额),而最不发达国家由于自身的认知与管理能力等原因,并没有在这一气候变化补偿机制中充分获益。因此,该机制引起广泛诟病,甚至有人将CDM项目戏称为"China development Mechnism"(中国发展机制),在气候会议上建议将CDM机制取消。

"基础四国"同时也认识到扩大与不同集团之间的合作将有助于对发达国家施加更大压力。2012年2月,"基础四国"的部长们根据2011年德班气候会议建立的平台齐聚印度新德里。此次会议还邀请了许多国家的代表——卡塔尔(2012年多哈会议主席国)、斯威士兰(非洲谈判主席国)、新加坡(小岛屿国家联盟成员)、阿尔及利亚("77国集团+中国"主席),凸显了在"德班平台"上加强"南—北"关系的重要意义。

当然,"基础四国"内部出现一些裂痕是正常的,随着巴西与南非宣布自主总量减排,只剩下中国与印度两个排放大国坚守

---

① Andrew Hurrell and Sandeep Sengupta, "Emerging powers, North-South relations and global climate politics", *International Affairs*, 88:3 (2012), pp. 463 – 484.

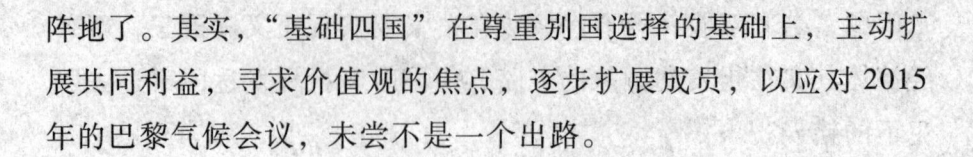

阵地了。其实,"基础四国"在尊重别国选择的基础上,主动扩展共同利益,寻求价值观的焦点,逐步扩展成员,以应对2015年的巴黎气候会议,未尝不是一个出路。

第二节 巴西的气候变化政策[①]

一、巴西的温室气体排放概况

巴西是拉美地区的最大国家,幅员辽阔、人口众多、自然资源丰富,是发展中国家中的大国。巴西号称"世界的原料库"。作为拉美地区最大的国家,巴西的森林资源让人羡慕不已。亚马逊河、亚马逊热带雨林总面积达750万平方公里。巴西的矿产资源丰富,已探明铁矿砂储量333亿吨,储量、产量和出口量均居世界第一位,铀矿、铝矾土和锰矿储量均居世界第三位。石油储量、天然气也不少。巴西还是拉美第一经济大国,有较为完整的工业体系,工业基础雄厚。

巴西的人均温室气体排放总量增速平缓,从1990年的人均1.4吨发展到2007年的人均1.9吨,但是排放总量居于世界第

[①] 从巴西在国际气候谈判进程中的出色表现来看,巴西国内在气候变化问题上的研究是出类拔萃的。详细研究参见:Larry Rohter,"Brazil, Alarmed, Reconsiders Policy on Climate Change", *New York Times*, July 31, 2007; Emilio Le'Bre La Rovere, et al, "Brazil beyond 2020: From deforestation to the energy Challenge", Climate Policy, 2013: Sup 01, pp. 70-86. 当然,巴西国内学者发表的研究成果大都使用葡萄牙语。限于语言问题,笔者无法查证。

第十一章 国际气候谈判中的"基础四国"
——巴西、南非及印度的气候变化政策

六位。① 巴西在联合国气候大会上提出的"巴西建议"（Brazilian Proposal），也就是所谓的"发达国家历史责任论"，曾经引起很多国际研究者的关注。② 不论是作为拉美大国，还是发展中国家的代表，抑或是"基础四国"的成员，巴西一直在全球气候领域扮演着积极的角色。从最初"发展中国家代言人"角色，到中期"承担责任的发展中大国"角色，以及后期"发达国家与发展中国家的桥梁"角色，都做到了游刃有余、不温不火。从20世纪90年代里约热内卢会议到现在，巴西的气候保护政策走过了从"环境政策"到"双赢战略"，再到"走向融合"的发展过程，同时取得了良好的执行效果。气候变化影响的应对、确保能源供应安全的需要、保持国家竞争力的要求、环保外交的推动、公众环保意识的支持以及成本收益的综合考量，是巴西气候保护政策发展的关键动因。

---

① 资料与数据来源：World Bank Data Center, http://data.worldbank.org/indicator

② 参见 den Elzen, M., Berk, M., Shaeffer, M., Olivier, J., Hendricks, C., Metz, B., 1999b. "The Brazilian proposal and other options for international burden sharing: an evaluation of methodological and policy aspects using the FAIR model". *Global Change*, Dutch National Research Programme on Global Air Pollution and Climate Change, RIVM Report No. 728001011, Bilthoven, The Netherlands. 相比之下，与研究欧美、日本形成鲜明对照的是，中国国内学术界对于巴西关注太少，国内的专门性研究单位只有社科院拉美所与现代国际关系研究院等几所智库。参见牛海彬："巴西的大国地位评估"，载《拉丁美洲研究》，2009年10月增刊2，第61—66页。贺双荣："哥本哈根世界气候大会：巴西的谈判地位、利益诉求及谈判策略"，载《拉丁美洲研究》，2009年第6期，第3—7页；以及社科院拉美所的主页：http://ilas.cass.cn/cn/index.asp

二、巴西的气候政策及其动因

研究表明，20世纪90年代以来，土地利用已经成为巴西温室气体排放的主要来源，巴西的自愿减排目标是：到2020年为止实现温室气体减排36.1%到38.8%的承诺，实际上比2005年的排放水平减少6%—10%。由于巴西政府近期禁止森林毁坏的政策还是比较成功的，如果持续下去的话，减排目标可以实现。[1]但是，2020—2030年期间，如果不实施其他减排措施的话，由于经济发展和人口增长带动能源需求，巴西的排放量会进一步增加。但是，巴西政府的态度非常坚定，力图引领世界低碳经济与可再生能源。除了减少森林砍伐之外，巴西政府出台政策提倡在住房和工业生产中提高能源效率，以及发展新能源例如太阳能、生物能和风能。巴西是世界生物乙醇生产大国，目前国内市场上销售的90%新车均安装了能使用乙醇汽油燃料的发动机。2006年，巴西出口生物乙醇约20%，大多数出口到美国。巴西采用现有技术可望在2025年为世界供应世界乙醇需求目标值的一半，即270亿加仑。[2]还有，巴西的自然条件和地理环境使其成为开发太阳能的理想国度。巴西工业发展署（Brazilian Agency for Industrial Development）委托进行的一项研究已确定了巴西光伏产业领域的10项突出技术，目的是为了确定投资的重点。在巴西光伏发电能力为40—60兆瓦，其中50%将用于电信系统，

---

[1] Emilio Lèbre La Rovere, et al, "Brazil beyond 2020: from deforestation to the energy challenge", *Climate Policy*, 2013, Sup 01, pp.70 – 86, DOI: 10.1080/14693062.2012.702018.

[2] "巴西：世界最大的燃料乙醇生产国"，中国新能源网，2009年10月12日，来源：http://www.newenergy.org.cn/html/00910/10120929930_1.html.

第十一章 国际气候谈判中的"基础四国"
——巴西、南非及印度的气候变化政策

50%用于农村能源系统。有学者研究巴西光伏产业的经济竞争能力，认为以目前的发展态势来看，就发展中国家而言，巴西在2030年在分布式光伏发电的并网问题上还是具有相当的优势。[①] 2009年哥本哈根气候大会上，巴西总统向世界承诺推行可持续发展战略，并制定相关的社会、经济、环境政策，试图以巴西模式向世人证明：经济增长、社会公平和环境保护不仅是可兼容的，而且是一种良性发展战略。

为什么巴西这样的发展中大国在明知承担温室气体减排会影响其经济发展速度、影响国民财富积累的情况下，能够主动承担减排的任务并且主动承诺？巴西之所以实施这样的政策，有两方面因素：一方面，巴西力图通过国际气候谈判中的积极姿态，在全球层面建立自己的良好声誉，从而实现自己的"大国梦想"；另一方面，巴西政府非常清楚地认识到，即便认真履行承诺，成本并不会非常高。可以说，巴西为了塑造自己成为具有全球影响力的大国，展开积极主动的外交，追求良好国际声誉，争夺国际体系的话语主导权。而巴西自身的优势又使得其承诺不会为自己带来巨大负担。在过去的10年里，巴西极度贫困的人口减少了70%，同时，森林砍伐率减少了75%，随之而减少的排放量就是巴西对全球温室气体减排行动的最大贡献。除了降低森林砍伐率，巴西也计划在能源、农业和钢铁工业等12个经济领域实施减排。巴西强调，其国家所表现出来的责任感并没有阻碍到经济

[①] 关于巴西光伏产业的问题可以参见两篇文章：Martin Mitscher, Ricardo Ruther, "Economic Performance and Policies for Grid-connected Residential Solar Photovoltaic Systems in Brazil", *Energy Policy*, Vol. 49, 2012, pp. 688 – 694; Gilberto de Martino Jannuzzi, Conrado Augustus de Melo, "Grid-connected photovoltaic in Brazil: Policies and potential impacts for 2030", *Energy for Sustainable Development*, Vol. 17, 2013, pp. 40 – 46.

发展，巴西反而成为了新兴的经济体，并且在国际金融危机中表现出很好的恢复力。另外，还通过南南合作的技术转让加强森林监控系统等。在亚马逊基金和气候变化基金的帮助下，巴西会更好地落实其减排目标。[1]

第三节 南非的气候变化政策[2]

一、南非气候变化政策概况

具有"彩虹之国"美誉的南非共和国面积约122万平方公里，全国总人口为4900万，自然环境和气候条件适宜。南非是非洲最大的经济体和最具影响力的国家之一。作为非洲发展程度较高的国家，南非对气候问题的认识和研究也处于领先地位。1993年南非签订《联合国气候变化框架公约》，1997年8月南非议会批准该公约。以此为开端，南非议会在立法层面通过《空气质量法》等法律法规来规范企业生产等措施，南非政府先后颁布了《国家气候变化应对战略》、《国家应对气候变化"绿皮书"》、《白皮书》等政策性文件，并且在各个部门层面实施相关的可持续发展计划。与此同时，南非还积极参与国际应对气候变化合作。

尽管从经济发展的角度以及温室气体排放总量上来讲，南非

---

[1] 译自 http://unfccc.int/2860.php: Statement of Ms. Izabella Teixeira Minister of the environment of Brazil to the General Debate of COP16

[2] 本小节写作主要参考：陶静婵：《南非气候外交研究》，广西师范大学2009级硕士学位论文，2012年。

第十一章 国际气候谈判中的"基础四国"
——巴西、南非及印度的气候变化政策

是"金砖四国"中的"小兄弟"。但在气候领域，南非外交的软实力却似乎高出一筹，在非洲大陆各国中更是拥有举足轻重的地位，南非共和国的国父、已故总统曼德拉强调的"和平与非暴力"理念甚至在国际气候谈判领域都享有盛誉。2009年12月7日，在哥本哈根气候大会上，南非主动承诺量化减排，宣布在未来的10年之内，在正常发展水平的基础上削减34%的排放量，而到2025年减排力度达到42%。2011年，南非德班地方政府还主动申请并主办了联合国气候会议。

二、南非气候变化政策的动因

南非之所以积极参加国际气候谈判与合作，除了对气候变化灾难性后果的认知之外，还有调整本国经济发展模式的需要、以及争取国际社会的技术和资金援助以及树立良好国际形象等因素的考虑：首先，南非深知，气候变化及其灾难性后果对于非洲的影响是最大的，非洲大陆特殊的自然环境与气候使得非洲大部分国家具有高度的敏感性与脆弱性。由气候变化引起的"非洲之角"的干旱、粮荒、饥饿等问题引发了全人类的人道主义思考；而由于气候问题导致的能源短缺、水资源紧张等问题则间接引发了国家和区域之间的冲突和紧张局势。因此，非洲国家对这个问题需要争取更多的权益和保障，而南非就要做非洲国家在气候领域的代表。作为非洲最具影响力的国家之一，南非的气候外交举措为推动全球气候外交发挥着重要作用。其次，气候变化对南非国家经济与社会安全的影响是多方面的，包括水资源匮乏带来的粮食安全和健康问题增加了社会的脆弱性、保护环境节能减排与发展经济之间的矛盾等。第三，气候变化影响南非的农业发展。农业是南非这样一个发展程度不高国家十分重要的产业，在其国

民经济中的地位不可动摇。其中，玉米产量大约占南非谷物产量的三分之二。如果气候变得更热和干燥，50年后玉米产量将减少10%—20%。第四，渔业问题。如果气温继续升高，就会导致极地冰川的融化，进而引起海平面的升高，在对海岸及其基础设施造成冲击的同时，会影响到南非的渔业资源，从而影响到以渔业为收入来源的南非居民的生活。第五，能源转型问题。南非的经济发展高度依赖于化石燃料的使用和出口，其能源结构中超过85%依赖于排放温室气体的化石能源。

此外，对于"发展中国家是否应该主动承诺相应的减排义务且实施量化减排"这个关键性道德问题上，南非的态度与立场与中国和印度有所不同。南非总统祖马表态说，虽然温室气体大部分来自发达国家，但是南非也高度依赖碳排放量大的煤炭能源，南非在减少温室气体排放方面责无旁贷。这样，在国际气候谈判中，南非通常试图扮演工业国与发展中国家之间的"沟通桥梁"角色，并试图通过"基础四国"的平台确定自己"非洲国家代言人"的地位。

第四节　印度的气候变化政策

在"基础四国"中，印度与中国的情况非常接近，两国是气候变化问题上的"难兄难弟"，也是国际气候谈判中"志同道合"的战友。印度的自然条件、地理环境、经济发展状况以及人口分布决定了其具有气候变化的脆弱性，同时也决定了印度减排的巨大成本。由于经济发展强劲，能源消耗巨大，所以在全球温室气体排放中所占的绝对比例惊人。与中国一样，印度在"主动量化减排"与坚持"不减排"原则之间痛苦地抉择。

第十一章 国际气候谈判中的"基础四国"
——巴西、南非及印度的气候变化政策

一、印度的温室气体排放概况

印度的温室气体排放总量约占全球总量较少,但是增加速度惊人,有资料显示,2000—2011 年间,世界温室气体排放总量的增量部分中,83% 来自于印度。① 由于人口众多,印度的人均温室气体排放量比较小,从 1999—2007 年,大概保持在人均 1.2—1.9 吨。② 在国际气候谈判领域,印度一直联合中国,强调自身经济发展的权利,呼吁减排义务与责任的公平性,抵制以美国为首的发达国家以及部分发展中国家的压力。与此同时,印度政府相应地出台应对气候变化问题的政策,采取具体行动来扩大自己的国际影响力。印度在应对气候变化问题上的谈判大体上是成功的,其政策也为自身带来了明显的效果。印度在应对气候变化问题上所采取的行动、制定的政策既坚持重视气候问题,同时又强调以经济发展为主的原则,在国际舞台上,印度与多方合作,既与发展中国家结成同盟,又与发达国家积极合作,获得了良好的效果。

(一)印度的基本国情概要

印度的基本国情决定了其在应对气候谈判时所坚持的立场和采取的措施。同中国一样,印度属于发展中大国,人口众多、贫富差距较大,资源分配不均匀,人均 GDP 不高,人民生活水平

---

① "China, India and Climate change: Take the lead", *The Economist*, Feb. 2nd, 2013.

② 资料与数据来源:World Bank Data Center, http://data.worldbank.org/indicator

较低。近20年来,印度经济的持续高速发展导致了能源消耗的不断增高。但同时,印度的贫困情况以及在经济发展过程中所存在的问题依然没有解决,数量众多的贫困人口目前仍在温饱线上挣扎,许多村庄甚至还用不上电。数据显示,2005年有75%的乡村通电,但是仅有54.9%的农村家庭使用电,城市中有92%的家庭用电。75%的农村依然依靠植物秸秆来做饭。2007年,印度人均商业能源消耗为346公斤原油当量,而同期世界平均水平是1680公斤,中国人均1403公斤,巴西1130公斤,而美国却是7721公斤。[1]可以说,印度的碳排放属于"刚需型",这与发达国家民众的"享受型"碳排放形成鲜明对比。印度的现实国情决定了发展经济是其现阶段最紧迫的任务。而要发展经济,推进工业化、城镇化进程,碳排放在一段时间内的增加不可避免。和中国一样,印度需要发达国家在资金和技术上给予大力支持,这样才能更有效地控制二氧化碳的排放,控制全球气温的升高,同时又不会被剥夺最基本的"发展权"和"生存权"。

1. 印度的人口因素

印度人口一直持续增长,当前是全世界人口第二大国家,人口成为制约印度经济发展的重要因素。"1947年,印度人口3.34亿,2000年突破10亿,年增长率达1.4%,2006年,印度总人口已超过11亿。"[2] "预计印度人口到2025年将达到13.96亿,超过中国的13.946亿,成为世界第一人口大国。"[3]

---

[1] P. Balachandra, DarshiniRavindranath, N. H. Ravindranath, "Energy efficiency in India: Assessing the policy regimes and their impacts", *Energy Policy*, 38 (2010), pp. 6428 – 6438.

[2] 张海滨、李滨兵:"印度在国际气候变化谈判中的立场",《绿叶》,2008年第8期。

[3] "印度对未来人口将超中国感受复杂",载《大公报》,2010年1月10日。

第十一章 国际气候谈判中的"基础四国"
——巴西、南非及印度的气候变化政策

人口数量的庞大,给印度的经济和环境等都带来了巨大的压力。联合国世界粮食计划署与印度的非政府组织 Swaminathan 研究基金会曾经联合发表《印度乡村地区粮食不足状况》报告。该报告指出,"印度目前有21%的人口、超过2.3亿人处于营养不足状态,占全球饥饿人口27%,高居世界之首。印度将近50%的儿童死亡率是营养不足所导致。报告指出,印度2008—2009年粮食产量估计创下2.28亿吨的纪录,但2015年的粮食需求将超过2.5亿吨。印度通货膨胀率虽然从2008年6月的12%高点下滑到了2009年1月的5%以下,但同期粮价却从5%攀升到11%以上,使得150多万名儿童处于营养不足状态。印度超过70%的5岁以下儿童患有贫血病,其中80%未能获得维生素补给品。报告进一步指出,实际上在过去6年里,印度儿童罹患贫血病现象增加了6%,有11个省份、超过80%的儿童罹患贫血病"。[①]《印度时报》在2008年8月27日报道中指出,据世界银行评估,依据新制定的每天1.25美元生活费的贫困线标准,2005年全世界贫困人口为14亿,其中印度有4.56亿,约占印度总人口的42%。印度有8.28亿人每天生活费不足2美元,占其人口总数的75.6%,这一比例甚至超过了撒哈拉沙漠以南非洲地区。因此,消除贫困、发展经济是印度要面对的最严峻挑战。

2. 印度与气候变化的脆弱性

2007年2月2日,政府间气候变化专门委员会(IPCC)第一工作组在巴黎发布了其第四次评估报告《气候变化2007:自然科学基础》。该报告称,气候变化可能将对全球造成巨大危害,而处于热带

[①] 唐湘:"联合国:印度饥饿人口数量高居世界之首",《环球时报》,2009年2月27日。

和亚热带地区的印度则首当其冲。① 印度地理环境的多样性使得其气候也具有多样性，南亚次大陆最主要的气候特点是季风。气候变化可能改变印度自然资源的布局和质量，对印度人民的生活产生负面影响。作为一个发展中国家，印度有3/4的人口生活在农村，气候变暖和极端天气出现频率的增加都会使印度受到严重打击，因为它的农业灌溉的来源主要依靠季风带来的雨水、以及喜马拉雅山上雪水融化形成的江河。印度的主要经济中心和人口聚居地和城市多位于沿海地带，极易受到海平面上升的威胁。

气候变化对印度造成的负面影响突出反映在农业领域。农业及其相关部门的产值占印度GDP的1/4左右，全国2/3的劳动力都在从事与农业生产相关的活动。在出口收入中农产品占15%。因此，任何对农业的不良冲击都有可能对经济产生累积效应。同时，印度农业是创造就业的重要途径，农业发展对根除贫困具有直接影响。印度全国农业委员会曾估计，如果气候变化导致了降雨量的变化，对农业产量的影响占到了50%，对棉花、花生产量的影响高达90%，小麦是47%，大麦和高粱则为45%。在印度，平均温度每升高1摄氏度，小麦将减产400—500万吨，这意味着气候变化的灾难性后果将重创印度农业。②

(二) 印度的能源消耗与温室气体排放

1. 印度的经济增长模式与能源结构

就印度的工业技术水平而言，经济发展与能源消耗呈正比，经济的快速发展，必然带来能源的巨大消耗。1991年印度开始

---

① 政府间气候变化专门委员会：《气候变化2007：自然科学基础》，www.ipcc.ch，2007年2月2日。

② 张海滨、李滨兵："印度在国际气候变化谈判中的立场"，载《绿叶》，2008年第8期。

第十一章　国际气候谈判中的"基础四国"
——巴西、南非及印度的气候变化政策

经济改革，国民经济一直保持高速发展，2004—2008 年 GDP 年均增速达 8%。因此，印度与中国被称为亚洲经济的"双引擎"、全世界最重要的"新兴经济体"。然而，同中国一样，印度经济高增长的背后是惊人的能源消耗。经济发展带动能源需求，能源进口量随之增加，"2004—2008 年，石油进口依存度（进口量/消费量）由 1984 年的近 30%，增加到 2007 年的 71%，进口量增加了近 7 倍，消费量增加了 2 倍。"[①]

国际能源署（IEA）在全球能源展望年度报告中称，如果政策不变，2030 年前，印度石油需求预计为年均增长 3.9%，而全球总体石油需求的同比增长率仅为每年 1%。印度的能源需求预计从 2008 年的每日 300 万桶增加到 2030 年的 690 万桶（见图 11—3）。相比之下，经合组织（OECD）的大多数成员则因能效的提高而出现需求下降现象。IEA 首席经济学家毕罗尔（Fatih Birol）称："2020 年前，印度将超过日本，成为全球第三大石油和天然气消费国。"[②] 目前，印度是亚洲地区仅次于中国、日本的第三大石油消费国，而国内石油储量仅占全球 0.4%，70% 需要进口。"[③] 因此，印度经济发展形成了对煤炭资源的强烈依赖，"1990 年，煤炭占印度一次能源的 33.2%，2005 年增加到 38.7%，成为能源和火力发电的支柱（见图 11—4）。印度煤电每年的发电量约 13.5 万兆瓦，占全国总发电量的 2/3 左右。"[④]

[①] 孙振清、刘滨、何建坤："印度应对气候变化国家方案简析"，载《气候变化研究进展》，2009 年 9 月。

[②] ："IEA：亚洲引领石油需求增长，2025 年中国能源消费将超美"，凤凰网财经，2009 年 11 月 11 日，http://finance.ifeng.com/news/。

[③] 胡庆亮："印度的能源外交"，载《当代世界》，2005 年第 6 期。

[④] 张海滨、李滨兵："印度在国际气候变化谈判中的立场"，载《绿叶》，2008 年第 8 期。

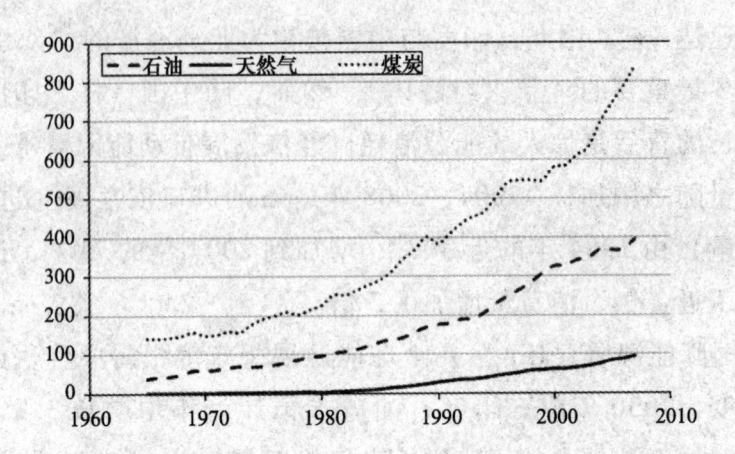

图 11—3. 印度主要能源部门的二氧化碳排放：（单位：百万吨）

（资料来源：P. Balachandra, DarshiniRavindranath, N. H. Ravindranath, "Energy efficiency in India: Assessing the policy regimes and their impacts", *Energy Policy*, 38, 2010, pp6428 – 6438.）

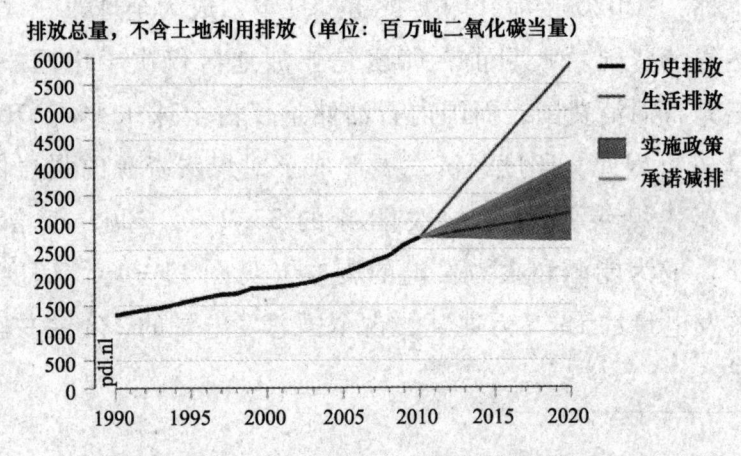

图 11—4. 印度温室气体排放图（土地使用所产生的温室气体排放不计，单位：百万吨二氧化碳当量）：

资料来源（Joseph E. Aldy, Scott Barrett b & Robert N. Stavins, "Thirteen plus one: a comparison of global climate policy architectures", *Climate Policy*, 3 (2003), pp373 – 397.）

从排放总量上讲，印度位列世界前 5 位。但由于人口众多，

第十一章 国际气候谈判中的"基础四国"
——巴西、南非及印度的气候变化政策

其人均能源消费和二氧化碳排放量都远远低于世界平均水平。以2008年为例，美国的人均排放量是19.1吨，澳大利亚是18.7吨，加拿大是17.4吨，中国是4.6吨，印度只有1.2吨。从历史贡献来看，1850—2000年间，世界各国对大气中二氧化碳的累计贡献率分别如下：美国30%，欧盟27.2%，中国7.3%，印度是2%"。[1] 但是，随着印度经济的高速发展，排放速度明显加快。有资料显示，印度1965年二氧化碳排放才182百万吨，2007年达到1328百万吨。2000—2011年间，世界温室气体排放总量的增量部分当中，83%来自于印度，[2] 而且这种趋势还将继续。

二、印度气候变化政策的演变

印度对气候变化的政策和行动是让位于经济发展和消除贫困这个压倒性目标的。在1992年《国家关于环境和发展问题的战略政策说明》中，印度表示本国没有对全球环境造成什么破坏，更没有能力去解决全球环境问题。在国际气候谈判中，印度的态度始终是强调发达国家应该承担责任。但是，随着经济发展拉动能源需求的猛增和排放总量增加，印度逐渐重视气候变化与减排问题，同时积极发展绿色技术，寻求国际合作，制定了具有战略影响意义的国家行动方案。

---

[1] 【印】马修·瑟夫："印度实施八项措施促进低碳经济发展"，载《经济参考报》，2009年11月19日。

[2] "China, India and Climate change: Take the lead", *The Economist*, Feb. 2nd, 2013.

（一）《解决能源安全和气候变化问题文件》解读

2007年，印度成立了国家气候变化评估委员会，并颁布了《印度：解决能源安全和气候变化问题（2007）》，阐述了印度在可持续发展框架下解决能源安全和气候变化问题的主要政策和行动。印度重申，国家政策的首要目标是消除贫困和经济增长，而增强能源供应和安全是实现上述目标的必要条件。为此，印度将继续在能源领域实施一系列可持续发展政策，做到在扩大和保障能源供应的同时，降低能源使用的碳强度以实现减少温室气体排放的双重目标。这些政策主要包括：促进可再生能源发电，提高电厂发电效率，针对工矿企业大型能源用户的强制能源审计制度、节能建筑法规，以及加快利用CDM引进清洁能源技术等。为了把气候变化政策有机纳入国家的可持续发展计划，印度在2007年还新成立了由辛格总理亲自领导的，由内阁部长、气候变化专家和工业界人士组成的"总理气候变化咨询委员会"，以应对气候变化给印度带来的挑战。[①]

（二）《印度气候变化国家行动计划》的出台

2008年6月30日，印度发布了《气候变化国家行动计划》。其中第一句话就是，印度正面临着持续的经济增长与应对全球气候变化威胁的挑战。[②] 在行动计划中，印度依然强调发达国家在气候变化问题上的历史责任，明确印度当前最大的任务是脱贫和

---

① 于胜民："中印等发展中国家应对气候变化政策措施的初步分析"，载《中国能源》，2008年6月。

② Prime Minister's Council on Climate Change, Government of India. *National Action Plan on Climate Change*, [M/OL]. (2008-08-06), . http://pmindia.nic.in/pg01-52.pdf

第十一章　国际气候谈判中的"基础四国"
——巴西、南非及印度的气候变化政策

发展经济。同时,该计划提出了在应对气候变化中所坚持的原则,以及应对气候变化的八大任务:

第一,国家太阳能计划。这是《国家行动计划》中最重要的内容。印度政府鼓励太阳能利用、太阳能发电的发展,以期形成能够与化石燃料能源竞争的局面。预期的目标是,到"十二五"(2007—2012年)计划末,印度将形成100万千瓦的太阳能发电能力。印度还准备建立太阳能研究中心,加强有关技术开发的国际合作,增加政府的资助和国际支持。

第二,提高能源效率国家计划。印度计划到2012年,通过节能和提高能源效率,节省1000万千瓦的发电能力。该计划是以2001年的《能源节约法案》为基础,通过建立市场机制来引导工业、制造业和消费者发展低碳经济。

第三,可持续生活环境国家计划。为了促使能源效率成为城市规划的核心组成部分,该计划要求:修订现有的节能建筑规范;更加强调城市废物管理和回收利用,包括利用废物发电;加强机动车燃料经济性标准的执行力度,以及使用定价措施鼓励购买低能耗汽车;提倡使用公共交通工具。

第四,国家水计划。印度计划通过价格和其他措施,建立统一的国家水资源管理体系。修订现行国家水政策,增加地表、地下和雨水的存储;通过合理的水资源管理,建立水资源优化利用机制;将水资源利用效率在目前基础上提高20%。

第五,维持喜马拉雅山脉生态系统的国家计划。该计划旨在保护生物多样性、森林植被以及喜马拉雅地区其他生态价值,同时加大保护力度,在喜马拉雅山脉建立淡水资源和生态系统监测网络,并与邻国合作扩大网络覆盖范围。

第六,"绿色印度"国家计划。该计划旨在改善印度生态系统,提高生态系统的吸收功能。政府计划投资600多亿卢比,实

施600万公顷退化林地的造林计划,采取措施遏制林地退化,将森林覆盖率由目前的23%提高到33%。

第七,可持续农业国家计划。该计划旨在通过发展气候恢复力强的农作物,完善气象保险机制和耕作方式来支持农业对气候变化的适应。加强对新作物品种的培育以应对极端气候的威胁。

第八,气候变化战略知识平台国家计划。为了更好地理解气候科学、气候变化的影响及其挑战,该计划将设立一项新的气候科学研究基金,以期改进气候模型,加强国际合作。同时,也鼓励私营部门通过风险投资基金,以发展适应与减缓技术。

三、印度的谈判立场与国际合作

对于温室气体减排问题,印度一贯坚持自己的立场:要求发达国家承担历史责任并强调全球温室气体排放的额度人均分配,绝对不承担量化减排。但是,印度参与国际气候会议的时候却非常注重谈判技巧,奉行"示弱外交"原则[①],强调印度的落后与贫穷,强调经济发展对于印度的重要性。

(一)印度在国际气候谈判中的立场与策略

1. 强调经济发展困难,坚持"经济发展优先"原则

1992年,印度政府在《国家关于环境和发展问题的战略政策说明》中清楚明白地提出:"经济发展不能因为全球环境的名

---

① 所谓"示弱外交",就是在国际谈判中尽量展示自身的弱点与贫穷,尽量获得"贫穷、落后、需要帮扶"的印象。

第十一章　国际气候谈判中的"基础四国"
——巴西、南非及印度的气候变化政策

义而受到损害……没有发展，环境所面临的威胁一定会增加。"①2002年，联合国新德里气候会议通过的《德里宣言》就体现了印度的上述立场，重申"发展和消除贫困"是发展中国家压倒一切的优先任务。2006年5月，印度环境与林业部秘书长在联合国气候变化非正式对话会上再次强调：对于发展中国家来说，贫穷问题要比气候变化更为紧迫。在2009年12月哥本哈根会议上，印度在积极响应减排号召的同时，依然不断强调印度以经济发展为主的原则。

2. 坚持"共同但有区别原则"，呼吁资金与技术支持

印度一直坚持，在应对全球气候变化的合作中，发达国家应该担负主要责任，而且发达国家具有应对气候变化的能力。早在1990年，印度政府在国际气候变化谈判开始前就发表声明，认为是发达国家造成了气候变化的威胁，它们应该承担削减温室气体排放的主要责任，从而扭转气候变化的趋势。在1995年的UNFCCC缔约方会议上，印度代表指出："气候变化公约不仅体现了控制温室气体排放以保护全球气候，而且应该体现在发展中国家中实现经济持续增长、消除贫困，避免气候变化对弱者造成负面影响方面。上述问题的解决则取决于附件一国家率先采取步骤、履行减排承诺，并向发展中国家提供新的和额外的资源和技术。"②

3. 扩大国际气候谈判中的话语权

1991年在第一次IPCC会议上，印度被选为亚洲国家的副主席。1995年在UNFCCC第一次缔约国大会上，印度被选为

---

① 转引自张海滨、李滨兵："印度在国际气候变化谈判中的立场"，载《绿叶》，2008年第8期。

② 转引自张海滨、李滨兵："印度在国际气候变化谈判中的立场"，载《绿叶》，2008年第8期。

主席团成员国。印度积极参与并支持 IPCC 的工作，同时建立本国的环境评估机构来协助 IPCC 的工作。印度能源与资源所所长帕乔里（Rajendra Pachauri）从 2002 年起一直担任 IPCC 主席，2007 年 10 月帕乔里还代表 IPCC 接受诺贝尔和平奖。2009 年 10 月成立的印度气候变化评估网络（INCCA）在 2010 年 11 月向 IPCC 提供它的首个研究报告，并成为该委员会于 2014 年定稿的 IPCC 第五次评估报告的一部分。可以看出，印度对于国际组织方面的投入非常用心，以便能有更多、更有权威的声音为印度说话，增强印度在气候谈判国际大局中的地位。[①]

4. 讲究谈判策略，赢得广泛联盟

在 2009 年哥本哈根气候峰会上，为了应对发达国家的大规模攻势，印度与中国在会议上联合起来与发达国家斗争。印度加入中国以及巴西和南非的阵营，这是一个大胆的举动。印度与中国的合作是双赢局面，因为两国同样面对经济发展、排放减缓与适应气候变化问题，但又无法彻底解决资源、资金、技术和管理问题。印度为了能在气候峰会上有更重要的作用，积极发展与中国的关系，将印度立场和声音与中国联合起来。哥本哈根气候会议之前，印度与中国高层频繁会晤以交换看法、协调立场。2009 年 10 月 21 日，印度与中国在新德里举行应对气候变化国家行动计划联合研讨会，并签署了《印度政府和中国政府关于应对气候变化合作的协定》。2009 年 10 月底和 11 月初，两国先

---

① 在哥本哈根气候会议期间，笔者曾两次聆听 IPCC 主席、印度人帕乔里（Rajendra Pachauri）的讲座，发现他在讲座的前半段都是以非常公正的角度来批评各个国家，其中也包括印度等发展中国家。但是，在后半段，他总是有意无意地话锋一转，顺便为印度说几句好话。他在演讲中所传递的有关印度的信息，无疑会为印度的气候政策增加正面的注解。

第十一章 国际气候谈判中的"基础四国"
——巴西、南非及印度的气候变化政策

后公布了到 2020 年,单位国内生产总值二氧化碳排放比 2005 年下降一定比例的目标。尽管下降的比例有所差别,但都是以降低碳强度为目标而非总量减排。当然,事实上中印合作让印度受益良多:由于中国无论是排放总量还是人均排放都远超过印度,印度可以将中国当成发达国家攻击的挡箭牌,同时又与中国联手,以发展中国家联盟代表人的身份积极发表本国观点,展现印度负责任大国的姿态。

(二) 印度在气候问题上的国际合作

在始终坚持自己立场的前提下,印度一贯积极参与气候变化的国际会议,取得与发展中国家的共识,提出有利于发展中国家的概念,让国际社会倾听自己的声音。印度还积极谋求在重要国际组织的话语地位,通过自己的努力来影响谈判进程,争取更有利于自己的国际谈判形势,效果非常显著。此外,印度还积极发展国家间合作,与多国实现能源战略伙伴发展计划。

1. 积极参与、敢于建议、影响进程

早在 1990 年,印度就加入了气候变化谈判进程,而且很早提出了"人均温室气体排放量"的概念。印度于 1997 年签署、2002 年批准了《京都议定书》。1998 年 11 月 UNFCCC 第四次缔约国大会在布宜诺斯艾利斯举行。会上,印度强调了"奢侈排放"和"生存排放"概念的区别。2002 年 10 月底,印度在新德里举办了 UNFCCC 第八次缔约国大会。在这次缔约国大会上,印度又提出了"在可持续发展框架下采取应对气候变化的措施"的提法。在减缓温室气体排放的问题上,印度坚持发达国家应向发展中国家进行技术转让、提供经济援助。

印度政府还充分利用《京都议定书》中规定的清洁发展机制(CDM)的规则,大力开发印度项目。"截至 2009 年,国际

上共有1607项CDM项目在联合国气候变化框架公约（UNFC-CC）的执行理事会得到注册，其中来自印度的项目有422项，占所有注册项目的26.26%。"[1] 2009年12月哥本哈根气候会议上，印度与中国、巴西等一道积极推进会议进程，再次强调发达国家的资金与技术援助应该遵循"三可"原则，而不只是空头支票。

2. 发展跨国合作，赢得资金与技术支持

印度奉行"示弱外交"，并以此从大国手中获得不少技术与资金的支持。为加快从美国引进能源技术的步伐，2005年5月印度政府启动了印美能源对话，力图通过国营和私营部门的共同努力，加大印美双边能源贸易和投资。随后，双方在石油与天然气、煤炭、电力、新技术与可再生能源、民用核能和能源效率领域的交流深入发展。2009年底美国总统奥巴马访问亚洲国家之后，与印度构筑了"气候安全和绿色能源伙伴关系"，并就气候问题合作达成协议。根据协议，美国环境保护署（EPA）将协助印度环境和森林部门与环保部门改善行政执行力度。更为重要的而是，印度与美国将合作成立联合研究中心，美国政府在未来5年每年将为该中心提供1亿美元的援助，以加快开发节能技术包括碳捕获与储存技术等等。

四、结语

"经济发展优先"是印度在国际气候谈判中始终坚持的原则，而气候变化与温室气体减排问题并不是考虑的重点。当前，

---

[1] 徐向阳："印度应对气候变化战略和清洁发展机制项目的实践"，载《南亚研究季刊》，2009年第3期。

第十一章 国际气候谈判中的"基础四国"
——巴西、南非及印度的气候变化政策

印度对于气候变化问题的关注，一方面是为了应对与日剧增的国际压力，另一方面是想以此为契机，解决能源消耗日益增长的问题，并且试图获得发达国家的技术与资金支持，参与未来的新能源、新技术全球分工。面对气候变化的紧迫性以及温室气体减排的迫切要求，印度对于提高能效的关注力度已经加大，而且获得了可观的进步。有研究结果表明，印度当前的能源利用率大幅度提高，单位GDP能耗为1980—2007年的88%。或者说，印度的经济增长已经逐步与商业能源开始脱钩（见图11—5）。

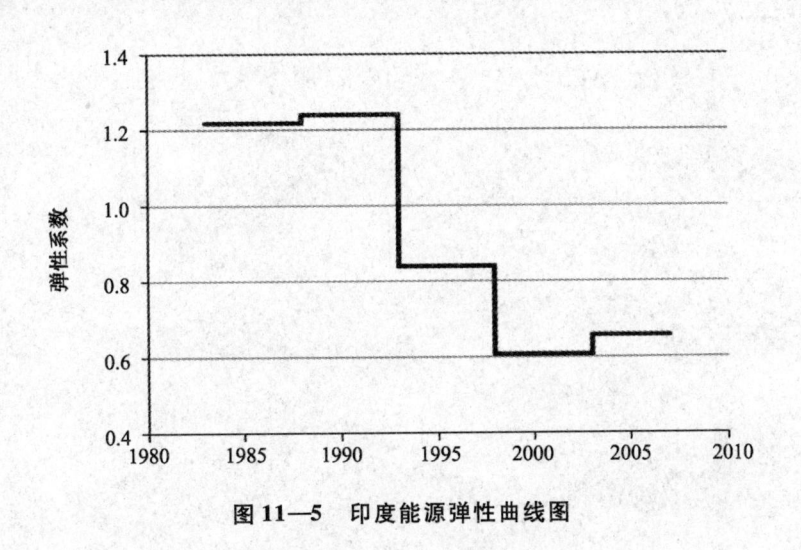

图11—5 印度能源弹性曲线图

（资料来源：P. Balachandra, DarshiniRavindranath, N. H. Ravindranath, "Energy efficiency in India: Assessing the policy regimes and their impacts", *Energy Policy*, 38, 2010, pp6428-6438.）

当然，印度对于国际承诺的履行是存在折扣的，在国际场合中的很多减排承诺事实上是口惠而实不至，即表面上承诺一定责任，但是实际上却奉行精英政策，推行奢侈型生活方式，结果是

温室气体排放不减反增。① 但是，在国际气候谈判当中，印度奉行示弱外交，以换取减排的时间和空间，并没有成为国际压力最直接的目标，而是顺势传递给了中国。

---

① Proful Bidwai, "Climate Change, India and the Global Negotiations", *Social Change*, 42, 3 (2012), pp. 375 – 390.

第十二章

中国的气候变化政策

在"基础四国"当中,中国具有特殊性:中国是世界上人口最多的发展中国家,但是 GDP 总量位居世界第二位。中国幅员辽阔、物种多样、资源丰富,但由于人口众多而各项人均指数均排在世界后位。中国属于气候变化敏感型国家,局部地区甚至具有脆弱性。经过 30 年持续强劲的发展,中国的 GDP 位居世界第二,能源对外依存度位居世界第一,而温室气体排放总量超过美国位居世界第一,人均排放的增长速度更是惊人。为此,中国在国际气候谈判中饱受发达国家的指责和发展中国家的压力。在国际气候谈判中,中国一贯主张"共同但有区别的责任"原则,主动实施碳强度减排方式(即单位国内生产总值的 CO_2 排放强度总体下降),拒绝接受强制性量化减排目标。由于国内经济模式问题突出,社会转型矛盾尖锐,贫困人口数量庞大,同时技术优势非常有限,中国需要发达国家在资金和技术方面给予支持。从可持续性发展的理念出发,中国在积极参与国际气候谈判的同时,还采取相关法规措施推进节能减排,鼓励可再生能源利用,支持低碳技术,改变经济发展模式。

第一节　中国温室气体排放概况

当前，中国温室气体排放的总体特点是：第一，温室气体排放总量世界第一，究其原因，中国人口众多、经济规模总量大，但根本原因是能源效率低下，能源密度太高；第二，温室气体排放增速巨大：按照世界资源组织的测算，中国在1990—2004年的碳排放增幅为108.3%，印度为87%，巴西为67.8%，而美国则是19.8%。[①] 第三，温室气体人均排放量日益增加，已经从低于世界平均水平向发达国家行列迈进：2011年，欧盟委员会联合研究中心（JRC）与荷兰环境评估局共同推出报告说，以人均CO_2排放量来看，2010年中国为6.8吨，与意大利持平，高于法国（5.9吨）和西班牙（6.3吨），预计2017年将超过美国。相比之下，1990年才仅仅2.2吨，不到美国的1/10。[②] 与印度相比，当前中国人均碳排量是前者的3倍多。

1978年中国实行改革开放以来，中国经济经历了30多年的飞速发展，年均增长率在10%左右。[③] 经济的高增长意味着能源消耗的高增长。鉴于中国与发达国家平均收入仍存在巨大差距，中国有望在未来20年继续保持高速增长。但是，这也意味着，中国的能源消耗也将持续增长并直接带动温室气体排放的高增长。特别是化石燃料燃烧排放出的二氧化碳，是数量最大、递增

[①] 转引自李因才："冲刺哥本哈根，难言乐观——关于稀缺'碳空间'的国际政治博弈"，载《南风窗》，2009年9月22日。

[②] 参见："欧盟报告：中国人均碳排放超过发达国家"，中国能源网：http://www.china5e.com/show.php?contentid=195885.

[③] 数据来源：中华人民共和国国家统计局编：《2010中国统计年鉴》。

最快的温室气体，而所有化石燃料中，煤炭燃烧所排放的二氧化碳又是最多的。2008年，全球化石燃料排放的CO_2中，煤炭占到43%，石油占37%，天然气占20%。到2008年，煤炭燃烧排放的CO_2达到了12600百万吨。（见图12—1）目前，中国和印度等发展中国家依然主导煤炭的需求增长。如果不采取措施，预计到2030年，燃烧煤排放的CO_2将增长到18600百万吨。[1]

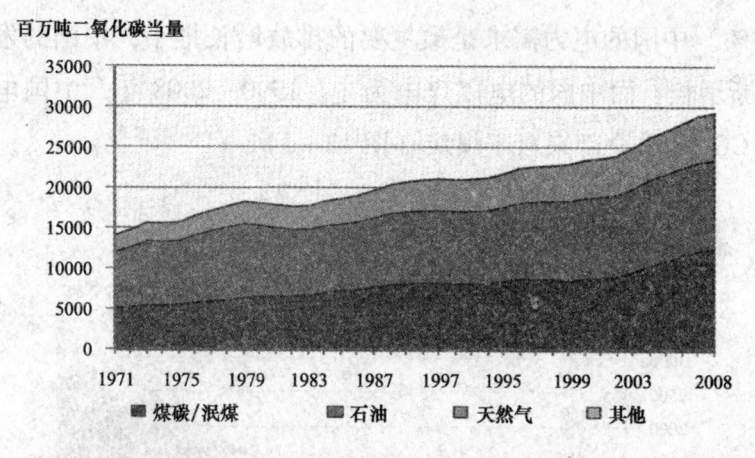

图12—1 1971年—2008年煤炭燃烧导致的全球CO_2排放情况

（资料来源：International Energy Agency (IEA), 2010b. *CO2 Emissions from fuel combustion*, International Energy Agency, Paris.）

2007—2008年，CO_2的排放趋势表现出明显的地区差异，非附件一国家CO2的排放增长了6%，而附件一国家则减少了2%，导致发展中国家排放总量超过发达国家。就地区水平而言，CO_2排放量的增长主要来自中国（8%）、中东（7%）、亚洲其他国家和地区（4%）和拉丁美洲（4%）

---

[1] International Energy Agency (IEA), 2009b. *World Energy Outlook 2009*, OECD/IEA, Paris.

2007年前后，中国超过美国成为世界温室气体第一排放国，在2008年更是超过600万吨。1990—2008年间，中国的CO_2排放量几乎翻了一番，近6年的增长尤其迅速（2003年为16%，2004年为19%，2005年和2006年为11%，2007年和2008年为8%）。[①]《世界能源展望2009》预计到2030年平均增长率会降到2.9%，[②] 尽管如此，到2030年，中国的排放量仍会是目前水平的两倍。1990年以来，火力发电排放的CO_2增长最多，2008年占到48%。中国的电力需求是最主要的排放增长推手，中国的发电量在不断增长，而中国的电以煤电为主。1990—2008年，中国电力排放的CO_2几乎全部来自于煤炭（图12—3）。

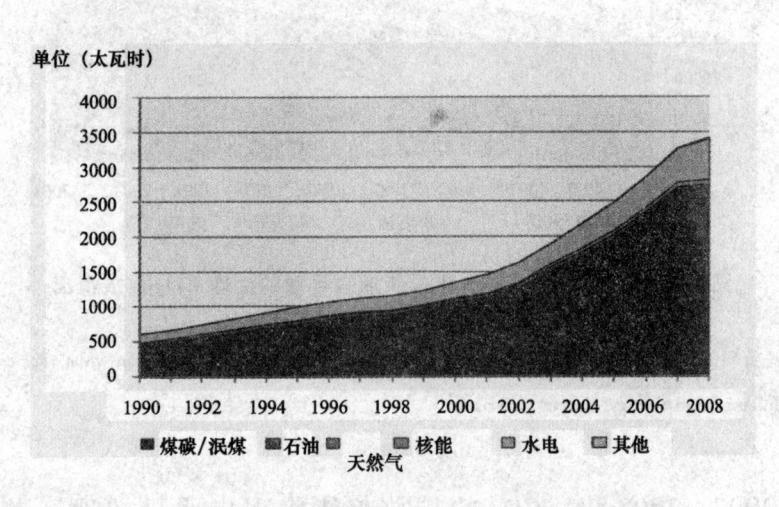

图12—3 中国电力能源的构成情况

（资源来源：国家统计局工业交通统计司、国家发展和改革委员会能源局：《2009年中国能源统计年鉴》，国家统计出版社，2010年。）

[①] 国家统计局工业交通统计司、国家发展和改革委员会能源局：《2009年中国能源统计年鉴》，国家统计出版社，2010年。

[②] International Energy Agency（IEA），2010b. *CO2 Emissions from fuel combustion*, International Energy Agency, Paris.

第十二章 中国的气候变化政策

可再生能源是中国重要的能源资源。2004年中国制定的《国家能源中长期发展规划纲要》明确指出，要大力开发水电、积极推进核电建设、鼓励发展风电和生物质能等可再生能源。2005年，《可再生能源法》实施进一步推动了再生能源的发展。数据表明，① 截至2006年底，中国新能源年利用量总计为2亿吨标准煤（不包括传统方式利用的生物质能），约占一次能源消费总量的8%，比2005年增长了0.5个百分点，其中水电相当于1.5亿吨标准煤，太阳能、风电、现代技术生物质能源利用等相当于5000万吨标准煤，为实现2010年可再生能源占全国一次能源消费总量的比例10%的目标迈出了坚实的一步。

中国不断推进植树造林以增强碳汇能力。20世纪80年代以来，中国政府持续不断地加大投资，平均每年植树造林400万公顷。2006年，全国人工林面积达到了0.54亿公顷，蓄积量15.05亿立方米，森林覆盖率由上世纪80年代初期的12%提高到目前的18.21%。2006年中国城市园林绿地面积达到132万公顷，绿化覆盖率为35.1%。据估算，1980—2005年中国造林活动累计净吸收约30.6亿吨二氧化碳，森林管理累计净吸收16.2亿吨二氧化碳，减少毁林排放4.3亿吨二氧化碳，有效增强了温室气体吸收汇的能力。②

---

① 国家统计局工业交通统计司、国家发展和改革委员会能源局：《2006年中国能源统计年鉴》，国家统计出版社，2007年4月。

② 国务院新闻办公室："中国应对气候变化的政策与行动"，《人民日报》，2008年10月30日。

第二节 中国气候变化政策的演变

中国社会各界对全球气候变化的认识是一个不断变化的过程。京都气候会议之后，中国民众对气候变化的认知才开始超越环境保护的层面。随着IPCC评估报告的陆续发布，人们对气候变化有了新的认识。中国政府一直积极参与国际气候谈判的进程。从1992年联合国环境与发展大会，到《京都议定书》，再到哥本哈根会议和德班气候会议，中国始终被认为是个重要角色，有时甚至是国际社会和媒体关注的焦点。

中国社会各界对气候问题的认知和态度，也大致随着国际社会对气候变化的认知的变化而变化，大体可以分为三个阶段：第一阶段为20世纪七八十年代—1997年京都会议前；第二阶段为1997京都会议—2007年；第三阶段为2007年巴厘岛会议前—2013年华沙气候会议。在第一阶段，中国应对气候变化的政策措施主要是从环境保护方面考虑，较少涉及到整个社会发展的问题。第二阶段，中国正处于高速发展阶段，由于担心减排成本而拒绝做出承诺；而发达国家对此的指责让中国成为国际社会矛盾的焦点。第三阶段，中国开始真正认识到气候变化的严重性与紧迫性，也认识到经济发展可持续性问题，开始做出实质性的让步，实施碳强度减排，并鼓励可再生能源利用。

一、20世纪70年代—1997年京都会议前

1972年6月，联合国人类环境会议在瑞典首都斯德哥尔摩召开，共有144个国家的代表出席了这次大会，中国也派代表参

第十二章 中国的气候变化政策

加会议。这次大会直接推动了中国的环境保护政策。1973年8月,中国召开了第一次全国环境保护会议,审议通过了《关于保护和改善环境的若干规定(试行草案)》,这是中国第一部环境保护的法规性文件,全国性的环境保护工作由此展开。1979年2月12日—23日由世界气象组织发起并在其他国际机构的协助下,第一次世界大会在瑞士日内瓦召开,共有来自世界50多个国家的约400名代表出席了会议,中国气象学会副理事长谢义炳率4人代表团出席了会议。会议通过了《世界气候大会宣言》,认识到"在过去的几千年、几个世纪及几十年中,全球气候已有了缓慢的变化,在未来仍将有变化。如果大气中的 CO_2 今后仍然像现在这样继续不断增加,那么到21世纪中叶则会出现显著的全球变暖现象"。[①] 从此,气候变化问题进入了中国学术界的视野。

(一) 中国的立场和主张

中国一直重视气候变化问题的国际谈判,为了应对气候变化谈判,中国于1988年开始协调政策并成立了一个部门间小组,以帮助国家为即将到来的国际气候谈判确定相关的立场。1990年,中国政府在当时的国务院环境保护委员会下设立了国家气候变化协调小组,由时任国务委员宋健担任组长,并在不久建立了工作组,以负责对气候变化的影响进行评估和对联合国气候变化框架公约做出策略回应。

1990年第45届联合国大会审议了"第二次气候大会宣言",通过了一系列有关防止气候变化的决议,这些决议决定设立"气候变化政府间谈判委员会",就制定"气候变化框架公约"

[①] "世界气候大会宣言",参见《气象科技》1979年5月,第6页。

进行谈判。谈判委员会由联合国设立并直接领导,公约的名称及目标也是由联合国大会的决议所确定的。根据联合国的这些决议,中国代表团出席了在日内瓦举行的关于谈判气候变化框架公约的预备会议,中国国家气候变化协调小组建立了第四工作组(国际公约组),由外交部牵头,包括国家科委、国家计委、能源部、农业部、林业部、国家气象局、国家环保局等有关部委。[1]

1991年,中国国家气候变化协调小组第四工作组提交了《〈关于气候变化的国际公约〉条款草案(中国的建议)》,表明了中国在国际气候谈判中的基本立场:(1)各国在对付气候变化问题上具有共同但有区别的责任;(2)各缔约方应进行公平基础上全面、有效的国际合作而不损及各国主权;(3)适当经济发展水平是采取对付气候变化问题的具体措施的必要前提。为此,任何限控措施应特别充分顾及各国的人均排放水平,保证发展中国家适当的能耗水平;(4)发达国家应向发展中国家提供必要的资金并以公平和最优的条件向发展中国家转让技术。[2]

1991年,气候变化公约的谈判共举行了四次会议:第一次会议于1991年2月,在美国首都华盛顿举行。第二次会议于1991年6月在日内瓦举行。中国代表团继印度和瓦努阿图之后提交了第三份来自发展中国家的关于公约结构和条款的"非文件",该文件的实质是强调公约的一般性和原则性,提出了公约

---

[1] 中华人民共和国外交部政策研究室编:《中国外交概况:1991年版》,世界知识出版社,1991年版,第459—460页。

[2] 参见国家气候变化协调小组第四工作组:"《关于气候变化的国际公约》条款草案(中国的建议)",国务院环境保护委员会秘书处编:《国务院环境保护委员会文件汇编》(二),第263—279页。

应规定的一般原则和基本框架。第三次会议于 1991 年 9 月 9 日—20 日在内罗毕举行，第四次会议于 1991 年 12 月 12 日—1992 年 1 月 2 日，在日内瓦举行。中国代表团围绕"公约原则"和"条约义务"进一步阐明立场和主张，强调"公约原则"在公约权利和义务设定和履行方面的重要指导作用，要求在"公约义务"中体现发展中国家与发达国家的特别情况和需要，具体限控指标仅适用于发达国家，77 国集团经过密切磋商，形成以中国、印度的案文为基础的"77 国 + 中国"的共同立场文件和以 44 个国家为提案国的共同文件，这些文件均被列为下次会议讨论的基础文件。[①] 因而，中国代表团被视为谈判中的重要一方和不可忽视的力量。

1992 年《联合国气候变化框架条约》（UNFCCC）获得通过。公约的最后文本中所引入的"人均排放概念"，是中国和印度等发展中国家经过斗争而取得的结果。如在公约正式文本前言的第三小段写道："注意到历史上和目前温室气体的排放最大部分源自发达国家；发展中国家人均排放仍然相对较低；发展中国家在全球排放中所占份额将会增加，以满足其社会和发展的需要。"在第三条，第一款的原意是：过去和当前大气中所增加的温室气体主要源自发达国家，它们对全球气候变化负有主要责任，应率先采取行动。对于这一原则发达国家口头上并不否认，但在文字上不愿写得那么明确。经过斗争和妥协，最后修改为："缔约方根据他们共同但有区别的责任和各自的能力。因此，发达国家应率先应对气候变化及其不利影响。"时任总理李鹏代表中国于 1992 年 6 月联合国环境与发展大会（又称地球峰会）上

[①] 中华人民共和国外交部政策研究室编：《中国外交概况：1992 年版》，世界知识出版社，1992 年版，第 447 页。

签署该公约,中国七届全国人民代表大会常务委员会11月7日决定批准。

为了给第一次气候变化公约缔约方会议做准备,1994年,联合国气候变化公约谈判委员会在日内瓦举行了两次会议。关于修改条约或制订议定书的问题,中国代表在发言中指出,公约虽然规定了"共同但有区别的责任",但没有为发展中国家规定具体的限控义务,应当维护公约的权威性和完整性,公约刚刚生效,应经实践检验后,在充分的科学依据基础上,考虑完善公约的问题,而且发展中国家履行义务取决于发达国家的资金援助与技术转让。①

1995年和1996年联合国气候变化框架公约缔约方第一次和第二次会议分别在德国柏林和瑞士日内瓦举行,并通过了《柏林授权书》等文件。文件认为,现有《气候变化框架公约》所规定的义务是不充分的,同意立即开始谈判,就2000年后应该采取何种适当的行动来保护气候进行磋商,以期最迟于1997年签订一项议定书,议定书应明确规定在一定期限内发达国家所应限制和减少的温室气体排放量。②中国代表团团长、副外长李肇星出席了公约第二次缔约方会议,阐明了中国在气候变化问题上的立场:政府间气候变化专门委员会第二次评估报告总结了近年来对于气候变化问题的研究成果,为今后公约进程提供了重要并且有用的科学信息;发达国家对气候问题负有不可推卸的历史责任,完成自身减缓温室气体排放义务和向发展中国家提供履约所需的资金和技术是发达国家应尽的义务,也是公约进程的第一步;中国压倒一切的首要任务是实现经济、社会的发展,满足人

---

① 中华人民共和国外交部政策研究室编:《中国外交概况:1995年版》,世界知识出版社,1995年版,第659—611页。

② 参见《缔约方会议第一届会议报告》。

第十二章 中国的气候变化政策

民生活的基本需要,尽管中国人均排放水平很低,我们还是采取了节能、提高效能、植树造林、控制人口增长等措施,设法逐步减缓温室气体排放增长率,并敦促发达国家对"柏林授权"谈判表现出更积极的态度。[1]

(二) 应对气候变化的相关政策和措施

中国政府一直高度重视气候变化工作,20世纪80年代中期,中国科技部相继安排了一系列重大气候基础和相关攻关项目,在多部门和广大科学家的共同努力下,从不同方面对气候变化问题进行了综合研究。

第一,加强气候系统的观测、开展科学研究。1997年7月4日,中国国务院批准成立全球气候观测系统中国委员会,作为参加"全球气候观测系统计划"有关活动的国家级议事协调机构,由中国气象局牵头,包括国家环保局、国家海洋局、中国科学院等13个部门。20世纪70年代以前,中国的气候研究基本上是属于经典气候学范畴。70年代以后,气候问题变得越来越重要,尤其是"世界气候研究计划"(WCRP)制定以后,气候及气候变化问题成为了大气科学的主要研究方向之一。[2] 中国科学家广泛参与了有关全球气候变化的研究活动。从"七五"计划开始,国家相继资助了一系列与气候变化相关的重大科技项目。这一时期中国组织开展的一系列与气候变化有关的重大科学研究项目主要有:国家重大科技项目"全球气候变化预测、影响和对策研究"、"全球气候变化与环境政策研究"和"全球环境变化对策

---

[1] 中华人民共和国外交部政策研究室编:《中国外交:1997年版》,世界知识出版社,1997年版,第787—788页。

[2] 周秀骥、丁一汇:"建国以来气象研究的进展",载《气象》第15卷,1989年第10期,第16页。

与支撑技术研究"等；国家自然科学基金委重大项目"中国气候与海平面变化及其趋势和影响的研究"和"中国陆地生态系统对全球变化反应模式研究"。此外，1992年以来，中国政府的有关部门和相关科研单位与一些多边组织和国家合作，先后开展了几项有关气候变化方面的国际合作研究，在研究内容上都不同程度地涉及中国温室气体排放量估算、气候模式和气候预测、影响和脆弱性评价工作。这些项目包括：由亚洲开发银行支持的"中国响应气候变化的国家战略"；由联合国开发计划署（UNDP）和全球环境基金（GEF）资助的"中国控制温室气体排放的问题与选择"；由美国能源部资助的"中国气候变化国家研究"；由亚洲开发银行资助的"亚洲温室气候最小成本战略"（ALGAS）等。[①] 这一时期的科学研究主要集中在气候变化对自然生态环境的影响方面，注重的是全球气候变化对全球环境的影响。

第二，制定指导性文件，完善法律法规。1992年联合国环境与发展大会后，中国政府组织制定了《中国21世纪——中国21世纪人口、环境与发展白皮书》，作为指导中国国民经济和社会发展的纲领性文件，开始了中国的可持续发展进程。这一时期，中国可持续发展主要采取了以下行动和措施：1992年8月，提出了《中国环境与发展十大对策》，明确指出走可持续发展道路是中国当代及未来的必然选择。1996年3月，《中华人民共和国国民经济和社会发展"九五"计划和2010年远景目标纲要》第一次把可持续发展作为中国社会经济发展的重要指导方针和战

[①] 丁一汇主编：《中国气候变化科学概论》，气象出版社，2008年版，第3—4页。

略目标。①

在制定环境保护综合政策的同时,中国也加强了与气候变化相关的法律法规的制定与修订工作。这一时期制定和修订的与气候变化有关的法律法规有《中华人民共和国森林法》、《中华人民共和国环境保护法》、《中华人民共和国海洋环境保护法》、《中华人民共和国固体废物污染环境防治法》、《中华人民共和国电力法》、《中华人民共和国煤炭法》等,形成了一整套比较完整的应对和适应气候变化的法律法规体系。

第三,调整产业政策,提倡节能高效。从20世纪80年代开始,中国政府采取积极措施,推进经济增长方式的转变与经济结构的调整,将减少资源和能源消耗、提高资源和能源利用率、推进清洁生产、防治工业污染作为中国产业政策的重要组成部分。1989年3月,国务院颁布了《关于当前产业政策要点的决定》,要求加快产业结构调整,提出国家鼓励发展经济效益好、消耗低的行业和产品,限制高消耗的行业和产品。② 1994年4月,国务院发布了《90年代国家产业政策纲要》,要求促进应用技术开发,加速科技成果的推广,显著提高产品的质量、技术性能,降低能耗、物耗及生产成本;重申了要实行开发与节约并重的方针,做到能源、经济与环境协调发展。③ 为了优化产业结构、减少资源浪费和环境污染,国务院先后于1990年发布《关于进一步加强环境保护工作的决定》和1996年发布《关于环境保护若干问题的决定》两个产业政策文件,限制高污染、高耗能工业

---

① 参见"中华人民共和国国民经济和社会发展'九五'计划和2010年远景目标纲要",载《人民日报》,1996年3月18日第1版。

② 参见"关于当前产业政策要点的决定",载《人民日报》,1989年3月15日。

③ 参见"90年代国家产业政策纲要",载《人民日报》,1994年4月12日。

的发展。

在调整产业结构的同时,中国还积极开展能源节约和提高能效工作。20世纪80年代以后,国务院和各相关部门制定实施了一系列节能规章:国务院1982年发布的《关于进一步加强节约用电的若干规定》、1986年发布的《节约能源管理暂行条例》、国家经委和国家计委1988年发布的《关于进一步加强石油消费管理和节约使用的通知》;国家经委1987年发布的《企业节约能源管理升级(定级)暂行规定》;国家环境保护委员会、国家计委、国家经委和财政部1987年发布的《发展民用型煤的暂行办法》;国家计委1991年发布的《企业节约能源管理升级(定级)规定》、《进一步加强节约能源工作的若干意见》;国家计委、国务院生产办、建设部1992年发布的《基本建设技术改选工程项目可行性研究报告增列节能篇(章)的暂行规定》等。这些规章大力推动了中国节能和能效的提高。

(三) 推动气候变化问题的国际合作

中国政府十分重视气候领域的国际合作。中国科学家在IPCC活动及重大气候变化科学计划的实施中发挥了十分重要的作用。中国的邹况蒙、丁一汇、秦大河曾先后担任IPCC首席代表、第一工作组副主席、共同主席等职务。中国科学家参加了IPCC历次评估报告和相关特别报告与技术报告的编写,为各国政府、科学家和科学团体提供了最新的气候变化问题的知识与政策选择,为研究、理解和应对全球气候变化做出了重要贡献。[1]中国科学家还在世界气象组织(WMO)、地球观测组织

---

[1] 丁一汇主编:《中国气候变化科学概论》,气象出版社,2008年版,第24页。

第十二章 中国的气候变化政策

（GEO）、地球系统科学联盟（ESSP）、政府间气候变化专门委员会（IPCC）、国际科学联盟（ICSU）等国际组织及世界天气研究计划（WWRP）、世界气候研究计划（WCRP）等国际科学计划中担任了重要职务，积极参与了多项气候变化和重大科学计划的实施。

中国与国际组织合作完成了多项与气候变化相关的国际合作研究，包括由亚洲开发银行支持的《中国响应全球气候变化的国家战略（1993）》；由联合国开发计划署和全球环境基金资助的《中国控制温室气体排放的问题与选择（1994）》；由亚洲开发银行资助的《亚洲减排温室气体最小成本战略》等。同时，国内有关部门也与美国、加拿大、英国、德国、挪威、日本等开展了一系列双边合作。[①]

当然，中国在制定应对气候变化的政策措施方面，最初是从保护环境的角度出发，如1990年成立的"国家气候变化协调小组"作为国家应对气候变化的主要机构由国家气象局负责日常工作，依然把气候变化问题主要当作环境问题对待，并没有完全认识到气候变化对整个社会带来的重大影响，参与的国际合作也主要是与气候变化相关的科研方面的工作。

二、1997年京都会议—2007年巴厘岛会议前

1995年，《IPCC气候变化第二份评估报告》正式发布。相对于第一次评估报告主要考虑气候变化的科学问题而言，第二次评估报告将气候变化的社会经济影响作为一个新的研究主题，重

[①]《中华人民共和国气候变化初始国家信息通报》，中国计划出版社，2004年版，第66页。

点探讨了气候变化的社会和经济影响问题,评估了适应和减缓气候变化的社会经济成本。第二次评估报告强调,要保证大气中温室气体浓度,必须大量减少排放。[①] 在《联合国气候变化框架公约》的谈判中,IPCC 还编制出版了一些相应的技术报告、特别报告和科学报告等,为进一步系统阐述《公约》的最终目标,即保证大气中温室气体的浓度提供了坚实的科学依据,推动了《京都议定书》的通过。

(一) 中国的立场和主张

1997 年 12 月,《联合国气候变化框架公约》第三次缔约方大会在日本京都召开,150 多个国家的代表出席了会议。中国派出了由外交部、国家科委、国家计委、电力部、财政部、中国气象局、国家环保总局、驻日本使馆和驻大阪总领馆组成的代表团出席了会议。会上,各国从各自利益出发,提出各自的立场和主张。发展中国家与发达国家之间、发达国家内部、发展中国家内部都存在一定的分歧,尤其是美国与发展中国家、美国与欧盟的冲突最引人瞩目。中国代表团团长发言表明了中国在气候变化谈判中的立场:京都会议必须严格按照"柏林授权书"进行,反对为发展中国家规定新义务,反对企图套住发展中国家承担义务的所谓"自愿承诺"条款,阻止启动"后京都进程",反对在议定书中确立"排放贸易"制度。同时表示,中国在达到中等发达国家水平前不会承担减排温室气体的义务;与此同时,中国会根据可持续发展战略采取各种措施,努力降低温室气体排放增长

---

① 见 IPCC, *Climate Change* 2007: *Synthesis Report*, Cambridge University Press, Cambridge, 1995.

第十二章 中国的气候变化政策

速度。[①]

1998年《联合国气候变化框架公约》第四次缔约方大会在布宜诺斯艾利斯召开。会上，一直以整体出现的发展中国家集团出现分化，形成了三个集团：一是环境脆弱、容易受到气候变化影响、自身排放量很小的小岛国联盟（AOSIS），它们自愿承担减排目标；二是期待清洁发展机制（CDM）的国家，期望通过减排来获取外汇收入，如墨西哥、巴西和最不发达的非洲国家；三是中国和印度，坚持目前不承诺减排义务。这样，中国和印度成为各方关注的焦点。

1999年《联合国气候变化框架公约》第五次缔约方大会在波恩召开，中国代表团团长在发言中再次指出：第一，中国在达到中等发达国家水平之前，不可能承担减排义务。第二，中国希望发达国家按照《公约》的规定提供技术转让和资金援助，以增强中国应对气候变化的能力。[②]

2001年11月在摩洛哥马拉喀什召开的《联合国气候变化框架公约》第七次缔约方大会，通过了有关《京都议定书》履约问题（特别是CDM）的一揽子高级别政治决定，形成"马拉喀什协议"文件，为《京都议定书》附件一国家批准《京都议定书》铺平了道路。中国在该次气候变化谈判中的立场有三点：首先，有效的资金援助和技术转让是提高发展中国家应对气候变化能力的重要条件；其次，碳汇问题事关议定书的环境效果。第三，议定书三个机制有助于发达国家以低成本实现减排，清洁发展机制（CDM）还有助于发展中国家实现可持续发展。中国还

[①] 中华人民共和国外交部政策研究室编：《中国外交：1998年版》，世界知识出版社，1998年版，第810页。

[②] "中国代表团团长于1999年在气候变化公约第五次缔约方会议上的发言"，内容参见http://www.ccchina.gov.cn。

支持尽早选举成立清洁发展机制的执行理事会,迅速启动清洁发展机制。①

2005年2月《京都议定书》正式生效。11月,《联合国气候变化框架公约》第11次缔约方大会在加拿大蒙特利尔市举行。中国代表发言指出:一、"共同但有区别的责任"的原则,是应对气候变化的基础;二、要在可持续发展的框架下采取行动;三、各方要高度重视新技术在应对气候变化中的重要作用,要重视技术的扩散和转让机制;四、要正确把握适应与减缓气候变化的平衡;五、发达国家切实履行承诺,向发展中国家提供应对气候变化的技术和资金。②

纵观这一时期中国参与气候变化国际谈判的立场,主要是以下几点:一是坚持"共同但有区别的责任"原则;二是绝不做出减排温室气体的承诺;三是希望从发达国家获得技术转让;四是希望参加清洁发展机制(CDM)以获得资金。

(二)应对气候变化的相关政策和措施

中国已经充分认识到气候变化对社会发展的全面影响,并且将应对气候变化纳入科学发展规划之中。2006年,中国颁布了《国家中长期科学和技术发展规划纲要》,把能源和环境确定为科学技术发展的重点领域,把全球环境变化监测与对策明确列为环境领域的优先主题之一。

第一,中国加强了人才队伍与基地建设。经过近20年的努

---

① "中国代表团团长于2001年在气候变化公约第七次缔约方会议上的发言",内容参见 http://www.ccchina.gov.cn。

② "中国代表团团长王金祥在气候变化公约第十一次缔约方会议暨《京都议定书》第一次缔约方会议部长级会议上的发言",内容参见 http://www.ccchina.gov.cn

第十二章 中国的气候变化政策

力,中国在气候变化领域初步形成了一支跨领域、跨学科的从事基础研究和应用研究的专家团队——"中国国家气候变化专家委员会"。该委员会由12位专家组成,其中包括8位院士,被誉为中央"气候变化智囊团"。其中,中国科学院前副院长孙鸿烈院士担任主任委员,中国气象局气候变化特别顾问丁一汇院士和清华大学副校长何建坤教授担任副主任委员。同时,中国也建成一批国家级科研基地,基本建成了国家气候监测网大型观测网络体系。

第二,中国建立了相对稳定的政府资金渠道,不断加大对气候变化相关科技工作的资金投入。通过多渠道筹措资金,中国政府吸引社会资金投入气候变化的科技研发领域。"十五"规划(2001—2005年)期间,政府通过"攻关计划"、"863计划"和"973计划"等国家科技计划,投入应对气候变化科技经费达25亿多元。到2007年底,"十一五"国家科技计划(2006—2010年)已安排节能减排和气候变化科技经费70多亿元。此外,还通过其他渠道投入大量资金用于气候变化的科技研发。

第三,将气候变化纳入科技研发的重点领域。中国已确定将重点研究的减缓温室气体排放技术,包括:节能和提高能效技术,主要行业二氧化碳和甲烷等温室气体的排放控制与处置利用技术,可再生能源和新能源技术,生物与工程固碳技术,先进煤电、核电等重大能源装备制造技术,煤炭、石油和天然气清洁、高效开发和利用技术;二氧化碳捕集与封存技术,农业和土地利用方式控制温室气体排放技术等。[①]

第四,调整行政结构。1998年国务院成立了"国家气候变

[①] 参见:"中国应对气候变化的政策与行动",见《人民日报》,2008年10月30日。

化协调小组",组长由时任国家发展计划委员会主任、后来的国务院副总理曾培炎担任。2003年10月,经国务院批准,新一届"国家气候变化对策协调小组"正式成立。国家发展和改革委(简称发改委)主任马凯担任小组组长,副主任刘江担任常务副组长,外交部副部长张业遂、科学技术部副部长邓楠、中国气象局局长秦大河和国家环境保护总局副局长祝光耀担任副组长。协调小组的成员单位由财政部、商务部、建设部、农业部、交通部、水利部、中国科学院、国家海洋局、国家林业局、中国民航总局、国家统计局和国土资源部派出的有关负责人员担任,这些部门都指定了本部门的联络员。[1]"国家气候变化协调小组"专门负责应对气候变化工作,说明气候问题不再只是环境问题,而是关系到国家发展的宏观战略问题。

第五,制定并继续推进可持续发展战略。2001年3月15日,中国政府公布的《国民经济和社会发展第十个五年计划纲要》(2001—2005年),全面体现了可持续发展战略的思想和要求,具体提出了可持续发展各领域的阶段目标,并专门编制和组织实施了生态建设和环境保护重点专项规划。[2] 2002年,中共"十六大"把"可持续发展能力不断增强"作为全面建设小康社会的目标之一。[3] 2003年7月,在"2002年世界可持续发展峰会"之后,中国政府制定了《中国21世纪初可持续发展行动纲要》。10年间,可持续发展战略逐渐体现在中国经济和社会发展的各个领域,经济与人口、资源、环境持续协调发展的能力不断

---

[1] "国家气候变化领导小组",载《中国环境》,2008年3月,第93页。

[2] "中华人民共和国国民经济和社会发展第十个五年计划纲要",《人民日报》,2001年3月16日。

[3] 江泽民:"全面建设小康社会,开创中国特色社会主义事业新局面",《人民日报》,2002年11月15日。

第十二章 中国的气候变化政策

增强。

第六，优化产业结构，实现发展方式的转变。国务院先后发布了一些有关产业政策的文件，限制高污染、高耗能工业的发展。国家统计局发布的《2006年国民经济和社会发展统计公报》显示，当年中国万元 GDP 能源消耗为 1.21 吨标准煤，2006 年中国单位国内生产总值能耗同比下降 1.23%，实现了单位 GDP 能耗 2003 年来的首次下降。[①] 针对农业、森林和其他自然生态系统、水资源等领域以及海岸带及沿海地区等脆弱区，中国积极实施适应气候变化的政策和行动，大力增强了农业、林业的防灾减灾和综合生产能力。为了强化和提高海洋灾害防御能力，中国已初步建成海洋环境立体化观测网络。

第七，加强科学宣传，提供民众参与意识。10 年间，中国加大了对气候变化问题的宣传和教育力度，在提高公众气候变化意识以及促进可持续发展方面做出了很大努力。中国有关部门在气候变化方面举办了各种层次的培训班，编写了有关教材，对各类相关人员进行了培训，对提高公众和政策制定者的气候变化意识起到了积极作用。在网络宣传方面，中国第一个气候变化官方网站——"中国气候变化信息网"于 2002 年 10 月 11 日正式开通，网站内容包括国内外动态信息、《公约》进程、政策法规、研究成果、减排技术、国家信息通报、统计数据、基础知识以及国际合作等栏目。[②] "中国气候变化网"重点向公众介绍国内外有关气候变化的最新科研成果和发现、中国参与政府间气候变化专门委员会的活动、政府间气候变化专门委员会组织的有关活动，以及在国内组织开展活动的情况、气候变化及其影响与对策

[①] 中华人民共和国国家统计局："中华人民共和国 2006 年国民经济和社会发展统计公报"，新华网：www.xinhuanet.com，2007 年 2 月 28 日。

[②] 参见"中国气候变化信息网"，官方网址：www.ccchina.gov.cn。

方面的知识、回答公众关心的热点问题等。国内其他相关网站，如"中国能源网"、"中国环境保护部宣传教育中心"、"全球气候变化对策网"、"中国全球环境基金"等，也在介绍气候变化方面的信息、普及气候变化的基础知识、宣传中国政府在气候变化方面的相关政策及研究成果、促进国际合作与信息交流等方面发挥了积极作用。

（三）气候问题的国际合作

10年间，中国继续积极参加和支持《联合国气候变化框架公约》和《京都议定书》框架下的活动。作为IPCC成员，中国派出大量专家积极参加IPCC的工作，为相关报告的编写做出了贡献。UNFCCC要求所有缔约方提供包括所有温室气体在内的碳源和碳汇的国家清单，以促进有关气候变化和应对气候变化的信息交流。"中国国家气候变化对策协调小组"及时组织国内有关政府部门、社会团体、科研机构、大专院校和企业等有关单位的官员和专家，根据非附件一国家信息通报编制指南，编写了《中华人民共和国气候变化初始国家信息通报》并于2004年提交UNFCCC。

中国积极开展双边与多边的多层次国际合作，共同应对气候变化问题。中国是"碳收集领导人论坛"、"甲烷市场化伙伴计划"、"亚太清洁发展和气候伙伴计划"的正式成员，是八国集团和5个主要发展中国家气候变化对话以及主要经济体能源安全和气候变化会议的参与者。在亚太经合组织会议上，中国积极倡导"亚太森林恢复与可持续管理网络"。中国分别与印度、巴西、南非、欧盟、日本、美国、英国、澳大利亚、加拿大等国家和地区建立了气候变化对话与合作机制，并将气候变化作为双方合作的重要内容。此外，中国也在力所能及的范围内积极帮助非洲和小岛屿发展中国家提高应对气候变化的能力。2006年1月，中国发布的《中国对非洲政策文件》中明确提出，积极推动中非在气候变化等领域的合作。中国政府分别举办了针对非洲和亚洲发展中国家政府官员的"清洁发展机制项目"（CDM）研修班，提高上述国家开展清洁发展机制项目的能力。

三、2007年巴厘岛气候会议—2013年华沙气候会议

2007年，《IPCC气候变化第四份评估报告》发布，受到国际社会的广泛关注。该报告促进了各国政府对于气候变化问题的认识和了解，直接推动了气候变化问题的升温。各国政府也因此纷纷对气候变化政策做出相应调整，中国应对气候变化的政策也发生了转变。

2007年6月，中国政府发布《应对气候变化国家方案》，表明了中国应对气候变化的原则：一是在可持续发展框架下应对气候变化的原则。二是坚持"共同但有区别的责任"原则。按照这一原则，发达国家要带头减少温室气体的排放，并向发展中国家提供资金和技术支持；发展经济、消除贫困是发展中国家压倒一切的首要任务，发展中国家履行公约义务的程度取决于发达国家在这些基本承诺方面能否得到切实有效的执行。三是减缓与适应并重的原则。四是将应对气候变化的政策与其他相关政策有机结合的原则。五是依靠科技进步和科技创新原则，优化能源结构，大力发展新能源、可再生能源技术和节能新技术。五是积极参与广泛的国际合作的原则。[①]

---

① 中国国家发展和改革委员会组织编制：《中国应对气候变化国家方案》，2007年版，第23—24页。

（一）中国的立场和主张

2007年12月，《联合国气候变化框架公约》第13次缔约方大会在印度尼西亚巴厘岛举行，会议着重讨论"后京都时代"的问题，即《京都议定书》第一承诺期在2012年到期后怎样进一步降低温室气体的排放。经过艰难谈判，12月15日大会通过了"巴厘岛路线图"，启动了加强《联合国气候变化框架公约》和《京都议定书》全面实施的双轨谈判进程，从而涵盖《公约》所有缔约方，期望在2009年年底前完成《京都议定书》第一承诺期在2012年到期后全球应对气候变化新安排的谈判，并签署有关协议。中国代表团团长、国家发展和改革委员会副主任解振华在大会上发了言，表明了中国在气候变化国际谈判中的立场。解振华指出：一是必须长期坚持《联合国气候变化框架公约》及其《京都议定书》所确立的目标、原则、承诺和合作模式。二是加强《公约》的实施，最核心的是要切实落实《公约》关于减缓、适应、技术、资金的规定。三是加强《京都议定书》的实施，首先是发达国家要切实完成第一承诺期的减排指标，同时发达国家要下定政治决心，尽快就第二承诺期的减排指标做出承诺，以便最晚在2009年达成协议，从而确保《议定书》第一和第二承诺期之间不会有任何间断。[①]

2008年12月，《联合国气候变化框架公约》第14次缔约方大会在波兰波兹南市举行。2008年7月8日，八国集团（美国、英国、法国、德国、意大利、加拿大、日本、俄罗斯）领导人在八国集团首脑会议上就温室气体长期减排目标达成一致意见，

[①] 参见解振华："在《联合国气候变化框架公约》第十三次缔约方会议暨《京都议定书》第三次缔约方会议上的讲话"，http://www.ccchina.gov.cn。

第十二章 中国的气候变化政策

表示将与其他国家一道共同实现到"2050年将全球温室气体排放量减少至少一半"的长期目标。但是,波兹南气候会议前,却有国家公然抛弃"巴厘岛路线图",忽略发达国家的历史责任,要求发展中国家承担减排义务。

2009年12月,联合国气候大会在丹麦首都哥本哈根召开,商讨《京都议定书》第一期承诺到期后的后续方案,就未来应对气候变化的全球行动签署新的协议。这次会议被称为"人类拯救地球的最后机会",国际社会普遍期望哥本哈根会议能够一帆风顺,完成《巴厘岛行动计划》,然而大会并没有达到预期中的目标。会上,发达国家与发展中国家之间在一些关键问题上展开激烈交锋,会议的成果并不理想,最后达成了一项没有约束力的"哥本哈根协定"。在哥本哈根会议之前,发展中国家为推动哥本哈根进程,表现出了十分积极的姿态。巴西、南非、印度尼西亚等发展中国家分别宣布,2020年的排放相对于基准线至少下降30%或20%,这远远高于IPCC所建议的15%—30%的降幅。[①] 中国和印度则分别给出了2020年单位国内生产总值碳排放强度相对于2005年水平下降40%—45%和20%—25%的目标。12月18日,国务院总理温家宝在大会领导人会议上发表了题为《凝聚共识、加强合作、推进应对气候变化历史进程》的讲话。温家宝指出:应对气候变化必须始终牢牢把握以下几点:一是要坚持《联合国气候变化框架公约》及其《京都议定书》,必须遵循而不能偏离"巴厘岛路线图"的授权。二是要始终坚持"共同但有区别的责任"原则。发达国家必须率先大幅量化减排并向发展中国家提供资金和技术支持。三是要注重目标的合

---

① 参见 IEA, *CO$_2$ Emissions from Fossil Fuel Combustion*. International Energy Agency, Paris, 2009.

理性。重要的是把重点放在完成近期和中期减排目标上，放在兑现业已做出的承诺上。四是国际社会要向发展中国家持续提供充足的资金支持，加快转让气候友好技术，帮助发展中国家、特别是小岛屿国家、最不发达国家、内陆国家、非洲国家加强应对能力。[①]

2010年坎昆气候会议（COP16）前夕，中国官方公布的中国应对气候变化谈判立场是：第一、要坚持《联合国气候变化框架公约》和《京都议定书》基本框架，严格遵循"巴厘岛路线图"授权。第二、要坚持"共同但有区别的责任"原则。发达国家应通过率先大幅度减排，同时向发展中国家提供资金、转让技术；第三、坚持可持续发展原则，实现发展和应对气候变化的双赢。[②]

2011年12月，联合国气候大会（COP17）在南非德班召开，中国代表团团长、国家发展改革委副主任解振华发言表示，要坚持"共同但有区别的责任"原则和公平原则，落实"巴厘岛路线图"；明确发达国家缔约方（无论是议定书与非议定书）第二承诺期承担的量化减排指标；落实坎昆会议就资金、适应、技术转让和透明度等问题达成的原则共识。[③]

2012年11月，联合国气候大会（COP18）在卡塔尔的多哈召开，中国代表"基础四国"在大会上发言，支持阿尔及利亚

[①] "温家宝在气候变化会议领导人会议上的讲话"，载《人民日报》，2009年12月19日。

[②] 中国国家发展和改革委员会：《中国应对气候变化的政策与行动——2010年度报告》，2010年11月。

[③] "中国代表团团长、国家发展改革委副主任解振华出席德班气候大会高级别会议并发表致辞"，中国国家发展和改革委员会，2011年12月8日，来源：http://www.sdpc.gov.cn/xwfb/t20111208_449803.htm。

第十二章 中国的气候变化政策

代表"77国集团+中国"所作发言,希望推进德班成果的落实,欢迎"德班平台"特设工作组的及时启动,重申实现发达国家承诺的到2020年每年提供1000亿美元目标的重要性,并强调应就持续增资制定路线图,以避免在2013—2020年期间出现资金空档。[①]

2013年11月,联合国气候大会(COP19)在华沙召开。中国代表团团长、国家发改委副主任解振华在高级别会议上发言,敦促各方坚守《联合国气候变化框架公约》及其《京都议定书》这一国际合作应对气候变化的主渠道,要求发达国家遵守承诺,落实绿色气候资金。发达国家应在《京都议定书》第二承诺期和《公约》下进一步提高减排力度。[②]

总之,2007年以后,中国在国际气候谈判中的立场大致如下:1. 坚持"共同但有区别的责任"原则;2. 同意温升不超过2℃的长远目标,同意在不影响国家主权的情况下,每两年向联合国报告国内减排措施和实施情况;3. 发达国家政府应该履行公约义务,为发展中国家的减缓和适应行动提供技术、资金和能力建设支持;4. 虽然暂时不承诺总量减排,但承诺以碳强度减少(即单位GDP的排放量的减少)的方式来降低排放增速。

(二)应对气候变化的相关政策和措施

为进一步加强对应对气候变化工作的领导,2007年成立了

[①] "联合国气候变化大会多哈会议开幕,中国代表团副团长苏伟代表'基础四国'发言",中国国家发展和改革委员会,2012年11月27日,来源:http://www.sdpc.gov.cn/xwfb/t20121127_515744.htm。

[②] "中国代表团团长解振华在联合国气候变化华沙会议高级别会议上作国别发言",中国国家发展和改革委员会,2013年11月21日,来源:http://www.sdpc.gov.cn/xwfb/t20131121_567524.htm

"国家应对气候变化领导小组",由国务院总理担任组长,负责制定国家应对气候变化的重大战略、方针和对策,协调解决应对气候变化工作中的重大问题。为提高应对气候变化决策的科学性,中国还成立了"气候变化专家委员会"。2007 年以来,中国通过"国家科技计划"增加了对气候变化科技研发投入,并开展了"全球环境监测"、"气候变化评估"、"未来气候变化趋势情景预测"等多项重大课题研究,加大了对可再生能源、核能、循环经济、节能和新能源汽车等重大技术的研发和示范力度,进一步加速推进中国资源节约型、环境友好型社会所需的技术、装备、产品的推广应用。中国政府还加强了碳捕集和封存(CCS)技术的研发应用,研究制定了碳捕集与封存利用技术(CCUS)发展路线图。

2009 年 9 月 22 日,时任国家主席胡锦涛在联合国气候变化峰会开幕式上发表了题为《携手应对气候变化挑战》的讲话,向世界宣布了中国应对气候变化所采取的措施和力争达到的目标:一是加强节能、提高能效工作,争取到 2020 年单位国内生产总值二氧化碳排放比 2005 年有显著下降。二是大力发展可再生能源和核能,争取到 2020 年非化石能源占一次能源消费比重达到 15% 左右。三是大力增加森林碳汇,争取到 2020 年森林面积比 2005 年增加 4000 万公顷,森林蓄积量比 2005 年增加 13 亿立方米。四是大力发展绿色经济,积极发展低碳经济和循环经济,研发和推广气候友好技术。[①] 数据表明,2005—2010 年,中国单位国内生产总值能耗下降 19.1%,节能 6.3 亿吨标准煤,相当于减少二氧化碳排放约 15 亿吨,为减缓全球温室气体排放

---

① 胡锦涛:"携手应对气候变化挑战——在联合国气候变化峰会开幕式上的讲话",《人民日报》,2009 年 9 月 23 日。

第十二章 中国的气候变化政策

做出了重要贡献。

此后,中国的"十二五"规划《纲要》中提出,到2015年单位国内生产总值二氧化碳排放比2010年降低17%、非化石能源占一次能源比重达到11.4%,以及全国增加森林蓄积量6亿立方米、森林覆盖率增加到21.66%的约束性指标,并提出"合理控制能源消费总量"、"建立完善温室气体排放统计核算制度,逐步建立碳排放交易市场"。①

2013年11月华沙气候大会前夕,国家发改委发布了《中国应对气候变化的政策与行动2013年度报告》,全面介绍了中国应对气候变化方面取得的成效。报告指出,2012年以来,中国政府通过调整产业结构、优化能源结构、节能提高能效、增加碳汇等工作,完成了全国单位GDP能耗降低和二氧化碳排放降低的目标,控制温室气体排放工作取得积极成效。到2012年,全国单位GDP二氧化碳排放比2011年下降5.02%,中国节能环保产业产值达到2.7万亿人民币。② 2013年11月18日,中国在气候大会上正式发布了专门针对适应气候变化的战略规划——《国家适应气候变化战略》,明确了中国适应气候变化工作的指导思想和原则,提出了适应目标、重点任务、区域格局和保障措施,为统筹协调开展适应工作提供指导。③

---

① "中国代表团团长、国家发展改革委副主任解振华出席德班气候大会高级别会议并发表致辞",中国国家发展和改革委员会,2011年12月8日,来源:http://www.sdpc.gov.cn/xwfb/t20111208_449803.htm

② "中国发布应对气候变化的政策与行动2013年度报告",中国网,2013年11月5日,来源:http://www.china.com.cn/news/2013-11/05/content_30530155.htm

③ "中国发布《国家适应气候变化战略》",新华网,2013年11月18日,来源:http://news.xinhuanet.com/2013-11/18/c_125722514.htm

(三) 国际合作

2007年以后，中国继续本着"互利共赢、务实有效"的原则，积极参加和推动应对气候变化的国际合作，加强多边与双边外交活动中气候变化领域的对话，努力促进国际社会形成应对气候变化的共识。

中国国家主席和国务院总理分别在联合国气候变化峰会、二十国集团峰会、八国集团同发展中国家领导人对话会议、主要经济体能源安全和气候变化论坛领导人会议、亚太经合组织会议、东亚峰会、博鳌亚洲论坛等多边场合以及双边交往中，阐述了中国对于气候变化国际合作的立场和主张，宣布了中国应对气候变化的政策和措施，积极推动应对气候变化的全球行动。

中国积极开展与各国在气候变化领域的多层次双边对话与合作。中国与欧盟、印度、巴西、南非、美国、加拿大、英国、日本、澳大利亚等国家和地区建立了气候变化对话与合作机制，并将气候变化作为双方合作的重要内容。中国与澳大利亚、韩国、美国等签署或草签了气候变化领域相关的联合声明、谅解备忘录和合作协议等，中欧形成了气候变化部长级合作与对话机制，并发表了联合声明。

中国一直在力所能及的范围内，大力帮助非洲和小岛屿发展中国家提高应对气候变化的能力。2009年，中国国务院总理温家宝在中非合作论坛发表讲话，提出全面推进"中非新型战略伙伴关系"。[①] 中国为发展中国家应对气候变化提供力所能及的

---

① 温家宝："全面推进中非新型战略伙伴关系——在中非合作论坛第四届部长级会议开幕式上的讲话"，新华网：http://www.xinhuanet.com，2009年11月9日。

援助，2008—2013 年将为发展中国家援助 100 个小水电、沼气、太阳能等小型清洁能源项目。中国积极回应小岛屿国家援助诉求，先后为太平洋岛屿国家援建 80 余个项目，其中包括很多清洁能源项目。同时注重在人力资源开发上的合作，2010 年中国为受援国办了 16 期应对气候变化和清洁能源国际研修班，共为他们培训 380 名官员和专业人员。

中国非常乐意接受发达国家在新能源、新技术方面的支持与帮助。2013 年 6 月 8 日，国家主席习近平在加利福尼亚州同美国总统奥巴马举行会晤。习近平指出，气候变化问题是中美两国和全世界面临的共同挑战之一，中国愿意同美方在这一领域开展广泛务实合作，使之成为中美关系新的合作增长点。[①]

第三节 中国气候变化政策演变的动因

20 世纪 70 年代以来，中国的气候政策经历了三个阶段。这三个阶段中，中国的政策大致为：在国际谈判方面，中国始终坚持不承担温室气体的强制量化减排，但是态度由以前的过于强硬逐渐转变为以更灵活、更合作的态度积极参与国际气候谈判，特别是 2009 年向世界做出单位 GDP 减排 40%—45% 的承诺。在对待《京都议定书》三个机制方面，尤其是清洁发展机制，由过去的怀疑转变为现在的支持；在资金和技术方面，由过去一味强调发达国家必须向发展中国家提供资金和技术支持，转向呼吁建

[①] "习近平同奥巴马举行第二场会晤，就中美经济关系深入交换意见"，新华网，2013 年 6 月 10 日，来源：http://news.xinhuanet.com/mrdx/2013-06/10/c_132445196.htm。

立双赢的技术推广机制和互利技术合作；从过去的仅专注于《联合国气候变化框架公约》及其《京都议定书》转向对其他形式的国际合作机制持开放态度。[①] 国内政策方面，从仅由政府倡导，转为不断加大对公众的教育宣传力度，倡导绿色低碳生活，推动全社会共同应对气候变化；从仅由科学家研究应对气候变化到国家经济社会发展的各部门共同参与，制定应对气候变化的全国性政策，并将应对气候变化放在国家发展的战略高度。

一、国际压力

近几十年来，随着中国经济的迅速发展、能源消耗不断增多，带动温室气体排放上升。随后，西方国家开始出现了中国"环境威胁论"。他们认为，随着经济的高速发展，中国对世界资源和能源的消费量将迅速增加，这种大量的资源和能源消耗必然给世界带来严重的环境问题。[②] 以至于20世纪90年代中期美国总统克林顿在会见中国国家主席江泽民时就直接表示："中国对美国最大的威胁不是在军事上，而是在环境问题上"[③]。

随着人们对于全球气候变暖的关注不断升温，又出现了"中国气候威胁论"。该论调宣称气候变化是中国和印度这样的发展

[①] 张海滨：《环境与国际关系——全球环境问题的理性思考》，上海人民出版社，2008年版，第85页。

[②] 类似的观点参见：Barber B. Conable, Jr., David M. Lampton, "China: The Coming Power", *Foreign Affairs*, winter 1992/1993; Elizabeth Economy, *The River Runs Black: The Environmental Challenge to China's Future*, Council on Foreign Relations Books, Cornell University, 2004.

[③] 姜文来："积极应对'中国环境威胁论'"，《资源与人居环境》，2006年第7期。

第十二章 中国的气候变化政策

中国家直接造成的。在国际气候谈判中，美国官员更是就"中国气候威胁"直接向中国政府施压。2009年6月9日，美国高级别气候谈判小组成员、能源政策助理国务卿大卫·桑德罗在北京向中国政府表示："面对气候变化问题，中国能够采取且必须采取更多应对措施；如果中国不采取行动，到2050年，即使其他所有国家的温室气体排放量都减少80%，中国自己就会导致全球升温2.7℃。"第二天，美国国务院亚太助理国务卿坎贝尔在国会作证说，美中关系的优先议题是气候变化问题。①2009年12月，在哥本哈根召开的联合国气候变化大会上，欧洲和美国以"中国气候威胁论"集体向中国发难。美国国务卿希拉里在记者会上说："对美国而言，全球第二大排放国——现在可能是第一大排放国（意思是指中国）的排放数据缺乏透明度，在这样的情况下很难达成有法律效力或有资金承诺的国际协议。"②法国总统萨科齐声称，"哥本哈根气候变化大会的进程正在受到中国的阻碍"。③会后，英国外交大臣的弟弟、环境气候大臣艾德·米利班德在英国《卫报》上撰文，竟然声称以中国为首的发展中国家"劫持"了哥本哈根气候协议。④发达国家的"环境威胁论"和"气候威胁论"将中国描绘成"世界的污染大国"、

---

① "China alone could bring world to brink of climate calamity, claims US official", The Guardian, 10 June 2009, http://www.theguardian.com/environment/2009/jun/09/china-sandalow-stern-emissions

② 冯迪凡：《冲刺前夕——美要挟以金援换'中国透明度'》，《第一财经日报》，2009年12月18日。

③ 《萨科齐攻击中国阻碍气候谈判进程》，环球网，2009年12月18日。http://world.huanqiu.com/roll/2009-12/664928.html。

④ "Ed Miliband: China tried to hijack Copenhagen climate deal", The Guardian, 21 December 2009, http://www.theguardian.com/environment/2009/dec/20/ed-miliband-china-copenhagen-summit

国际"环境危机的制造者"、"温室气体排放头号国家",错误地引导舆论,致使一些发展中国家也把矛头对准中国。小岛国家联盟中,很多国家由于急切地想得到发达国家许诺的资金,以提升自己应对气候变化的能力,而中国对于固有立场的坚持惹恼了发达国家,成为发达国家不提供资金的借口,实际上阻挡了发展中国家获得国际援助的通路,一些国家于是迁怒于中国。比如,马尔代夫总统就授权其特别顾问、英国人马克·莱纳斯在《卫报》上发表文章批评中国"搅乱哥本哈根会议的局势"。[①]

发达国家这样做的实质就是迫使中国在气候谈判中承担超过中国能力的责任和义务。西方国家对于中国的强劲发展羡慕不已,希望将中国纳入全球环境治理体系与它们承担同样的减排目标。对此,中国据理力争,始终坚持 UNFCCC 和《京都议定书》中的"共同但有区别的责任"原则,拒绝对发达国家让步。但是,改革开放30多年来,中国的发展举世瞩目,2010年GDP达到58786亿美元,高出日本4044亿美元,成为世界第二大经济实体,[②] 中国日渐进入世界舞台中心,一举一动都受到国际社会的关注。而国际气候谈判中,来自于发展中国家阵营的压力,才是中国所担心的。

二、追求负责任大国的声誉

中国外交在"气候变化"的语境下遭遇到新的压力,该问题

[①] 黎星、黄庆:"从哥本哈根气候大会看中国舆论传播之不足",《公共外交通讯》,2010年春季号(创刊号)。

[②] "日本公布2010年GDP,比中国低4044亿美元",人民网,2011年2月14日,来源:http://world.people.com.cn/GB/13911618.html。

第十二章 中国的气候变化政策

早已溢出了科学范畴，成为一个国际政治问题，演化成不同国家或国家集团为各自利益而进行外交博弈的工具。随着经济实力的迅猛提升，中国的国际地位发生了显著变化。为了进一步争取和平稳定的国际环境和客观友善的舆论环境，中国积极而全面地推进公共外交事业，其成效日渐彰显。虽然良好的国际声誉不可能克服国家间的现实利益冲突，却有可能创造一个处理冲突与合作的良好外交环境。因此，中国在对外交往中，力图塑造国家形象以获得良好声誉的努力，得到国际社会的广泛认同和支持，最终提升国家参与全球治理的行为能力。几十年来，中国坚持改革开放、走和平发展道路、建设和谐世界等一系列外交战略和原则，为中国树立负责任的大国形象打下了坚实的基础。新安全观、共同发展和共同利益、多极化国际关系民主化以及文化多样性等外交理念，和中国在处理与大国和发展中国家关系、参与地区和全球多边国际机制等方面的外交实践都传递出了中国强烈的责任意识，从不同角度展现了中国政府着力塑造负责任大国形象的努力和进展。尽管中国的国家形象建设取得了很大成就，但与此同时，影响中国国家形象建设的因素也是多方面的。当前来看，环境与气候因素无疑是最突出的一个领域。[①]

近年来，西方国家借口中国近几十年来不断增加的温室气体排放量制造"中国气候威胁论"，大肆渲染、恶意损害中国形象。中国不得不采取更为积极主动的姿态应对气候变化，以显示出负责任的大国形象。中国一直是发展中国家的一员，并把加强同其他发展中国家的团结与合作视为自身外交战略的基石。气候变化问题正好为中国提升在发展中国家的声望和影响力提供了前

---

① 郭秀清、杨学慧："环境问题与中国国家形象的构建"，载《世界经济与政治》，2010年第3期。

所未有的机遇。一方面中国与广大发展中国家坚持"共同但有区别的责任"原则,履行力所能及的义务,维护在发展中国家的良好声誉。同时,作为一个负责任的大国,中国又在新的国际环境制度中承担了相应的责任和义务,加强了与发达国家的交流与合作。近几年,中国加大减排的力度越来越明显,体现了中国希望在国际舞台上成为负责任大国的外交战略。

三、气候领域知识共同体的倡导

气候问题的复杂性和相互依赖性,让决策者不得不向相关领域的科学家寻求帮助,以界定国家利益并提供行动的选择。因此,科学界得以参与到决策程序中去。科学知识尤其是"有用的知识"(Usable knowledge)在应对气候变化问题的决策中就显得格外重要。而对于"有用的知识"的需求以及对共同问题的关注,促进了相关领域的科学家实现跨国合作,推动对共同关心的问题的理解,并力图达成共识,最终对决策者的决策提出行动建议,这样的跨国科学家联盟实际上就是哈斯(Peter Haas)所指的"知识共同体"理念。[1] 联合国政府间气候变化专门委员会(IPCC)就是类似的组织。"知识共同体"的成员不受某一学科的限制,通常成员的多学科性使得其能够为决策提供更全面有效的政策。除自然科学家之外,社会科学家或任何在这一领域有所建树的人都可以成为"知识共同体"的成员。但是,"知识共同体"与其他利益集团不同,"知识共同体"与利益集团以及其他在政策制定过程中起重要作用的团体相区别的一个显著特征,就

---

[1] Peter M. Haas. *Do Regimes Matter? Epistemic Communities and Mediterranean Pollution Control.* [J] International Organization, 1989, 43 (3) pp. 377 – 430.

第十二章 中国的气候变化政策

是其社会化的真理检验能力和共同的因果关系信念。构成"知识共同体"成员的基础是对相关议题的共同理念、共有政策专长和对问题因果关系的认同。[①]

"知识共同体"能够提供专业的建议，较好地厘清复杂问题中的因果关系，帮助决策者界定国家收益，限定集体争论的范围并确定协商的重点，它主要通过以下几个方面起作用：

第一，确定议题。信息的匮乏和议题的不确定性是决策者时常面临的问题，决策者在信息不足和议题不确定性的情况下，难以明确地理解其所面对的问题，更不用说针对议题做出正确的决策。这种情况下，决策者对与"政策相关的信息"就有很高的需求，而"知识共同体"成员由于其所在相关领域的专业知识，就可以通过一定的渠道为决策者提供信息，帮助决策者理解其所面临的议题。[②] 另外由于"知识共同体"中的科学家在考虑问题的时候通常不受制于政治家所面临的私利、特定的选民等，能够对议题进行更为全面的理解和界定，对不同议题之间的联系和相互影响等进行更为清晰的解释。

第二，确定行动方案。决策者在进行决策时不仅要求"知识共同体"帮助他们理解所面临的议题的性质、因果关系等，还需要"知识共同体"提供应对问题的政策性选择。"知识共同体"由于其所具有的"政策相关知识"，因而能够为决策者提供行动方案。但是"知识共同体"不会提供唯一的行动方案，而会对各种方案进行概率分析，来让决策者清楚行动与否、如何行动、以及相关影响。

第三，界定国家利益。"知识共同体"可以帮助国家界定和

---

① Peter M. Haas. Introduction: Epistemic Communities and International Policy Co-ordination [J]. International Organization, 1992, 46 (1), p. 16.

② Ibid.

理解其在相关议题中的利益,这可以通过直接向国家阐明其利益、界定议题或提供行动方案来影响国家对自身利益的理解和界定;同时,一个国家对自身利益的界定或重塑,也影响到其他国家对自身利益的界定和塑造。在一个良性的环境中,这样的重新界定和塑造会产生一种有利于国家合作的环境和趋势。①

IPCC第五次评估即将于2014年4月发布。其中,第一工作组有中国专家18名。据不完全统计,第五次评估报告第一工作组的9200多份报告当中,中国科学家贡献知识产权大概占了9000多份的4%（相比之下,第三次、第四次报告中,中国科学家的贡献只有1.2%、1.3%）,反映了中国国家和科学界对气候问题的参与程度。2013年10月27日,联合国政府间气候变化专门委员会（IPCC）第五次评估报告第一工作组报告来到中国北京开启宣讲活动。10月29日上午,IPCC第一工作组在中国政协礼堂向全国政协委员代表做汇报。全国政协副主席兼秘书长张庆黎、全国政协常委和人口资源环境委员会主任贾治邦、全国政协常委秦大河院士、中国气象局局长郑国光等约70位代表参加了会议。中国人民政治协商会议是中国共产党领导的多党合作和政治协商的重要机构。政协委员可以就国家大政方针和群众生活的重要问题进行政治协商,并通过建议和批评发挥参政议政、民主监督的作用。中国政协是中国高层决策的智囊与顾问机构。可以看出,IPCC经过中国科学界学术共同体的互动,参与到中国政策决策的程序中来。②

---

① 孙凯:"认知共同体与全球环境治理",载《中国人口·资源与环境》,2009年第19卷,第358页。

② "政协委员聚焦IPCC第五次评估报告",中国天气网,2013年10月29日,来源:http://www.weather.com.cn/climate/2013/10/qhbhyw/1995284_2.shtml

四、经济发展方式转变的需要

1995年9月,中国共产党第十四届五中全会提出,经济增长方式从粗放型向集约型转变。① 1996年,第八届人大四次会议批准了《中华人民共和国国民经济和社会发展"九五"计划和2010年远景目标纲要》,提出"转变经济增长方式是经济建设的长期战略任务"。② 2005年10月11日,中国共产党第十六届中央委员会第五次全体会议通过的《中共中央关于制定国民经济和社会发展第十一个五年规划的建议》,再次强调转变经济增长方式,同时其内涵有所扩展,提出要形成低投入、低消耗、低排放和高效率的节约型增长方式,并且明确了具体要求,如提出到2010年单位国内生产总值能源消耗比"十五"期末降低20%左右,着力自主创新,大力发展循环经济,建设资源节约型、环境友好型社会等。③ 2007年党的十七大提出加快转变经济发展方式。④ 2010年年初以来,中央一直强调加快转变经济发展方式,指出国际金融危机爆发后,转变经济发展方式已刻不容缓。加快经济发展方式转变,是适应全球需求结构重大变化、增强中国经济抵御国际市

---

① "中国改革开放30年最具影响力的30件大事",人民网:http://theory.people.com.cn/GB/41038/6757583.html 2008年1月10日。

② "中华人民共和国国民经济和社会发展'九五'计划和2010年远景目标纲要",新华网:http://news.xinhuanet.com/ziliao/2005-03/15/content_26986 52.htm。

③ "新华社受权播发中央关于制定十一五规划的建议",新华网:http://news.xinhuanet.com/politics/2005-10/18/content_3641362.htm,2005年10月18日。

④ 胡锦涛:"在中国共产党第十七次全国代表大会上的报告",新华网:http://news.xinhuanet.com/newscenter/2007-10/24/content_6938568_4.htm,2007年10月24日。

场风险能力的必然要求,是提高可持续发展能力的必然要求,是在后金融危机时期的国际竞争中抢占制高点、争创新优势的必然要求,是实现国民收入分配合理化、促进社会和谐稳定的必然要求,是适应实现全面建设小康社会奋斗目标的新要求、满足人民群众过上更好生活新期待的必然要求。[1] 2011 年,中国发布了《"十二五"规划纲要》,提出要转变方式、开创科学发展新局面;改造传统制造业,促进转型升级以提高产业核心竞争力;提倡绿色发展,发展循环经济,建设资源节约型、环境友好型社会。

中国政府提出经济发展方式的转变,要求从粗放型经济向节约型经济转变,提高能源利用率,淘汰落后产能,这最终有利于减少温室气体的排放,有利于减缓全球气候变暖。那么,中国政府在气候变化问题上政策的转变,恰恰是内部经济运行方式转变的最好注脚。

第四节 结语

中国从政府到社会各个阶层对于气候变化问题的认识是一个不断变化的过程。随着经济的强劲发展,中国对待气候问题的态度和可能采取的政策受到国际社会更大的关注。[2] 中国是世界温

---

[1] "调整经济结构,加快转变经济发展方式",《人民日报》,2010 年 11 月 25 日。

[2] 参见两篇文章:Joanna I. Lewis, "China's Strategic Priorities in International Climate Change Negotiations", The Washington Quarterly, Vol. 31, No. 1, winter 2007 – 2008, pp. 155 – 174.; 以及 Bjorn Conrad, "China in Copenhagen: Reconciling the 'Beijing Climate Revolution' and the 'Copenhagen Climate Obstinacy'", The China Quarterly, 210, June 2012, pp. 435 – 455.

第十二章 中国的气候变化政策

室气体最大的排放国,自然受到全世界的瞩目与责难,中国政府也因此面临着巨大的压力。中国政府也懂得,改变传统的经济发展模式、提高能源效率、降低化石能源的消耗是未来的方向。[①]中国高层领导虽然非常重视气候变化及其后果问题,但是同印度一样,对于此问题的关注度并没有超越对于经济高速发展。与此同时,中国又非常重视自己的国际声誉,尤其不愿意与发展中国家因为气候变化问题产生更大分歧。因此,在"如何做负责任的大国"与"保持经济的持续、稳定增长"之间权衡,是当前中国面临的重大课题。

与其他国家的气候政策相比较,中国在国际气候谈判中的强硬姿态是一种策略,是为国内发展模式的调整争取缓冲时间。与俄罗斯等国家"口惠而实不至"、"承诺而不履约"的行为相比,中国国内的减排措施与低碳能源政策做的很好:中国从欧盟和新西兰等国家的经验中学习了碳交易制度,并很快运用于实践,在北京、上海、广东等有条件的地区首先启动。[②]中国也非常乐意接受其他国家的帮助来发展传统能源改造技术,比如在英国能源部的帮助下启动广东碳捕捉和封存(CCS)项目等。[③]在这一点

[①] 2009年9月22日,时任国家主席胡锦涛在联合国气候变化峰会开幕式上发表了题为《携手应对气候变化挑战》的讲话;2013年6月8日,国家主席习近平在美国加利福尼亚州安纳伯格庄园同美国总统奥巴马举行会晤。习近平指出,气候变化问题是中美两国和全世界面临的共同挑战之一。胡锦涛与习近平对于气候变化问题的表态,足以说明中国高层对此事的重视已经上升到国家战略层面。

[②] "解振华:北上广的碳市场年底有望开始启动实际交易",中国网,2013年11月5日,来源:http://www.china.com.cn/news/2013-11/05/content_30501525.htm

[③] "中国首个中英(广东)碳捕集利用与封存(CCUS)中心于2013年12月在广州启动",新浪网,来源:http://weather.news.sina.com.cn/news/2013/1223/081897525.html

上，中国与美国高度相似。现在的问题是，中国政府已经将经济的高速发展与政府治理的合法性紧密联系起来：所谓"船大掉头难"，中国经济发展减缓不仅会带来很多社会问题，更会影响到政府的有效治理问题。因此，如果欧盟低碳化的"社会实验"（如德国的可再生能源应用模式、英国低碳城市模式等）真正成功之后，中国看到实际效果，才会将将经济发展与GDP彻底脱钩，从追求高速增长转变为追求有质量地增长，最终改变现有政策。

第十三章

国际机制与气候谈判的通路

前面各章分别介绍了主要国家或者地区集团的气候变化政策,并分析了各自政策背后的前进动力和阻碍因素。本章首先展望了2015年巴黎气候会议的前景,然后试图以国际组织理论框架——国际制度的软性约束(又称"软法")为研究工具,分析当前国际气候机制进一步完善与发展的可能性与必然性,并尝试探讨国际气候谈判走出困境的可能路径。

第一节 巴黎气候会议:2020新协议的通路

1988年多伦多首次召开的半官方气候会议,到1997年联合国京都气候会议,一直到2013年华沙会议,有关气候变化应对的国际谈判已走过了26年。多伦多会议以及京都会议提出的全球减排目标,基本上没有实现,因而显得过于理想化。在近几年的气候会议决议中,已经找不到明确的全球碳减排目标,更多的则是"希望"、"理应"、"自愿"等字眼,这意味着,经过几十年的努力,国际社会在应对气候变化和温室气体减排上的意愿和进展均以失败而告终。

一、巴黎气候会议的铺路石

备受世人瞩目的 2009 年哥本哈根气候会议最终以无法达成一个具有约束力的文件而落幕。之后,无论是各国政府还是非政府组织,抑或是世界媒体,对于坎昆会议、德班会议、多哈会议以及华沙会议,并没有赋予太高的意义,不抱以更高的奢望。

2013 年 11 月 23 日,联合国第 19 次气候变化大会在华沙结束。经过两周的艰难谈判和激烈争吵,大会各方最终围绕"德班平台决议"、气候资金和损失损害补偿机制等焦点议题签署了协议。"华沙决议"重申了落实"巴厘岛路线图"成果对于提高 2020 年前行动力度的重要性,敦促发达国家提高减排力度,加强对发展中国家的资金和技术支持。由于《京都议定书》的第一承诺期(2008—2012)已经到期,而第二承诺期也将于 2020 年结束(很多国家表态根本不承认、不参与第二承诺期)。2020 年之后,国际气候机制面临着支撑框架的缺失问题。对此,"华沙决议"就进一步推动"德班平台"形成决定,既重申了下一步"德班平台"谈判依然要遵守公约的既定原则,又敦促各方开展关于 2020 年后强化行动的国内准备工作,这就向国际社会发出了确保"德班平台"谈判于 2015 年达成协议的积极信号。本次大会上的一个突出分歧,就是"德班平台"的落实问题。在过去相当长一段时间里,依照 UNFCCC 以及《京都议定书》中的"共同但有区别的责任"原则,发达国家与发展中国家在硬性减排的责任分配上是有区别的,附件一国家才有减排义务,

第十三章 国际机制与气候谈判的通路

而非附件一国家则暂时不承担义务。2011年，在欧盟的推动下，南非德班气候大会同意设立"德班平台"，推动各国在2015年巴黎气候会议上谈成一个适用于所有国家的新协议，也就是说，不管是《京都议定书》附件一国家（如欧盟等宣布参加第二承诺期的国家，以及不参加第二承诺期的国家如日本、俄罗斯等），还是非附件一国家（如中国、印度、巴西等），甚至是退出议定书的国家（比如美国、加拿大），一律实施量化减排，至于减排的份额则根据各自的能力与谈判来定。①

其实，早在2013年4月29日，有关《联合国气候变化框架公约》最新一轮谈判的实质性问题的讨论在德国波恩召开。"德班加强行动平台问题特设工作组"（Ad Hoc Working Group on the Durban Platform for Enhanced Action）第二次会议就怎样将在2015年制定一个新的全球气候协议进行了讨论。与会代表主要讨论并勉强通过了美国制定的一份涵盖了所有国家的应对气候变化规划，以取代即将到期的《京都议定书》。该规划要求所有国家都为一项新的联合国气候协议明确自己的"贡献"（Contribution）而非"承诺"（Commitments），并且在2015年巴黎峰会召开前6个月提交各国的"贡献"额度，以便让联合国留出足够时间来逐个审查。如果额度分配得到与会各方的认可的话，就以此为基础达成2020年生效的新协议。②

---

① "华沙气候大会最后时刻达成协议，焦点分歧仍难解"，中国网，2013年11月25日，来源：http://news.china.com.cn/world/2013-11/25/content_30692097.htm

② Alister Doyle, "Low-key U.S. plan for each nation to set climate goals wins ground", Reuters, May 2, 2013, http://www.reuters.com/article/2013/05/02/us-climate-talks-idUSBRE9410QA20130502

二、巴黎气候会议的展望

对于 2015 年巴黎会议达成气候新协议的前景，很多研究者持悲观态度，认为只怕是"年年岁岁花相似，岁岁年年人不同"，巴黎气候会议估计会是哥本哈根会议的翻版。京都气候会议之后，联合国气候会议形成了一个传统：每次气候会议结束，与会代表都认为下一次应该有所不同，结果是下一次没有什么不同。[1] 借用中国代表团团长解振华的形象描述就是：联合国气候谈判的成果就像"狗熊掰棒子"，掰下一个又丢掉一个，走一路，丢一路。[2]

很多研究者认为，巴黎气候会议的成败与命运，其实就掌握在中美两国手中。中国与美国是气候变化领域的 C2（Climate Change Carbon Country Two）：既是影响气候变化的最重要国家，又是减缓气候变化能力最大的国家。中国已经取代美国成为世界第一位的温室气体排放大国，而人均排放增长速度惊人（具体参见本书第十二章）；美国是温室气体排放第二大国家，是气候变化最主要的历史责任者（具体参见本书第四章）。中美两国分别是发展中国家和工业化国家的代表，也是多年来气候谈判中南北集团对峙的代言人，气候谈判能否取得实质性进展，取决于中美两国是否能够合作，而两国能否联合推动气候谈判进展则取决

---

[1] Assaad W. Razzouk, "Climate Action? Warsaw 2013 to Paris 2015", Ecologist, 21st December 2014, http://www.theecologist.org/blogs_and_comments/commentators/2200973/climate_action_warsaw_2013_to_paris_2015.html

[2] "解振华：华沙气候大会谈判不能像狗熊掰玉米"，中国天气网，2013 年 11 月 8 日，来源：http://www.weather.com.cn/climate/2013/11/qhbhyw/2000630.shtml

第十三章　国际机制与气候谈判的通路

于两国间的矛盾能否化解，合作渠道是否能够拓宽。

　　国际谈判是否向前推进，首先取决美国究竟在多大程度上真心推动全球气候治理的进程。世界资源研究所（WRI）的气候变化问题专家摩根（Jennifer Morgan）说："人们希望确保美国的参与，但很多人都非常担心这可能意味着什么。"[①] 最近几年，美国经济已经从2008年的经济危机中逐渐走出，非常规能源革命在美国获得成功。经济向好、能源独立，加上试图通过约束新兴经济体的排放而削减其竞争力，会让美国重返气候变化的舞台。2015年距离美国总统奥巴马卸任的日子并不遥远，作为一个高度理想主义的人，奥巴马一直试图在历史上留下自己的印记。依照奥巴马的行事习惯，他一定会吸取哥本哈根的教训，主动积极地推动签署新的条约和议定书，尽管事后国会一定不会批准。美国如果决定再次领导国际气候谈判，定然会得到孤掌难鸣的欧盟的支持。而日本、加拿大以及澳大利亚和新西兰等犹豫不决、左右摇摆的国家也不得不追随美国，俄罗斯等国家则又一次审时度势、待价而沽。结果是，巴黎气候会议关于气候新协议的谈判再一次变成了中国与美国之间的交锋。而中国唯一可以依靠的只有印度一个国家。于是，摆在中国面前的抉择是，要么参加具有约束性的减排新机制，提出自己的远景量化减排指标；要么依然承诺碳强度降低，答应为其他发展中国家提供补偿基金。中共十八届三中全会显示了极大的改革信心，也传递了强烈的改革信号。只要中国将经济发展速度适度降低，从数量调整到对质量的追求，那么，利用有约束力的国际条约来倒逼经济模式改革，未尝不是可能的事情。但是中国的温室气体量化减排目标一定是渐进

[①] Alister Doyle, "Low-key U. S. plan for each nation to set climate goals wins ground", Reuters, May 2, 2013, http://www.reuters.com/article/2013/05/02/us-climate-talks-idUSBRE9410QA20130502

式的、过渡性的,不可能是一劳永逸的。而且,要在中国与美国之间寻求交汇点,要想让两国发挥更大的作用,就意味着可能要在 2015 年接受一个相对松散的协议。

三、2020 气候新协议

《京都议定书》2020 年退出舞台,需要一种新的国际条约或者协议取代。其实从《京都议定书》诞生之日起,抱怨声一直不断,甚至有人认为,京都机制才是造成气候谈判困境的根源。无论是学术界还是非政府组织,都提出了很多替代性方案。有研究者将各个方案加以对比研究,运用 6 个指标来进行方案评估:A 环境绩效(Environmental Outcome),即替代方案的最终结果是否为环境友好型;B 动力有效性(Dynamic Efficiency),即替代方案是否有足够动力鼓励各国参加;C 成本效用(Cost-effectiveness),即减排成本是否相对较低且有效;D 公正性问题(Equity),即制度安排是否公平正义;E 信息弹性(Flexibility in the Presence of New Information),即新制度对不断更新的气候变化知识与信息的开放度;以及 F 参与、遵约的激励(Incentives for Participation and Compliance),即是否具有足够的约束力。研究的结果是,依照上述 6 个指标来评估京都机制并不完美,但是没有任何一种替代方案比京都机制更为优秀。[①]

当前,走出气候谈判的困境。需要一种新型的气候协议作为谈判的框架。2020 新气候协定应该具有以下几个特征:

---

① Joseph E. Aldy, Scott Barrett, Robert N. Stavins, "Thirteen plus one: a comparison of global climate policy architectures", *Climate Policy*, 3 (2003), pp. 373 – 397.

第十三章 国际机制与气候谈判的通路

首先,坚持"共同但有区别的责任"原则。未来的协议是联合国气候框架公约(UNFCCC)的体现,是基础性、框架性协议的具体执行规定。"共同但有区别的责任"原则是国际气候谈判的基石,未来的气候协议不应该、也不可能完全抛弃UNFCCC的基本框架。在这一点上,所有发展中国家,包括代表新兴经济体的"基础四国"和气候脆弱性的小岛国家联盟都支持。

第二,"减缓"问题(Mitigation)和"适应"问题(Adaptation)实现完全并轨。1992年《联合国气候框架公约》之后,国际气候谈判进展不顺利,一个明显的硬伤就是将减缓问题与适应问题割裂开来。这样的结果是,各国无法将经济发展与建设具有气候弹性(Climate Resilience)社会两者完美结合。[1]

第三,温室气体减排的责任涵盖所有国家,尽管各种减排总量有所区别。新的气候协议会顺延"德班平台"的路径发展,吸取《京都议定书》的教训,不再区别对待。但是,本着"共同但有区别的责任"原则以及有区别的能力原则,对各个国家对气候变化减排的"贡献量"会有所区别。

第四,气候减排机制门槛约束硬化,执行监督机制软化。新协议要求每个国家都参与,其结果是:即使所有国家都同意参与,初期的各国承诺也不足以遏制温室气体排放。而且,鉴于执行减排的预期成本问题,一旦经济发展受到挫伤,执行的时间就会耽搁。

第五,气候变化补偿机制软化,执行监督机制硬化。气候变化补偿机制,特别是"绿色气候基金"(GCF)短时间内依然难以实现。因为发达国家在短时间内实施紧缩政策,发展中国家又

---

[1] Mizan R. Khan, J. Timmons Roberts, "Adaptation and International Climate Policy", *WIREs Climate Change*, Vol. 4, May/June, 2013, pp. 171 – 189.

不愿意填补无底洞。"绿色气候基金"机制本身仍未真正建立，发达国家也没有提出各自的具体出资数额。因此，快速启动资金和中长期资金只是一个"空壳"而已。发达国家依然会以中印等国家是否参与量化减排来作为提供"绿色气候基金"的前提条件。如果中国、印度不承诺减排，则必须参与"绿色气候"基金以满足贫穷的发展中国家的需求。

当然，在 2015 年巴黎气候会议上，世界各国如果能够达成某种共识的话，新的气候协议必然包含两大核心机制：气候变化减缓机制（即温室气体的减排制度）与气候变化适应机制（即补偿制度）。两种机制必然会具有一软一硬、软硬兼施的特点。

第二节　理论模型：国际机制中的"软法"

尽管气候变化牵动着人类的命脉，国际社会在气候变化和温室气体减排议题上的合作与协调却充满了变数。巨大的不确定性、与发展和安全等议题的相互关联、大国之间的矛盾和斗争、新兴国家的崛起和话语权争夺、"搭便车"问题等等，使规范温室气体减排的国际机制和谈判制订、实际运作过程充满艰辛。在这种情况下，国际气候机制的"软法"（Soft Law）性质和效应开始体现出来。"软法"机制并不完全具备国际法和国际条约这些"硬法"（Hard Law）的特征，特别是奖惩、审判或仲裁和独立的监督与执行机构等制度并不完备（甚或根本没有），而且更依赖于各国的自愿遵守。但"软法"在一定程度上又发挥着类似国际法和国际条约的约束力，并且更具备开放性、更能够容纳不断变化的国际情势和各国的不同状况和需求；如果运作良好，还能在国际社会中形成各国的行为准则和规范，并为特定国际机

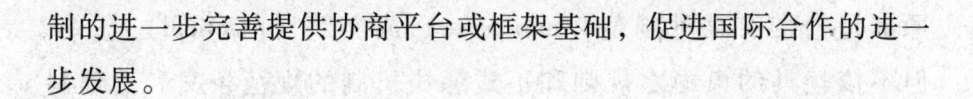

制的进一步完善提供协商平台或框架基础，促进国际合作的进一步发展。

一、"软法"概念的源起

"软法"的概念和分析框架，最早起源于国际法，直到21世纪才被阿伯特（Kenneth Abbott）和斯奈道（Duncan Snidal）等人系统地纳入国际机制理论中。20世纪80年代之后，欧洲一体化成为跨国和国际机制发展和地区一体化的典范，国际法中的"软法"研究开始盛行。① 总体上，欧洲学者认为"软法"的成效令人满意，甚至是欧盟的一项创举。另外，还有部分欧洲学者运用"软法"框架去研究环境、气候变化与可持续发展，但其研究对象都不是国际气候机制中的主要国家集团，而是如北欧、地中海各国、小岛国家等相对次要的国家，且更注重环境保护而不是气候变化及温室气体减排方面②。

作为一个国内法和国际法学上的概念，"软法"（Soft Law）

---

① 这方面的文献例如：Michelle Cini, "The Soft Law Approach: Commission Rule-making in the EU's State Aid Regime", on *Journal of European Public Policy*, April 2001, 8: 2, pp. 192 – 207; RilkaDragneva, "Is 'Soft' Beautiful? Another Perspective on Law, Institutions, and Integration in the CIS", on *Review of Central and East European Law*, 2004, 3, pp. 279 – 324; David M. Trubek and Louise G. Trubek, "Hard and Soft Law in the Construction of Social Europe: the Role of the Open Method of Co-ordination", on *European Law Journal*, May 2005, 11: 3, pp. 343 – 364;

② 例如，Ian Fry, "Small Island Developing States: Becalmed in a Sea of Soft Law", on *Review of European Community & International Environmental Law*, 2005, 14: 2, pp. 89 – 99; Esther Lopez-Barrero and Ana Iglesias, "Soft Law Principles for Improving DroughtManagement in Mediterranean Countries", on *Advances in Natural and Technological Hazard Research*, 2009, 26, pp. 21 – 35.

原本是指带有某种规范（normative）或实践（practical）意义、但不依赖具约束力之规则和正式惩罚机制的规范条文和治理制度①。20世纪60年代，国际形势开始发生重大变化，大量原殖民地国家纷纷独立。这些新成立的国家强烈要求建立"新国际经济秩序"，而这些国家之间的关系与领土争端也需要法律协调。这促使联合国和国际法庭通过大量约束力较低，但条文相对比较清晰、对国家行为有一定约束力的经济决议和法律意见，统称为"软法"。自此"软法"逐步成为国际法的重要组成部分。国际法学家秦金（C. M. Chinkin）认为，国际法中的"软法"包括：带有"软性"义务的条约，国际和地区组织制定和通过的、非约束性或自愿性的规则、决议和行为准则，以及非政府行为体自行发布的、意在树立国际行为准则的各种声明和声索等等。这一时期国际法上的软法，通常是一种妥协，用以调和不愿意接受国际管束和希望具有国际管束的国家的不同诉求②。

波义尔（Alan Boyle）总结出国际法中"软法"的三个特征：不具有约束力；不是规则（即没有清晰、相对详细的权利义务承诺）而是泛化的范式和原则；不能通过具有约束力的争端解决机制去强制执行。针对有人把国际条约称为硬法、其他一概称为软法，Bolye指出，国际条约和国际"软法"并不是清晰

---

① Anna Di Robilant, "Genealogies of Soft Law", on *The American Journal of Comparative Law*, Summer 2006, 54: 3, pp. 499 - 554. 另参见 F. Snyder, "Soft Law and Institutional Practice in the European Community", European University Institute Working Paper, LAW No. 93/5.

② C. M. Chinkin," The Challenge of Soft Law: Development and Change in International Law", on *The International and Comparative Law Quarterly*, October 1989, 38: 4, pp. 850 - 866.

第十三章 国际机制与气候谈判的通路

二分的关系；一个国际条约根据其在这三方面的表现，可以表现出不同的软硬性。软法可以在一定程度上取代过硬的国际条约，或者在多边条约中规范谈判过程，解释条款，提供条约履行的标准或充当迈向"硬法"的一个过渡步骤①。"软法"和"硬法"的一个主要区别，体现在其执行机制的"软执行"（Soft Implementation）和"硬执行"（Hard Implementation）上。"硬执行"主要通过强制的、具约束力的争端解决方案惩罚和判决；软执行则委托第三方进行调解，或交付规则条约的其他执行方决定处理方法，其目的不在于寻求诉讼或事后要求补偿，而是寻求一致同意的解决办法。

尽管国际法学界对于"软法"的出现和广泛使用褒贬不一②，但"软法"在实践中被证明比"硬法"更容易达成协议和规定；能更好地适应国家之间关系迅速变化的情势；促进国家间以及国家和非国家行为体之间的谅解和合作。随着20世纪80年代各种国际制度（international institutions）和国际机制（international regimes）开始在国际关系中发挥越来越大的作用，国际法中的"软法"理念和形式也开始逐渐超越国际法的范畴，渗透到各种国际组织、国际规范和国际规则中，从而引起了国际机制

---

① Alan E. Boyle, "Some Reflections on the Relationship of Treaties and Soft Law", on *The International and Comparative Law Quarterly*, October 1999, 48: 4, pp. 901 – 913.

② 一些激进的北欧国际法学者批评"软法"概念理论基础薄弱；实践中与"硬法"无异，但其模糊性反而使国际法条文和运用更复杂更晦涩，丢失了法律应有的清晰和严谨，阻碍了国际法的推广。参见 Jan Klabbers, "The Redundancy of Soft Law", on *Nordic Journal of International Law*, 1996, 65, pp. 167 – 182, 及 Klabbers, "The Undesirability of Soft Law", on *Nordic Journal of International Law*, 1998, 67, 381 – 391.

的"合法化"(Legalization)。①

二、国际机制的"合法化"过程

国际机制的定义是：特定国际关系领域的一整套明示或默示的原则（Principles）、规范（Rules）、规则（Norms）以及决策程序（Decision-making Procedures），以行为体（在这里主要是指国家）的预期为核心汇聚在一起②。一个机制的几个核心组成部分包括：实质组成（权利与规则的规定）、程序性内容（对目标、决策者和决策内容的集体选择）、执行机制（通过改变成本

---

① 在英语中，Legalization 一词的动词形式 Legalize，在法学上一般有两重含义：其一是通过修改或移除现有的法律条文，使原先不合法的行为"合法化"（make legal or lawful），其二是通过立法或创制新条文使原先无法律依据的行为"合法化"（authorize or saction by law），两者都含有运用法律以使行为获得正当性和合法性的意思。而在下文提及的《国际组织》专刊中，Keohane 和 Kahler 等人在开卷语中提出：在许多议题领域，世界"正目睹（国际政治）迈向法律（的过程）"（the world is witnessing a move to law），接近于国内法的制度和话语在国际政治中获得更多的运用；但其列举的例子不仅包括国际法庭、欧洲人权法庭的判决、《联合国海洋法公约》和北美自由贸易协定（NAFTA）等公认的国际法（International Law）和协定（Agreement）文件，又包括世贸上诉和争端解决机构这种既可以说是国际法或国际仲裁机构、又经常被归入国际组织（International Organization）和国际机制（International Regime）之列的组织。在展开概念的文章中，Keohane 又和 Abbott 等人一同将 Legalization 定义为一种特定的制度化（Institutionalization）形式，专刊的作者们似乎并没有刻意地去区分国际法与国际制度/国际机制，而是用强制性、精确性和授权三个标准将它们统统纳入同一个分析谱系中，这一方面反映了他们试图调和、融通国际法和国际政治/国际机制理论的努力，但也使其论文中很多概念难以精确表述。

② Stephen Krasner, *International Regimes*, Cornell University Press, 1983, pp. 1–8.

第十三章 国际机制与气候谈判的通路

和收益计算提供执行激励）等等。组成部分的差异来源于组织谈判过程或先前组织演化，进而造成了国际制度在正式化和组织化程度、参与者的聚合和协调程度上的差异；因此，是否具有特定的形式（Formalization）不是定义机制的必要条件[1]。

国际关系中的现实主义学派经常贬斥国际机制，认为它们"终究不脱权力博弈的逻辑"，不能成为国际政治的核心组成部分，而只是"以虚假的法律和制度逻辑掩盖了政治权力的硬核"[2]。事实上，国家间的权力博弈，也要受到主权、条约法等一系列基本规则的约束；与此同时，即使是高度依赖法律规则的国际机制，和国际法本身（例如国际法庭、国际海事法庭等），其运作也必然受到政治阴影的影响。国际政治中国际机制的作用逐渐提升，表明国际机制的规则需要管理越来越多行为体的行为，包括原先在管制范围之外的行为体的行为也被纳入管理；原先在管理范围内的参与者的行为则要被更有效地约束。国际机制的合法化潮流应运而生。

2000年夏季号的《国际组织》（*International Organization*）期刊，被安排为"合法化与世界政治"（Legalization and World Politics）专刊，基欧汉（Robert O. Keohane），等研究国际制度和国际机制的知名学者联合提出了国际机制"合法化"的概念。他们指出，自1980年代以来，世界政治中各种法律和机制的作用大大提高，国家往往需要接受国际法和国际机制的约束，也可以借助两者来为自己的行动辩解[3]。而具体到国际机

---

[1] Oran R. Young, "International Regimes: Problems of Concept Formation", on *World Politics*, April 1980, 32: 2, pp. 331–356.

[2] 参见 John J. Measheimer, "The False Promise of International Institutions", on *International Security*, Winter 1994–1995, 19: 3, pp. 5–49.

[3] Goldsteinet. al., "Introduction: Legalization and World Politics", p. 385.

制上,"合法化"是一种特定的制度化形式:在某些国际机制中,国际机制和国际组织的规则变得更具强制性(Obligatory),对权利义务的规定更为精确(Precise),对规则的解读、执行和监管授权(Delegate)则交给第三方执行。国际法理论无法解释,为什么各国政府在无外力的情况下主动设立各种使国际机制合法化的机制;故国际机制合法化,不完全是法律意义上的概念,很大程度上是国际政治博弈的结果,代表着国际法和国际政治的相互渗透[1]。

具体地说,强制性(Obligation)是指国际机制参与者的行为受到成条文的、法律化的规则、承诺及行为范式的限制,并由于国家政府的同意而具有类似国际法的效力。

精确性(Precision)是指国际机制的规则明确无误地规定参与者在特定情形下被允许的目标及实现目标的方式,其解释被限定在一定范围内,不仅条文清晰,而且各项规则之间的关系明确,不会产生歧义。清晰是合法化规则必须具有的条件,表明参与者愿意主动接受更严苛的国际机制的约束。当然,由于在国际政治的环境中,不存在像国内法治体系一样高度成形、权威统一的司法和行政体系,合法化的国际机制规则往往由参与者自己制定、自己实行。故规则的精确性往往不如国内法律。但不精确的规则、条约,有时候是参与者(国家)为适应情势而做出的特定行为;而且,假如不精确的规定反而有助于独立的国际组织执行更大的权力,那就不能说是国家权力博弈降低了国际机制的合法化程度[2]。

授权(Delegtaion)则指经过国际机制参与国家的同意,由

---

[1] Goldsteinet. al. , "Introduction: Legalization and World Politics", pp. 390 – 399.

[2] Abbott et. al. , "The Concept of Legalization", pp. 401 – 405.

第三方执行、解释、应用法律，解决争端及（如有可能）创制新规则①。授权的意愿通常取决于被授权的国际机制能否有效地约束参与者的行为。最低的授权程度下，国际机制的谈判过程纯然是政治性的，其中参与者可以在完全没有法律依据的情况下以政治利益为理由拒绝接受国际机制的约束；而较高的授权程度下，各国将国际机制的运作、监督、执行等职能授权予一个相对独立于各国的国际机构或组织，并自愿遵守其制定的规则和决议，以此为基础在国际机制中同其他国家互动，当然，在国际政治环境中，"代理人"的组成和运作亦必定受各国的政治权力博弈影响。

国际机制的合法化，代表着法律与政治在国际关系运作中更紧密的结合。爱德华·卡尔说："法律，一如政治，乃道德与权力角力之地。"而国际机制的合法化，创制出新的国际机制形式，促使参与者使用不同的政治与法律混合的手段来达成目标，揭示出合法化机制中深刻的政治烙印②。

三、国际机制中的"硬法"和"软法"

强制化、精确性和授权这三项是描述性的，是合法化的特征，而非其实际运作的效果——事实上合法化往往不能百分之百达致其条文所规定的效果。并且这个概念也不关注合法化条文中的实质内容。任何一项在现实中都不是有和无的截然二分，而是形成一个从强到弱的连续体：从明显无约束力、不具有规范性意

---

① Abbott et. al., "The Concept of Legalization", pp. 407-410.
② Miles Kahler, "Conclusion: The Causes and Consequences of Legalization", on *International Organization*, summer 2000, 54: 3, pp. 661-683.

义的各种声明、习惯和原则，到具有高度强制性、对各国行为具有极大约束力的国际法；从仅仅是模糊的习惯和原则，到极为精确细致；从纯然靠国家间外交和谈判维持运作，到具备独立组织形式、并有能力干预国家间关系以至各国国内事务的国际组织和国际法庭——国际法和国际机制、规则、习惯等等，都可以用这三项的程度高低来表示。而且，这三项之间不存在必然的联系，理论上，由于不同的国际机制谈判过程不一、需要适应不同的议题，故不同程度的强制性、精确化、授权可以随意地组合起来（当然在现实中任意两者之间的关联程度可能较大）①。

阿伯特和斯奈道用 [O，P，D] 这个式子来表示合法化的"软硬"程度②，并据此指出国际法和国际机制存在的三种形式：1. 如果强制性、精确和授权的程度均高，或只有精确性稍差而其余两者均较高（[O，P，D]，[O，p，D]），那么国际机制的性质就是"硬法"，甚或国际机制本身已经成为公认的国际公法，例如《联合国海洋法公约》不仅条文细致（精确性高），而且各缔约国一旦加入就必须接受国际海事法庭（授权独立第三方）对相关争端的判决（强制性）；2. 如果三者都根本不存在或无法发挥任何影响（[-，-，-] 即三者均无），则可以说在某个国际事务领域上不存在国际法或国际机制，只有一些松散的规则或习惯，例如1990年代七大工业国集团首脑定期会晤，被称为 G7（Group of 7），但这一集团没有任何常设的机构（无授权）或成文规则（无精确性可言），只是一种七国自觉遵守的习

---

① Kenneth W. Abbott and Duncan Snidal, "Hard and Soft Law in International Governance", on *International Organization*, Summer 2000, 54: 3, pp. 421 – 430.

② 其中 O, P, D 分别是 Obligation, Precision 和 Delegation 的首字母。如果中括号里出现大写字母，表示这一项的程度较高；小写字母表示程度较低；短横杠（-）则表示此项在国际机制中不存在或者根本无法发挥实质性影响。

第十三章 国际机制与气候谈判的通路

惯（无强制性）；3. 而在这两个极端之间，则是三者任何一项或者全部程度较弱、或者只存在其中一项的一个广泛的谱系（如[o, p, d]、[O, P, -]、[O, p, -]，[-, -, d]等），则可以统称为"软法"，是国际组织和国际机制采用最广泛的合法化形式，世界银行、万国邮政联盟、联合国的各种专门职能机构等各式各样的国际组织和国际机制，均可以归入"软法"之列①。

在对比"软法"和"硬法"的利弊时，两位学者都认为，"软法"和"硬法"并无高低好坏之分，而是国家为适应国际治理中不同议题的需要而进行的不同选择。他们提出，"硬法"确实具有许多优势，例如有奖惩机制的约束，国家的承诺获得更有效的执行；更大地降低交易成本；作为国际政治博弈的补充，把国内政治压力转化为国际博弈的资本；把不完善的"国际契约"的解释任务通过授权第三方来完成；降低机制运作成本等。但"硬法"也需要更长时间的谈判和研拟，而任何谈判和拟订过程，都伴随着国家资源和时间的投入，还要照顾历史传统、资源禀赋、利益诉求各不相同的许多国家，故必定带有一定的缔约成本，而"软法"因为不需要寻求缔约方对于任何条款的一致同意，而是为未来的谈判协商留下余地，其缔约成本就比"硬法"要低。另外，国家在国际机制中常常要接受任何非源自本国的外来权威对主权造成的侵蚀，是为主权成本（Sovereignty Costs）②。而对于未来情势的不确定性，则更使国家在某些议题上难以接受

---

① Abbott and Snidal, "*Hard and Soft Law*", pp. 430 – 435.

② 国家口头上作出某种对于国际法或国际机制的承诺，其主权成本最低；如果国家接受某种外源的权威，主权成本相应提高，而当国家与本国公民或之间的关系受到国际机制的约束，则需要付出最高的主权成本。Abbott and Snidal, "*Hard and Soft Law*", pp. 437 – 446.

"硬法"对自己未来行为的限制。当主权成本和不确定性中有一者很高的时候,"软法"就比"硬法"更适用于那项国际议题①。

德国学者沙费尔（Armin Schäfer）总结几个重要国际组织从谈判到成立的过程后认为,国际组织中的"软法",可以动员成员国参与到多边监察中来,互相监督在国际机制中的参与情况。如果各成员国担心国际机制作为一个独立代理人会滥用"硬法"来干预自身事务,或在协定的目的或者主要内容上有较大争议,具体而详细的协定很难达成,那么"软法"在谈判中能发挥暂时破除僵局、达成妥协或者稀释争议性较大内容的作用,为谈判者所青睐②。

第三节 国际气候机制的"软法"性质

一、气候变化议题的特殊性

从本书第一章、第二章的论述中不难看出,气候变化议题具有如下的特殊性质:第一,极高的不确定性。由于气候变化问题在科学认知上仍存在不少的疑问和争议,一方面各国协商制定了关于气候变化的国际框架公约,另一方面科学家仍在不断探索,

---

① 具体地说,如果主权成本较高,不确定性低,可以通过 [O, P, -] 用较清晰、强制性高规范去促使国家自行遵守国际机制的运作;如果反之,则可以用 [O, p, d] 以留给国家更多的自主空间;如果两者都很高,就只能用 [o, p, -] 或 [-, p, -] 这样的机制形成一个大致的框架。Abbott and Snidal, "Hard and Soft Law", pp. 446-450.

② Armin Schäfer, "Resolving Deadlock: Why International Organisations Introduce Soft Law", on *European Law Journal*, March 2006, 12: 2, pp. 194-208.

第十三章　国际机制与气候谈判的通路

试图解释气候变化的科学基础。而由于现阶段科学知识尚不足以准确地认识和把握气候变化的机理，各国的科技水平和科学家操守也存在水平差异，关于气候变化的科学研究成果经常引起争论，甚至连最权威的 IPCC 报告都曾受到质疑。第二，矛盾性。各国利益相互冲突、矛盾重重，国际机制的背后隐含着激烈的权力斗争。第三，极高的相互关联性。气候变化具有典型的公共品特征，不论各国有无在本国境内实现温室气体减排，均能从别国的相应行动中获得一定好处；而要控制气候变化、实施温室气体减排，更直接涉及到各国的社会发展方式和能源发展战略的转变，极容易产生"搭便车"的现象。第四，气候变化还具有"跨代性"特征，即承担控制气候变化、温室气体减排成本的是当代人，但未来子孙比当代人更有可能享受到成果。总之，国际气候机制中采用相对不精确的义务和软性的执行机制，正是因为气候变化的本质原因、严重性程度都尚在争论之中，故气候变化采用"框架"协议制定相对不精确的义务和软性的执行机制，可能是更好的选择[1]。"软法"的灵活性让国家在议题选择、参与方式选择等方面更灵活。而且，重要的环保和气候变化范式得以通过"软法"的形式实施。虽然"硬法"确实能比"软法"有更强的执行力和遵守度，但也因此要求有更深入的谈判和细致的执行前准备过程，这些要求不仅可能拖慢生效进程，甚至可能使各国纠缠在谈判中而失去在"软法"阶段已然达成的目标[2]。

---

[1] Abbott and Snidal, "Hard and Soft Law", pp. 442.

[2] Jon BirgerSkjærseth, Olav SchramStokke and, JørgenWettestad, "Soft Law, Hard Law, and Effective Implementation of International Environmental Norms", on *Global Environmental Politics*, August 2006, 6: 3, pp. 104–120.

二、国际气候机制的"软法"特征

国际气候机制的主要构成框架，是 UNFCCC 及《京都议定书》。结合强制性、精确性和授权三个方面具体分析国际气候机制的框架，可以发现其具备明显的"软法"特征。

(一)"强制性"层面

从强制性上看，机制所采取的"框架公约+议定书+补充协定"的形式，相对于传统的条约和公约，主要是原则性的宣示，对各国的约束力较低；对于现实情况不同的国家区别对待；并且从 UNFCCC 到《京都议定书》、"巴厘岛路线图"到"德班平台"，都没有强有力的对不遵守行为实施惩罚的机制，对于不遵守的行为，主要通过政治协商和披露的方式试图达成共识[1]；甚至还有退出的机制。

例如，UNFCCC 将缔约方分成三类，第一类包括 36 个工业化国家和欧盟以及 12 个"正在向市场经济过渡的国家"（附件一），在这一类国家中，一些国家又另外被归为一类，实际上是经济合作与发展组织成员国和欧盟（附件二），其他的国家即发展中国家被归入第三类，这确定了不同国家在国际合作机制中的不同分工[2]。《京都议定书》的第二、三条及第5—11条详细列明了 UNFCCC 缔约方如果参与议定书需要承担的各种义务和减

---

[1] Boyle, "Some Reflections", pp. 912 – 913.
[2] 《联合国气候变化框架公约》(UNFCCC) 中文文本（以下简称 UNFCCC 中文文本），附件1和附件2，1992年6月，http://unfccc.int/resource/docs/convkp/convchin.pdf. 2011年3月10日登入。

第十三章　国际机制与气候谈判的通路

排目标，但没有明确如果缔约方不遵守或未达成议定书目标，会有怎样的惩罚措施，仅在第三条 13 款规定如 UNFCCC 附件一所列缔约方在一承诺期内的排放少于其依本条确定的分配数量，应该缔约方要求，差额应记入该缔约方以后的承诺期的分配数量，及在第 18 条规定应在以后以议定书修正案的方式通过可引起约束性后果的责任机制。另一方面，议定书反而详细规定了对公约的修正和协商规则：第 20—21 条规定 UNFCCC 的任何缔约方均可在缔约方会议（COP）常会上对议定书的正文和附件提出修正；缔约方"应尽一切努力"以协商一致的方式就对本议定书提出的任何修正达成协议，如为谋求协商一致已尽一切努力但仍未达成协议，作为最后的方式，该项修正应以出席会议并参加表决的缔约方 3/4 多数票通过。对于退出议定书，第 27 条规定，自议定书对一缔约方生效之日起三年后，缔约方可随时向保存人（联合国秘书长）发出书面通知退出本议定书，任何此种退出应自保存人收到退出通知之日起一年期满时生效，或在退出通知中所述明的更后日期生效，退出 UNFCCC 也等同于退出议定书。唯一表现出较具强制性的条款，是在第 26 条规定缔约方不得对议定书任何条款作保留[①]。

（二）"精确性"层面

在精确性方面，从宽泛的公约框架出发，顺应科学研究成果，通过议定书一步步细化减排承诺，直到提出相对精确的减排目标。

对于减排目标，UNFCCC 只是说明国际合作机制所要达到的最终目标是"将大气中温室气体的浓度稳定在防止气候系统受

---

① 《京都议定书》中文文本，第 2、3、5—11、20、21、27 条。

到危险的人为干扰的水平上"（第二条），并确定了在气候变化问题的法律领域的五项基本原则，即代际公平和共同但有区别的责任原则，充分考虑发展中国家的愿望和要求的原则，风险预防和成本效益原则，可持续发展原则并承认经济发展对采取措施应付气候变化的重要性，国际合作原则（第三条）[1]，而对于具体如何实施这些规定，则规定留待日后召开的缔约方会议通过议定书去解决。UNFCCC 的主要功能，是提供经常性的讨论气候变化的机制；作为指定细化的减排承诺的法律框架，本身可以灵活修改容纳不同国家的不同承诺；明确规定共同遵守的减排测量和汇报标准和评估成果的标准，也可以作为全球排放交易和通往未来共同行动的中间机制[2]。

《京都议定书》则在 UNFCCC 基础上更进一步加强了发达国家缔约方率先削减温室气体排放的承诺力度，规定了其在第一个承诺期（2008—2012 年）具体的限制排放的目标是削减到 1990 年水平以下 5%。围绕这个目标，议定书还允许缔约方（特别是发达国家）利用各种议定书以外的活动来实践承诺，包括 1990 年以来造林、重新造林和土地改造活动中产生的温室气体排放指标（credit）的清除，用来达到其限制排放的目标[3]。《京都议定书》中关于谈判形式、谈判成员种类等的规定远多于应对气候变化的实际措施，并且多是一般性原则，不具备操作性，在日后再通过缔约方会议制定的具约束力的议定书过程来补足。

---

[1] UNFCCC 中文文本，第 2—3 条。

[2] Steven Bernstein, Jutta Brunnee, David G. Duff and Andrew J. Green, "Introduction: A Globally Integrated Climate Policy for Canada", in Bernstein et. al. eds., *A Globally Integrated Climate Policy*, pp. 3 – 34.

[3] 《京都议定书》中文文本，第 3—4 条。

（三）"授权"层面

在授权方面，UNFCCC 和《京都议定书》都没有要求成立直接监督和管理各国气候变化和减排政策的国际机构，而主要是依靠缔约各国的自愿执行和多边协商，可以看成是一种"软执行"制度。比如，UNFCCC 规定，缔约国必须通过秘书处向各缔约方提供有关本国气候减排政策和支援其他国家减排政策等方面的信息[1]，并设立了缔约方会议，提供了各国协商谈判的平台，以及秘书处、附属科技咨询机构、附属履行机构等，主要是担当安排缔约方会议、编制报告、信息交流、咨询顾问、应缔约方要求评估政策效果等职能，为国际合作机制的进一步发展提供机构支持，但不具体承担解释公约和议定书条文、监督和强制各国执行减排政策的功能[2]。还有，《京都议定书》规定，议定书生效须满足不少于 55 个公约缔约方批准，且其中必须包括合计二氧化碳排放总量至少占发达国家缔约方 1990 年排放总量 55% 的发达国家。尽管美国在 2001 年宣布拒绝接受议定书，但随着日本、俄罗斯先后批准，2005 年 2 月 16 日各国最终迎来了《京都议定书》的生效。议定书根据 UNFCCC 关于设立资金机制的要求，安排了三个灵活机制使缔约方能以最小的成本履行义务，包括第六条联合履约（JI）、第七条的排放贸易（ET）、及第十二条清洁发展机制（CDM），以使缔约方能通过相互协商、交易和支援以低成本的方式有效实现减排目标。

因此，国际气候机制强制性较低，精确性有待加强，其执行依赖国家自愿自觉而不是授权国际组织或机构。用 Abbott 和

---

[1] UNFCCC 中文文本，第 12 条。
[2] UNFCCC 中文文本，第 6—11 条。

Snidal 的框架来看，这一机制的特征可以看成是 [o, p, -] 或 [o, P, -]，故应当被归入"软法"的行列[1]。

三、"软法"型机制的弊病

"软法"式的国际气候机制也体现出一些缺陷，特别是应该承认"软法"不具备强制性的特点带来了许多问题。前文已经指出，UNFCCC 和《京都议定书》并无明确的惩罚（强制性）机制；UNFCCC 和《京都议定书》的原则也不包括因为道德责任做出的让步。更重要的是，从建构主义的角度来看，强制化程度高的机制下，国际机制创制出一种新的谈判和沟通话语，使各国在谈判中忌讳使用权力、利益等概念和计算得失的标准；逐步摒弃政治、权力、斗争等"赤裸裸的原则"，而是采用对规则条文和目的的解读、例外情况的分析、应用具体条文等等[2]。UNFCCC 和《京都议定书》等机制远远做不到这一点。而 UNFCCC 中的"例外条款"（各国在考虑本国的承受能力前提下遵守特定的减排目标）也成为许多国家逃脱责任的借口。

缺少强制性，从而造成的最大、也最为人诟病的问题，是其

---

[1] 亦有学者把 UNFCCC 和《京都议定书》都归入"硬法"的行列，例如 Ibibia Lucky Worika, Thomas Wälde, Michael Brown and Sergei Vinogradov, "Contractual Architecture for the Kyoto Protocol: From Soft and Hard Laws to Concrete Commitments", on *Review of European Community & International Environmental Law*, 2002, 8: 2, pp. 180 – 190. 但他们并没有给出这样归类的理由。而在文章的分析中把重点放在了如何使得 UNFCCC/《京都议定书》的"弹性"机制相互协调，以达致"契约化"，从而照顾各国的社会经济状况及最终服务于 UNFCCC 和《京都议定书》的目标——无形中印证了"软法"理论。

[2] Young, "*The Behavioral Effects*", pp. 28 – 29.

第十三章 国际机制与气候谈判的通路

具备较高的合法性，却在有效性上表现不佳，在保证遵守及合作的实际效果上，远远不如"硬法"。以加拿大的例子来看，不管加拿大国情如何特殊、国内形势如何变化，一个简单直接的现实是：加拿大不仅没有达成《京都议定书》中承诺的减排目标，温室气体排放量反而大为增加。这种在"硬法"机制下必定受到其他参与国家或国际组织惩罚的行为，在"软法"式的国际气候机制中却只受到国际舆论和非国家行为体的谴责，加拿大可以以 UNFCCC 缔约方的身份持续游离于机制之外，按照自己的需要去制定国内的温室气体减排政策。

从某种意义上说，在气候变化这种"搭便车"现象普遍的国际议题上，如果"软法"机制强制性太低，则往往只能保证国家口头上表面上遵守国际机制的规定，并不一定带来合作的进展。因为"遵守"和"执行"是两个不同的概念，一方面，国际机制的参与者（国家）可以仅保留形式上对规定的遵循；另一方面，由于惩罚机制的缺失，参与者往往未真正执行规定或兑现承诺，阻碍合作的进行[①]。但是，随着信息流通发达的时代到来，国家很难对这种搭便车行为长期"保密"，并且出于对上文提到的国家声誉的考虑，"遵守"这一底线被彻底突破的案例是很少的。而且，从另一个角度来看，假如国际气候机制"硬化"到要求国家不顾本国的国情和现实强行实施，那么国家的参与意欲恐怕也会大大降低。

另外，"软法"机制也存在着承诺成本和执行成本不一致的问题。加拿大在初次参与和承诺减排目标的阶段，因为国际机制尚未内化为加拿大国内的政策，加之国内各利益相关方都对自己的收益

---

① George W. Downs, David M. Locke, and Peter N. Barsoom, "Is the Good News About Compliance Good News about Cooperation?", on *International Organization*, Summer 1996, 50: 3, pp. 379–406.

和成本不明确，克雷蒂安总理较能利用个人理念和权力等因素压倒国内的阻力；而到了执行阶段，各方开始切实感受到自己的得失、并依此调整自己的立场，就对国家形成更大、更复杂的压力，国家必须小心翼翼地平衡国际承诺和国内利益诉求的关系。

总的看来，国际气候机制采用"软法"的形式，符合这一议题的特殊性，保证了参与方的广泛性，照顾了不同的需求，发挥的作用十分明显。不可否认，"软法"机制存在着一些缺点，但"软法"机制的开放性，将允许机制在未来因应情势做进一步修改——不论是"软化"还是"硬化"。

第四节 "软硬兼施"——国际气候机制的未来

围绕全球变暖的气候危机而展开的国际谈判与国际会议中，由于气候变化问题特有的几大属性（全球性、长期性、渗透性、不确定性和不可逆转性）[1]，世界各国受到的威胁、影响与相对的积极贡献程度因地而异，导致国与国之间联合采取集体行动的积极性受到削弱，甚至出现了明显的利益与立场的分歧，有关温室气体减排而产生的各种问题油然而生。那么，一个关键的问题是，气候问题的出路何在？如何才能消除气候问题上的几大困境（即发展模式的争论、减排责任与义务不平等、以及国家之间的相对收益问题），如何才能消除国家之间的猜忌心理？如何引导国家之间的谈判走向真正的合作？

国际气候机制采用"软法"的形式，引起了许多批评和争议，其中争议较大的是：由于"软法"过分依赖国家的自愿性，

---

[1] 张海滨："哥本哈根会议重大断想"，载《绿叶》，2009年第10期，第77页。

第十三章 国际机制与气候谈判的通路

参与国际气候机制的国家即使不按期完成减排目标、不制定完善措施,也不会受到国际组织或其他国家的相应惩罚,故许多国家在名义上参与和支持国际机制的同时,并没有很好地在本国执行相应的政策。但从另一个角度来看,采用"软法"形式是目前国际气候议题上较佳的选择,能在照顾各国国情差异、尊重利益分歧的前提下,促进各国达成妥协,尽量容纳更多的国家参与,并为日后对机制进行改进或更改预留空间。不得不承认的是,自从《京都议定书》之后,国际气候谈判连续经历了从哥本哈根会议、坎昆会议到德班会议以及多哈会议的失败,的确让不少环保人士和学者痛心疾首,纷纷呼吁国际气候机制必须变得更有约束力,[1] 还有学者呼吁从其他领域(如大规模杀伤性武器的控制机制以及贸易机制等)借鉴,认为对于其他领域的国际合作进展的深入了解有助于解决气候变化的困局。[2] "软法"机制在他们眼中已经不能满足应对全球变暖的迫切需要。那么,更有约束力的"硬法"是否一定比"软法"机制更有利于应对气候变化呢?

"软法"机制依赖于参与者对共同或相互利益的认可,及对一个持续存在的管制机制下行为所具有的互惠性的信心[3]。"软法"型的机制,比较能够适应全球化世界中急速变幻的国际关系情势,但也因此妨碍了本身概念化和成形化的发展。从本章的

---

[1] Joel Wainwright, Geoff Mann, "Climate Leviathan", *Antipode*, Vol. 45 No. 1, 2013, pp. 1–22.

[2] Ruth Greenspan Bell and Micah S. Ziegler, eds, *Building International Cooperation: Lessons from the weapons and trade regimes for achieving international climate goals*, World Resource Institute, Washington DC, 2012. http://www.wri.org/publication/building-international-climate-cooperation.

[3] Kahler, "Conclusion", p. 661.

案例来看,"软法"机制的执行力和参与者对其的遵守程度,不具有"硬法"那样成形的审判和仲裁机制加以保障,很大程度上仍要靠参与者和利益攸关者的自律及相互监督,特别是各国的国内政治和国会对于软法机制的监察和态度。国际机制如果能够变为"硬法",无疑可以使国际机制更大程度地摆脱各国国内因素的限制,从而更具强制性、更有效地实施。但这只是从理论上分析"硬法"式国际机制这一终端产品的正面作用,却没有考虑国际机制迈向硬法,即"硬化"过程中的许多问题。

一、温室气体减排监控机制

UNFCCC 和《京都议定书》框架下的气候机制缺乏减排监控机制。未来取代京都机制的新协议是否应该"硬化"减排的监督和控制机制?对于这个问题,发达国家与发展中国家在减排监控制度上出现意见分歧,中国、印度等国家主张独立自主减排,减排目标不与任何国家挂钩,而美国则指责中国、印度等国的减排行动不接受外部监督,这两大发展中国家和发达国家在减排监控机制上的冲突和矛盾,无疑不利于全球应对气候变化的减排行动进程,并不能保证各国切实有效地减排承诺,因此,建立一个能协调平衡各方利益、赢得各方共识和赞同的减排监控国际机制,具有现实的必要性。

(一)哥本哈根会议之前的减排监控国际协定

1992年通过的《联合国气候变化框架公约》(以下简称《公约》)除了规定所有缔约方均承担的任务,包括提供所有温室气体各种排放源和吸收汇的国家清单;制定、执行、公布国家计划,包括减缓气候变化以及适应气候变化的措施等任务。

第十三章 国际机制与气候谈判的通路

1997年通过的《京都议定书》是第一个为发达国家规定量化减排指标的国际法律文件,但没有为发展中国家规定任何减排或限排任务。而《公约》设立的机构同时也作为《京都议定书》的机构发挥相同的作用,即对缔约各方减排监督、评估与控制作用。为了了解全球温室气体的排放情况和各国执行《公约》的状况,《公约》规定各国应"报告本国与气候变化相关的信息,使国际社会即时掌握这些情况,对于国际社会和各国政府做出正确的判断和决策有着重要作用"。[①]京都议定书》通过并生效以后,国际社会还相继举行了多次缔约方会议。在2000年第六次缔约方会议上达成的"波恩协议"实现了气候变化谈判史的重大突破,其内容包括在《公约》下建立气候变化专项基金和最不发达国家基金,在《京都议定书》框架下建立适应性基金,这是发达国家首次在资金问题上采取实质性行动;此外,还对《京都议定书》遵约程序的基本原则、机构组成、决策程序和不遵约后果等核心内容作了规定。虽然这些举动尚待技术性谈判规定操作的细节,但实质上已经为温室气体减排的国际监控初步奠定了基础。2001年达成的"马拉喀什协定"完成落实了"波恩协议"的技术性谈判,终于将缔约方会议遗留下来的《京都议定书》三机制、遵约程序和碳汇问题达成一揽子解决方案,巩固了发达国家向发展中国家提供资金援助方面的较大进展。

(二)哥本哈根会议前后围绕"减排监控制度"的争论

2009年哥本哈根气候会议上,以美国、欧盟为首的发达国家与以中国、印度等"基础四国"为首的发展中国家之间的立

[①] 国家气候变化对策协调小组办公室、中国21世纪议程管理中心:《全球气候变化——人类面临的挑战》,商务印书馆,2004年版,第153页。

场对立严重：对于中国和印度等发展中大国的减排问题，发达国家要求与发展中国家"共同承担"减排责任，并且提出应讨论发展中国家是否也要做出"可衡量、可报告、可核实"的减排承诺或行动（简称"三可"标准），而且发达国家要求实现《联合国气候变化框架公约》与《京都议定书》基础上的"双轨谈判"合二为一。发达国家与发展中国家在减排监控制度上出现意见分歧，中国主张独立自主减排，减排目标不与任何国家挂钩，而美国则指责中国的减排行动不接受外部监督。奥巴马在哥本哈根会议上一再强调，唯有在协议中加入如何衡量签署国是否履行协议的标准，气候协议才是切实有效的。在执行承诺时，应该建立确保透明化的机制，他认为"不透明，所有的国际协议都是纸上空文"，奥巴马在大会上谴责中国减排不接受外部监督。美国对于气候协议的执行和落实以及援助资金的发放，强调建立透明化的监控机制。

哥本哈根会议之后，关于"三可"问题一直争议不断。中国和印度等国家始终只认可自主减排，反对国际制度的监督。2010年3月10日，中国的十一届全国人大三次会议举行记者会，全国人大环境与资源保护委员会主任委员汪光焘、国家发展和改革委员会副主任解振华、环境保护部副部长张力军就节能减排和应对气候变化问题答记者提问时表示，对于温室气体排放占比较多的发达国家执行温室气体减排行动"可测量、可报告、可核实"的"三可"制度是应该的，但对于广大要解决贫苦发展甚至生存问题的发展中国家，在执行"三可"时应有所区别。[①] 中印两大发展中国家和发达国家在减排监控机制上的冲突

---

① "执行温室气体减排"三可"制度各国应有所区别"，新华网，2010年3月10日，来源：http://news.xinhuanet.com/politics/2010-03/10/content_13141887.htm

第十三章 国际机制与气候谈判的通路

和矛盾,无疑不利于全球应对气候变化的减排行动的进程。但是,鉴于发展压力和能力所限,对于中印两国的过高要求的制度设计并不具有可操作性。有研究表明,到2020年,中国和印度两国如果将温室气体减少排放30%的话,作为全球制造业大国,两个国家的产出水平会相应地降低6%—7%,与此相联系的商品出口量会减少更多,届时会导致更多的人口失业。那么,由于相对贫穷人口依然占有很高比例,中印都恐怕无力承担上述后果。[1] 因此,假如没有完善的激励机制去促使各国特别是新兴经济体国家去承担减排代价的话,过早地、激进地推动国际气候机制的"硬化",必然挫伤各国参与的积极性,导致参与国的减少,到最后可能只剩下一小群利益和理念高度聚合的"俱乐部国家"(如欧盟)自导自演。可以想象,未来的气候新协定,如果具有可行性、现实性以及可操作性,就要考虑制定与规则的适度"软化",而太过理想化、高要求的制度设计往往会拒人于千里之外。

二、气候变化补偿机制

补偿机制是气候变化国际治理机制当中的重要组成部分。围绕温室气体排放,现存补偿机制所涉及的关键词非常多,比如"碳市场"、"碳汇"、"绿色气候基金"等等,这些都是在不同的理论模型下诞生的新概念,旨在削减全球二氧化碳的总排放量,并对发展中国家的低碳发展以及适应调整给予资金和技术上

---

[1] 参见:Aaditya Mattoo & Arvind Subramanian, "A climate change role reversal: China should take the lead to save climate change cooperation", Business Standard, November 24, 2012.

的帮助。事实上，发展中国家在减排和适应方面对资金、技术方面也的确需要工业化国家的帮助。因此，"高效、公平、透明"的补偿机制成为目前各方最重要的努力方向。如果补偿机制无法成功建立，则巴黎气候会议的国际谈判就失去意义，新气候协议也难以产生。

（一）构建补偿机制的必要性

在气候变化这一问题上，最不发达国家实际上是最大的受害群体。而在发展中国家的阵营当中，最不发达国家以及脆弱性国家尽管掌握着很大的发言权，但是由于实力弱小使得它们的诉求不能像"金砖四国"等新兴经济体国家一样被充分考虑，却承受着气候变化带来的较大影响。由于经济的不发展，政治体制的不完善，最不发达国家难以建立有效的气候变化应对机制和补偿机制，因此，出现了"气候贫困"、"气候难民"等现象。这些最不发达国家主要位于非洲（49个最不发达国家中的33个位于非洲），而根据政府间气候变化专门委员会发布的《气候变化2007综合报告》（见表13—1），非洲所受到的影响首当其冲：

表13—1：非洲气候脆弱性国家

非洲	• 到2020年，预估有7500万到2.5亿人口会由于气候变化而面临加剧的缺水压力； • 到2020年，在某些国家，雨养农业会减产高达50%。预估在许多非洲国家农业生产，包括粮食获取会受到严重影响。这会进而影响粮食安全，加剧营养不良； • 接近21世纪末，预估的海平面上升将影响人口众多的海岸带低洼地区。适应的成本总量至少可达到国内生产总值（GDP）的5%—10%； • 根据一系列气候情景，预估到2080年非洲地区干旱和半干旱土地会增加5%—8%（TS）。

资料来源：政府间气候变化专门委员会，《气候变化2007综合报告》，2008年，第2—3页

总体来看，气候变化对最不发达国家的影响主要有三个方面：农业的退缩、经济的不发展和居住环境的恶化。因此，构建

第十三章　国际机制与气候谈判的通路

对最不发达国家的气候变化补偿机制具有最根本的必要性。之前在《京都议定书》框架下的清洁能源机制（CDM）本意是为最不发达国家提供补偿的机会。但是，执行的结果却是较为发达的发展中国家占据了申请 CDM 项目的主体（中国、印度、巴西占主要份额），而最不发达国家由于某些原因，并没有在这一气候变化补偿机制中充分获益。今后绿色气候基金的发展会竭力避免类似的问题。

（二）构建补偿机制的意义

构建气候变化补偿机制对于最不发达国家而言，存在的意义从第一层面上看，就是解决上述在农业耕作、经济发展和居住环境方面的问题。这一层面也可以归结为"人道主义"的意义。气候变化补偿机制所提供的补偿能够保护耕地或者提供开垦新土地的条件，保证农业耕作，以防范饥荒等问题的进一步出现。同时，这些提供的补偿能够将低排放型工业技术和基础工业设施引进最不发达国家，帮助这些国家发展新工业，从而带动经济的良好发展。最后，这些补偿能够为那些居住环境已经受到剧烈影响的居民提供移民和重建新家园的机会和可能性，以改善这些受气候变化影响的居民的最基本生存环境。在第二个层面上，构建对最不发达国家气候变化补偿机制的意义在于发挥启示作用。《京都议定书》未能取得所有国家的积极参与是这一国际机制的一个遗憾，巴黎气候会议以及未来的气候机制新协议需要解决这一问题。而在对最不发达国家气候补偿的机制中，可以尝试集合所有国家共同参与。在第三个层面上，对最不发达国家气候变化补偿机制的构建不仅为构建其他气候变化治理机制提供经验和教训，同样能够为构建其他类型的国际机制提供"前车之鉴"。虽然目前类似联合国、IMF 和世界银行等的国际机制在发挥着较为公平、客观、有效的作用，但在日益复杂的国际形势变化过程中，对国际合作和构建新机制的需求正在逐步加强，因此，补偿机制的构建将会对未来其他机制，尤其是南北合作机制的建设提供相应的理论依据和实践经验。

（三）补偿机制的补偿对象、方式及资金来源

未来的新气候协议中，肯定会将《京都议定书》机制下的气候变化的补偿机制加入进去。其中，"绿色气候基金"是一个非常重要的方面。不同于全球环境基金，绿色气候基金是一种气候变化专项基金，是针对发展中国家减缓和应对气候变化的补偿机制。[1] 2009 年在哥本哈根会议上有关各方提出设立绿色气候基金的设想，并在 2010 年坎昆会议上获得通过。2011 年德班会议期间，与会方围绕绿色气候基金的具体构想展开讨论，并确定该基金的资金筹集方案，启动绿色气候基金。2012 年卡塔尔气候会议讨论了各国负担基金的规模，以及秘书处的运营方案。按照协议，发达国家要在 2010—2012 年间出资 300 亿美元作为快速启动资金，在 2013—2020 年间每年拿出 1000 亿美元帮助发展中国家应对气候变化。绿色气候基金秘书处落在韩国仁川，基金委员会共 24 个成员，既有美国、欧盟、日本、澳大利亚等发达国家的代表，也有中国、印度、印尼、贝宁等发展中国家的代表。

当前，绿色气候基金面临着几大问题：首先，资金来源的可预见性问题。也就是说，如何保证资金来源？如何保证发达国家能够有动力地持续注入资金？2020 年之后，资金从哪里出？其次，资金的充足性问题。气候变化所带来的对环境的改变大多数是不可逆的，而且难以用资金进行衡量。生态系统的价值即使能

---

[1] 有关绿色气候基金的介绍，参见 GCF 官网：http://gcfund.net/home.html

第十三章 国际机制与气候谈判的通路

够用货币资金形式进行计算,其"价码"也十分惊人。[①] 据初步估算,2030年之后,发展中国家为了减缓气候变化,每年预计增加投资从1750—5650亿美元不等,至少也要每年1400—1750亿美元。这样巨大的数目也远超出国际补偿的能力范围。[②] 第三,规则的明确性。第四,治理结构明晰。如何管理这些资金?如何评价资金使用效果?[③] 第五,对象区别的问题。由于最不发达国家的经济结构和社会现实与其他发展中国家存在较大的不同,因此,对其气候变化补偿机制的构建也应区别对待,充分考虑最不发达国家现状的差异性和特殊性。最后,执行保障是许多国际机制关注的一个焦点。因此,在构建补偿机制的同时,构建有力的监管和违约认定机制同样是十分必要的,只有保证有效地执行,对最不发达国家的气候补偿机制才能够切实发挥作用,为气候变化的全球治理做出贡献。

第五节 结语

从本章对温室气体减排监控机制和补偿机制的分析来看,如

[①] 1997年Costanza等13位科学家首次对全球生态系统的价值股价做了有益的尝试,他们分别按照10种不同生物群区和17种生态系统服务类型用货币形式进行了测算,并根据生物群区的总面积推算出所有生物群区的服务价值。首次得出了全球生态系统每年的服务价值为$1.6 \times 10^{13} \sim 5.4 \times 10^{13}$美元,平均为$3.3 \times 10^{13}$美元,相当于全世界GNP的1.8倍。参见中国21世纪议程管理中心,《生态补偿原理与应用》,社会科学文献出版社,2009年版,第76、77页。

[②] Erik Haites, "Climate change finance", *Climate Policy*, 11 (2011), pp. 963–969.

[③] Anwar Sadat, "Green Climate Fund: Unanswered Questions", *Economic & Political Weekly*, Vol. xlvi, No. 15, April 9, 2011.

果首先提高强制性或者授权程度,则更触及气候变化议题最核心的争论:气候变化恰恰是一个主权成本和不确定性都极高的特殊议题,在现实条件下,不是每一个国家都愿意负担极高的主权成本和经济代价(故提高强制性可能会挫伤许多国家的积极性);而减排政策触及国家根本生产方式和经济竞争力等问题,又必然使各国难以接受独立的国际机制或第三方在气候变化问题上过多地干预本国政策,更不会同意由不顾国内压力的国际机制来为本国制定政策(故授权机制的形成本身必定很艰难)。因此,假如没有完善的激励机制去促使各国愿意承担这高昂代价的话,过早地、激进地推动国际气候机制的"硬化",必然挫伤各国参与的积极性,导致参与国的减少,到最后可能只剩下一小群利益和理念高度聚合的"俱乐部国家"努力实行减排,而其他国家纷纷"搭便车",反而不利于推动温室气体减排在全球的开展。

　　尝试运用所谓的"硬法"促进少数国家大力实行温室气体减排,还是运用"软法"去尽量扩展、吸纳尽量多的国家,以使各国都能在气候变化和减排方面多少做一点贡献,这是各国领导人、学者和环保人士都必须面对的一个效益交换与平衡问题。① 尽管现存的"软法"机制在短期内的成效必定相对有限,但参与者广泛、而且合法性较高,能在一定程度上分散提供减排政策"公共品"的成本,减少"搭便车"现象,给未来的改革预留了相对成熟的协商谈判机制和法律原则。故"软法"机制至少可以作为一个中期机制,一方面立足于国际政治的现实和各国的主观意愿,先逐步推动各国制定可以实际执行的减排政策,达成相对合理的减排目标;另一方面也可以随着地球环境的变化、科学

---

① John Drexhange, "Climate Change and Global Governance: Which Way Ahead?", in Harrison et. al. eds., *Global Commons, Domestic Decisions*. pp. 323 – 335.

第十三章 国际机制与气候谈判的通路

认识的深入和国际情势的改变，还能逐步改进其中的某些部分，使之更具强制性、精确性或授予独立的国际机构更大的权力，从而使国际机制"软硬兼施"，作为寻求"硬化"之前的过渡和试验。

国际气候谈判任重而道远。气候变化问题是一个复杂的历史、政治、道德和责任问题，并且与经济、发展问题密切相关。各国都需要面对现实利益与长远利益、国家利益与全球利益的矛盾选择，利益诉求难以妥协。尽管国际气候谈判的过程充满困难与曲折，但是找出国际气候谈判僵局的症结是有针对性地解决问题的第一步，也是重要的一步。也许国际气候机制在未来的某个时刻确实有条件完全蜕变为"硬法"；但在当前的现实条件下，不可能彻底废弃"软法"机制。维持并完善目前灵活性和开放性较高的"软法"机制，使其逐渐做到"软硬兼施"，恐怕是各国在应对气候变化合作中的必经之路，也是国际政治现实中的最佳选择。

参考文献

一、政府与国际组织官方网址

(一) 国际组织

《联合国气候框架公约 (UNFCCC)》: http://unfccc.int/2860.php

国际能源署 (IEA): http://www.iea.org/

世界银行 (WORLD BANK): http://www.worldbank.org/

小岛国家联盟 (AOSIS): http://aosis.org/

绿色气候基金 (GCF): http://gcfund.net/home.html

(二) 政府部门网站（按照各章顺序）

欧盟 (EU): http://europa.eu/index_en.htm

英国环境部: http://www.environment-agency.gov.uk/

英国能源与气候变化部: https://www.gov.uk/government/organisations/department-of-energy-climate-change

德国联邦环境部: http://www.bmu.de/

参考文献

美国白宫：http：//www. whitehouse. gov/

美国国会参议院：http：//www. senate. gov/

美国国会众议院：http：//www. house. gov/

美国环境保护署（EPA）：http：//www. epa. gov/

美国能源部：http：//energy. gov/

美国 CIA：https：//www. cia. gov/library/publications/the-world-factbook/

加拿大能源部：http：//www. nrcan. gc. ca/home

加拿大环境部：http：//www. ec. gc. ca/default. asp？lang = En&n = FD9B0E51 - 1

日本环境省：http：//www. env. go. jp/

俄罗斯联邦政府官网英文网站：http：//government. ru/en/

澳大利亚产业部：http：//www. ret. gov. au/Pages/default. aspx

澳大利亚环境部：http：//www. environment. gov. au/

新西兰环境部：http：//www. mfe. govt. nz/index. html

印度环境与森林部：http：//envfor. nic. in/

中国国家发展与改革委员会：http：//www. sdpc. gov. cn/

中国环境保护部：http：//www. zhb. gov. cn/

中国气候变化信息网：http：//www. ccchina. gov. cn/

二、思想库与研究机构网址

美国布鲁金斯学会（The Brookings Institute）：http：//www. brookings. edu/

美国世界资源所（World Resources Institute）：http：//www. wri. org/

· 419 ·

美国凯托研究所（CATO）：http：//www.cato.org/

美国 CSIS 研究所：http：//csis.org/

美国对外关系委员会（The Council on Foreign Relations）：http：//www.cfr.org/

加拿大 PEMBINA 研究生：http：//www.pembina.org/

澳大利亚罗伊国际政策研究所（Lowy Institute）：http：//lowyinstitute.org/

三、中文期刊文章、著作（以姓名拼音为序）

1. 薄燕著：《国际谈判与国内政治——美国与〈京都议定书〉谈判的实例》，上海三联书店，2007 年版；

2. 陈迎、庄贵阳："试析国际气候谈判中的国家集团及其影响"，载《太平洋学报》，2001 年第 2 期；

3. 陈海嵩："德国能源问题及能源政策探析"，《德国研究》，2009 年第 1 期，第 24 卷；

4. 丁一汇主编：《中国气候变化科学概论》，气象出版社，2008 年版；

5. 丁金光：《国际环境外交》，中国社会科学出版社，2007 年版；

6. 范纯："俄罗斯环境政策评析"，《俄罗斯中亚东欧研究》，2010 年第 6 期；

7. 宫笠俐："日本在国际气候谈判中的政策变化及其原因"，《日本研究集林》，2009 年（上）；

8. 郭鹏、栾海亮："澳大利亚超额利润税浅析"，《国际经济合作》，2010 年第 7 期；

9. 郭秀清、杨学慧："环境问题与中国国家形象的构建"，载《世界经济与政治》，2010年第3期；

10. 韩隽著：《澳大利亚工党研究》，新疆大学出版社，2003年版；

11. 贺双荣："哥本哈根世界气候大会：巴西的谈判地位、利益诉求及谈判策略"，载《拉丁美洲研究》，2009年第6期；

12. 胡庆亮："印度的能源外交"，载《当代世界》，2005年第6期；

13. 蒋懿："德国可再生能源法对中国立法的启示"，《时代法学》，2009年12月；

14. 李伟、何建坤："澳大利亚气候变化政策的解读与评价"，载《当代亚太》，2008年1月，第1期；

15. 刘晨阳："日本气候变化战略的政治经济分析"，《现代日本经济》，2009年第6期；

16. 罗丽："日本应对气候变化立法研究"，《法学论坛》，2010年9月；

17. 马书春："日本的公害与环境治理对策及对我国的启示"，《新视野》，2007年第3期；

18. 毛艳："俄罗斯应对气候变化的战略、措施与挑战"，《国际论坛》，2010年第6期；

19. 裴阳、黄军英："加拿大应对气候变化新举措"，《全球科技经济瞭望》，2011年第3期；

20. 戚文海："全球气候变暖背景下俄罗斯加强低碳经济发展的路径选择"，载《俄罗斯中亚东欧市场》，2011年第1期；

21. 邵冰："日本的气候变化政策"，《学理论》，2010年第33期；

22. 孙超：《前行中的困顿：京都时代与后京都时代的俄罗斯气候环境外交》，《俄罗斯研究》2010年第6期；

23. 檀跃宇："全球气候治理的困境及其历史根源探析",载《湖北社会科学》,2010年第6期;

24. 唐双娥："美国关于温室气体为'空气污染物'的争论及对我国的启示",《中国环境管理干部学院学报》,2011年第4期;

25. 唐颖侠:《国际气候变化条约的遵守机制研究》,人民出版社,2009年版;

26. 王学东:《外交战略中的声誉因素研究》,天津人民出版社,2007年版;

27. 王焱侠:"日本应对气候变化的行业减排倡议和行动——以日本钢铁行业为例",《中国工业经济》,2010年第1期

28. 夏顺忠:"经济全球化进程中南北两极分化成因浅探",载《社会科学》,2002年第9期;

29. 阎静:"克林顿和小布什时期的美国应对气候变化政策解析",《理论导刊》,2008年第9期;

30. 杨兴著:《〈气候变化框架公约〉研究——国际法与比较法的视角》,中国法制出版社,2007年版;

31. 杨洁勉主编:《世界气候外交与中国的应对》,时事出版社,2009年版;

32. 姚玉斐:"削减温室气体排放国际合作的博弈论分析",载《国际关系学院学报》,2010年第6期;

33. 于琳:"日本环境基本法的发展历程",《法制与社会》,2009年12月;

34. 于宏源:"国际环境合作中的集体行动逻辑",载《世界经济与政治》,2007年第5期;

35. 于胜民:"中印等发展中国家应对气候变化政策措施的初步分析",载《中国能源》,2008年6月;

36. 张海滨、李滨兵："印度在国际气候变化谈判中的立场"，载《绿叶》，2008年第8期；

37. 张海滨著：《环境与国际关系——全球环境问题的理性思考》，上海人民出版社，2008年版；

38. 张海滨："哥本哈根会议重大断想"，载《绿叶》，2009年第10期；

39. 张丰清、周苏玉："当前大国间气候政治博弈中的利益选择及其应然取向"，载《社会主义研究》，2010年第5期；

40. 赵宏图："气候变化'怀疑论'分析和对中国产生的启示"，《现代国际关系》，2010年第4期；

41. 赵行姝著：《美国在气候变化问题上的政策调整与延续》，北京人民出版社，2009年版；

42. 周秀骥、丁一汇："建国以来气象研究的进展"，载《气象》第15卷，1989年第10期；

43. 朱松丽、徐华清："英国的能源政策和气候变化应对策略——从2003版到2007版能源白皮书"，《气候变化研究进展》，2008年9月，第4卷第5期；

44. 竺可桢："中国近五千年来气候变迁的初步研究"，《考古研究》，1972年第1期；

45. 庄贵阳："欧盟温室气体排放贸易机制及其对中国的启示"，《欧洲研究》，2006年第3期。

四、翻译著作

1. 【美】S. 弗雷德·辛格和丹尼斯·T. 艾沃利：《全球变暖——毫无由来的恐慌》（林文鹏、王臣立译），上海科学技术文献出版社，2008年版；

2.【美】罗伯特·基欧汉、约瑟夫·奈著:《权力与相互依赖》(门洪华译),北京大学出版社,2002年版;

3.【美】罗伯特·基欧汉著:《霸权之后:世界政治经济中的合作与纷争》(苏长和、信强、何曜译),上海人民出版社,2006年版;

4.【美】罗斯·格尔布斯潘著:《炎热的地球:气候危机,掩盖真相还是寻求对策》(戴星翼、张真、程远译),上海译文出版社,2001年版;

5.【英】安东尼·吉登斯:《气候变化的政治》(曹荣湘译),社会科学文献出版社,2009年版;

6.【日】山本良一:《2℃改变世界》(王天民等译),科学出版社,2008年版;

7.【俄】C.日兹宁:《俄罗斯能源外交》,北京:人民出版社,2006年版;

五、外文期刊文章与著作

1. Kenneth W. Abbott and Duncan Snidal, "Hard and Soft Law in International Governance", on International Organization, Summer 2000, 54: 3, pp. 421 – 430;

2. Joseph E. Aldy, Scott Barrett, Robert N. Stavins, "Thirteen plus one: a comparison of global climate policy architectures", Climate Policy, 3 (2003), pp. 373 – 397;

3. P. Balachandra, DarshiniRavindranath, N. H. Ravindranath, "Energy efficiency in India: Assessing the policy regimes and their impacts", Energy Policy, 38 (2010), pp. 6428 – 6438;

4. Alan E. Boyle, "Some Reflections on the Relationship of Trea-

ties and Soft Law", on The International and Comparative Law Quarterly, October 1999, 48: 4, pp. 901 - 913;

5. Bjorn Conrad, "China in Copenhagen: Reconciling the 'Beijing Climate Revolution' and the 'Copenhagen Climate Obstinacy' ", The China Quarterly, 210, June 2012, pp. 435 - 455;

6. George W. Downs, David M. Locke, and Peter N. Barsoom, "Is the Good News About Compliance Good News about Cooperation?", on International Organization, Summer 1996, 50: 3, pp. 379 - 406;

7. John S. Drgzek, Richard B. Norgaard, Darid Schlosborg, The Oxford hand book of Climate Change and Solietg, Oxford University Press, 2011.

8. Den Elzen, M., Berk, M., Shaeffer, M., Olivier, J., Hendricks, C., Metz, B., 1999b. "The Brazilian proposal and other options for international burden sharing: an evaluation ofmethodological and policy aspects using the FAIR model". Global Change, Dutch National Research Programme on Global Air Pollution and Climate Change, RIVM Report No. 728001011, Bilthoven, The Netherlands;

9. Karl Hallding, Marie Jürisoo, Marcus Carson, Aaron Atteridge, "Rising powers: the evolving role of BASIC Countries", Climate Policy, Vol. 13, No. 5, pp. 608 - 631;

10. Clive Hamilton, "Climate Change Policy in Australia Isolating the Great Southern Land", The Australian Institute Report, September 1st 2004;

11. Peter M. Haas, "Introduction: Epistemic Communities and International Policy Coordination", *International Organization*,

1992, 46 (1), p. 16.

12. Kathryn Harrison, "The Road not Taken: Climate Change Policy in Canada and the United States", *Global Environmental Politics*, November 2007, 7: 4, pp. 92 – 100;

13. Kathryn Harrison and Lisa McIntosh Sundstrom eds., Global Commons, Domestic Decisions: The Comparative Politics of Climate Change, Massachusetts Institute of Technology Press, 2010.

14. Andrew Hurrell and Sandeep Sengupta, "Emerging powers, North-South relations and global climate politics", International Affairs, 88: 3 (2012), pp 463 – 484;

15. Mizan R. Khan, J. Timmons Roberts, "Adaptation and International Climate Policy", WIREs Climate Change, Vol. 4, May/June, 2013, pp. 171 – 189;

16. Alexey Kokorin, Anna Korppoo, "Russia's Post-Kyoto Climate Policy: Real Action or Merely Window-Dressing?", FNI Climate Policy Perspectives, No. 10, May, 2013;

17. Erick Lachapelle, Matthew Paterson, "Driver of National Climate Policy", Climate Policy, 13: 5, pp547 – 571;

18. Joanna I. Lewis, "China's Strategic Priorities in International Climate Change Negotiations", The Washington Quarterly, Vol. 31, No. 1, winter 2007 – 2008, pp. 155 – 174.;

19. John J. Measheimer, "The False Promise of International Institutions", on International Security, Winter 1994 – 1995, 19: 3, pp. 5 – 49;

20. Bradley C. Parks and J. Timmons Roberts: "Inequality and the Global Climate Regime: Breaking the North-South Impasse", Cambridge Review of International Affairs. Volume 21. No. 4. Decem-

ber 2008.

21. Pfeifer S, Sullivan R. "Public policy, institutional investors and climate change: a UKcase-study", Climate Change, Vol. 89, No. 3 (Aug, 2008), p. 246;

22. Elana Wilson Rowe, "Climate science, Russian politics, and the framing of climate change", WIREs Climate Change, 2013, 4, pp. 457 – 465;

23. Thompson A. "Management Under Anarchy: The International Politics of Climate Change", Climate Change, Vol. 78, No. 1, 2006, p. 27;

24. YASUKO KAMEYAMA, Climate Change and Japan, Asia-Pacific Review, May 2002, P36

25. Oran R. Young, "International Regimes: Problems of Concept Formation", on World Politics, April 1980, 32: 2, pp. 331 – 356;

六、硕士、博士学位论文

1. 陈刚：《集体行动逻辑与国际合作——〈京都议定书〉中的选择性激励》，外交学院2003级．博士研究生学位论文。

2. 王彬：《小布什执政时期的美国环境外交研究》，青岛大学硕士学位论文，2009年；

3. 刘海燕：《新世纪澳大利亚联邦工党政府的环境保护政策探析》，新疆大学硕士研究生学位论文，2010年；

4. 石红莲：《低碳经济时代中美气候与能源合作研究》，武汉大学博士学位论文，2010年；

5. 冯冲：《日本的气候变化政策研究》，华东师范大学硕士论文，2011年；

6. 吕娜：《应对气候变化：澳大利亚的政策及策略》，华东师范大学硕士论文，2011年；

7. 陶静婵：《南非气候外交研究》，广西师范大学硕士学位论文，2012年；

8. Robert MacNeil, Neoliberal Climate Policy in the United States: From Market Fetishism to the Developmental State, PhD Degree Dissertation, Ottawa, University of Ottawa, Canada, 2012.

致 谢

"世间多少偶然事，要道偶然不偶然。"笔者对于气候变化问题的研究，多少有点偶然的性质：本书从初稿的酝酿到最终出版大致用了五年时间，而笔者对于气候变化问题的关心，则要追溯到1997年。1996—1999年我在南开大学法政学院（即周恩来政府管理学院的前身）攻读国际关系硕士学位，师从王正毅教授。王老师高瞻远瞩地建议我在硕士毕业论文中运用当时流行的博弈论模型，而分析的案例就"偶然地"选择了气候变化问题。2001—2004年攻读国际政治学博士学位期间，笔者师从蔡拓教授。蔡老师是研究全球问题的巨擘，且以研究环境问题的全球治理而享誉学界。三年间，笔者耳濡目染、浸润其间，并且参与了导师的部分课题，气候变化问题自然是题中之义。2008年，为了申请国家社科基金项目，笔者在沿用博士论文的"国家声誉"框架的同时，又一次"偶然"地重拾气候变化问题。自此之后，便一发而不可收拾：几年间，围绕气候变化问题，笔者有幸得到了几个国内外项目、课题的资助，并且获得了到十几个国家、几十所大学访学的机会。

对于学术研究，笔者一向属于那种"好高骛远、贪多务得"的人，用俗语说，就是"眼睛大、肚子小"。本书的内容涉及到参与全球气候谈判的所有重要角色,从材料的收集、整理、到论据的梳理、分析,特别是动态的跟踪,实在是一件非常困难的事情:一次失败的气候谈判大会就会让你前功尽弃,一届政府的更迭就意味着你整篇文章的彻底修改。因此,要感谢我几年来所带的本科生和研究生。他们(她们)通过本科毕业论文和硕士毕业论文的写作,实际承担了初步的课题研究与写作任务。其中,各自的贡献按照章节顺序如下:覃宗安(第一章)、黄腾达、朱知明(第二章)、谢洋、肖丹、林迎娟(第三章)、方志操(第五章)、张逸帆(第六章)、郭剑(第七章)、包正、姚锌(第八章)、邓亮(第九章)、朱尼特(第十章)、乔溪(十一章)、连道明(第十二章)、方志操、劳倩敏(第十三章)。没有他们(她们)的支持,我是不可能完成这本著作的。还要感谢选修《气候变化问题与能源战略研究》课程的2013级硕士、博士研究生谢金凤、王开鹏、叶浩豪、刘维、刘英聪、余点、向洁、吴书颖、白翼勤、刘海彦、李海涛、魏楠、郑日松几位同学。作为书稿杀青后的第一批读者,他们不仅通篇阅读了全书,对文中存在的硬伤逐一指正,而且就某些值得商榷的地方提出了自己的看法。他们毫不隐晦自己的看法,跟我力争,让我感觉到了一代青年学子的可贵之处、学术界的进步。当然,本书中所有的错误与缺失不当之处,皆由本人负责。

非常感谢时事出版社的副社长、编辑苏绣芳女士。由于种种原因,书稿一直没能及时完成。苏副社长负责本书的出版工作,两年来,她不厌其烦地催促我完成书稿,很多时候比我自己都着急,有时甚至每天几个微信,让我无法懒惰、无处逃遁。

感谢中山大学大洋洲研究中心推荐我申请国家留学基金,我才能有机会跑到悉尼大学国际关系学系,安心修改已经拖延多年的稿子。同样非常偶然的是,2008年在设计课题的时候,用到

致　　谢

了澳大利亚土著的"回飞镖"模型。结果没有想到的是，这本书的统稿、定稿与修订等大部分工作都是在澳大利亚完成的，这俨然就是一个"回飞镖"模型的现实版本。

最应该感谢的是我的亲爱妻子和岳父岳母，他们是我多年学术漂泊的港湾，他们完全承担了照顾我女儿的责任，让我没有后顾之忧。不知不觉中，2014年就到来了。子曾经曰过，"三十而立，四十而不惑"。暮然回首，自己即将步入中年。但是，这个世界上许许多多问题依然令我困惑不已。我想将此书献给我5岁的女儿，衷心希望，等她们这一代人步入"不惑之年"的时候，世界起码不再因为气候变化问题而困惑。

王学东
2014年元旦之夜完稿于悉尼大学
同年5月修订于中山大学

图书在版编目（CIP）数据

气候变化问题的国际博弈与各国政策研究/王学东著. —北京：时事出版社，2014.7
ISBN 978-7-80232-557-9

Ⅰ.①气… Ⅱ.①王… Ⅲ.①气候变化—对策—研究—世界 Ⅳ.①P467

中国版本图书馆 CIP 数据核字（2014）第 072041 号

出 版 发 行：	时事出版社
地　　　　址：	北京市海淀区巨山村 375 号
邮　　　　编：	100093
发 行 热 线：	（010）82546061　82546062
读者服务部：	（010）61157595
传　　　　真：	（010）82546050
电 子 邮 箱：	shishichubanshe@sina.com
网　　　　址：	www.shishishe.com
印　　　　刷：	北京百善印刷厂

开本：787×1092　1/16　印张：27.5　字数：330 千字
2014 年 7 月第 1 版　2014 年 7 月第 1 次印刷
定价：89.00 元
（如有印装质量问题，请与本社发行部联系调换）